JN098803

改訂新版

環境・資源・健康を考えた

土と施肥の新知識

後藤　逸男
渡辺　和彦
小川　吉雄
六本木和夫　著

企画・発行 ● 一般社団法人 全国肥料商連合会
発売 ● 一般社団法人 農山漁村文化協会

土壌の色は腐植含有率や鉄の含有率と形態などにより、多種多様である

土壌の色（14頁）

土色					
腐植含有量	20%以上	10 〜 20%	5 〜 10%	3 〜 5%	0 〜 3%

土色から判断できる腐植含有量（18頁）

チェルノーゼムと黒ボク土は見た目は同じだが、その性質は全く違う

チェルノーゼム（左）と黒ボク土（右）（14頁）

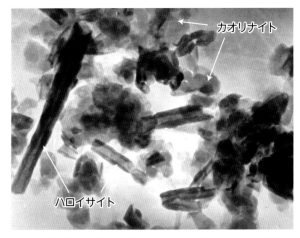

日本の土壌中の粘土鉱物はカオリナイト、ハロイサイトなどの1：1型鉱物が主体である

東京都小笠原村父島の赤色土壌中の粘土鉱物 (18頁)

土壌のアルカリ抽出成分　　　左の黒色溶液に硫酸添加

土壌に水酸化ナトリウム溶液などを添加して加熱すると得られる液体が腐食の本体ともいえる物質で、腐植酸とフルボ酸から成っている

黒ボク土から分離した腐植酸とフルボ酸 (19頁)

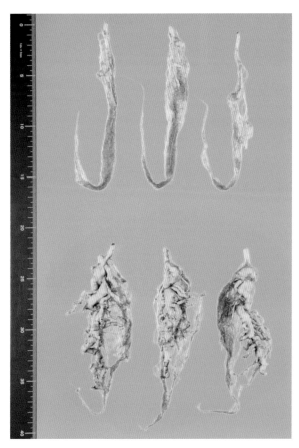

上）可給態リン酸適正区（約20mg/100g）
　　発病度 36
下）可給態リン酸過剰区（約200mg/100g）
　　発病度 97

栽培土壌：多腐植質黒ボク土、pH（H_2O）6
休眠胞子密度 6×10^6/g

左から三要素区、無窒素区、無リン酸区、無カリ区。土壌は未耕地から採取した多腐植質黒ボク土

水稲の三要素試験

リン酸適正区と過剰区のハクサイの根
（栽培期間1カ月）

土壌のリン酸過剰が根こぶ病の発病を助長する

世界を変えるための17の目標 (132頁)

2015(平成27)年、国連において「持続可能な開発のための2030アジェンダ(SDGs)」が採択された。SDGsには17のゴール(目標)が設定されており、そのなかでもゴール2(飢餓) 6(水)、9(技術革新)、12(持続可能な生産・消費)、13(気候変動)、14(海洋)、15(生態系・森林)などは、とくに農業生産とのかかわりが深い。

SUSTAINABLE DEVELOPMENT GOALS

(https://www.un.org/sustainabledevelopment/)
The content of this publication has not been approved by the United Nations and does not reflect the views of the United Nations or its officials or Member States

地球の限界 (プラネタリーバウンダリー) による地球の状況 (132頁)

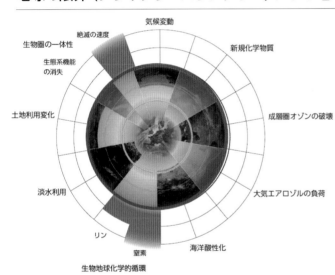

気候変動 / 新規化学物質 / 絶滅の速度 / 生物圏の一体性 / 生態系機能の消失 / 土地利用変化 / 成層圏オゾンの破壊 / 淡水利用 / 大気エアロゾルの負荷 / リン / 窒素 / 海洋酸性化 / 生物地球化学的循環

地球環境の限界値(Planetary Boundaries)を環境改変の9項目ごとに、それぞれの持続可能性の限界と現状の定量的評価をあらわしている。そのうち気候変動、土地利用、生物多様性の喪失、窒素・リンの循環の4項目はすでに限界を超えているとしている。

注: Will Steffen et al.「Planetary boundaries :Guiding humandevelopment on a changing planet」より環境省作成
(出典:「環境白書・循環型社会白書・生物多様性白書平成30年版」環境省)

■ 不安定な領域を超えてしまっている (高リスク)
■ 不安定な領域 (リスク増大)
■ 地球の限界の領域内 (安全)

農業の多面的機能

農業には、食料の供給以外にも、水源のかん養や自然環境の保全などさまざまな機能がある。
農産物をより効率的、持続的に生産、供給できるよう、技術の発展や大規模な農業が求められる。
一方で、洪水・土砂を防ぐ力や多様的な生態系の形成・維持、良好な景観維持など、農業は環境にも大きな役割を果たしており、全国各地で営まれている農業を存続維持することは重要である。

小麦「ゆめちから」の収穫風景 (北海道)

日本最大級の棚田「丸山千枚田」(三重県)

Aの矢印に注目。P欠で発生するクラスター根。B〜Eはその拡大。A〜Dは、石灰質土壌での実験で、根から出たクエン酸で、クエン酸カルシウムの白い結晶ができている。Eは寒天膜を使用した実験で黄色は指示薬の色でpH4.8を示す。根から分泌されるクエン酸によってクラスター根の周辺が酸性になっている

（Dinkelaker B. *et al.*, 1989）

リン欠乏のルーピンの根の様子 (191頁)

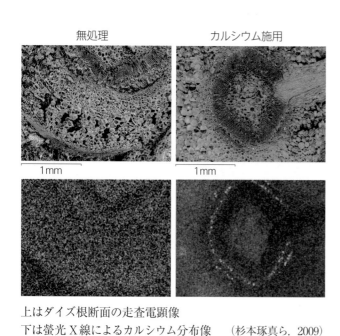

上はダイズ根断面の走査電顕像
下は螢光X線によるカルシウム分布像　（杉本琢真ら，2009）

導管、形成層周辺におけるカルシウム結晶の集積 (201頁)

水稲穂肥期に放射性同位元素^{32}Pを与え、オートラジオグラムをとった　　　　（写真：渡辺和彦）

穂肥時期に施用したリンが穂に集積している様子 (190頁)

ハボタンの赤い部分(右)が青に変化

開花の1〜2週間前から、モリブデン酸化合物の溶液を数回施用することで、花色が青く変化する

(写真：渡部由香)

モリブデンによる花色の変化 (224頁)

赤紫のチューリップ(左)が青紫に変化　　　　赤紫のストック(左)が青に変化

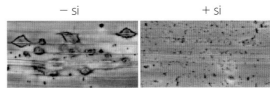

− si　　　　　　　　+ si

ケイ素施用(右)、無施用(左)のイネの葉にいもち病菌を接種、96時間後の状態。イネ
品種：M201(CI　9980)。いもち病菌レース IB−49

(写真：L.E.Datonoff, 2005)

いもち病菌接種96時間後のイネの葉—ケイ素施用の有無による病斑の差異 (49頁)

ピンク色から青色まで、葉の乾物当たり Al は51(ピンク)、106、640、804、3959ppm(青)　　　　　　　(写真：馬　建鋒)

アルミニウム含量によるアジサイの花色の変化 (54頁)

肥料の原料

有効利用が課題　リン鉱石 (68頁)

　現在利用できるリン酸資源の大部分がリン鉱石である。採掘できるリン鉱石の埋蔵量には限りがあるため、効率的な使用をはかり、長く温存していく努力が必要である。

リン鉱石

リン鉱石採掘現場(ペルー)　　　(写真：三井物産㈱)

貴重な天然資源　カリ鉱石 (69頁)

　カリウム鉱石(岩塩)はカナダ、ロシア、ベラルーシなどの地下深くから採掘されている。埋蔵量は多いが、一部の国や地域に偏在していることが問題である。

(写真：©Canpotex Limited)
肥料用カリ (粒状品)

(写真：©Canpotex Limited)

地下1,000mのカリ採掘現場。巨大なドリルで掘削している鉱脈の断面 (カナダ)

国内で自給できる鉱物資源
石灰岩・苦灰岩 (80頁)

　肥料用の炭カル(炭酸カルシウム)は、石灰岩、苦土炭カル(苦土炭酸カルシウム)は苦土を含んだ苦灰岩からつくられる。石灰岩・苦灰岩は、農業分野では、自給できる数少ない国産天然鉱物資源の一つであり、埋蔵量も多い。

苦土炭カル

石灰岩(カルサイト)・苦灰岩(ドロマイト)鉱山の採掘現場 (栃木県佐野市葛生地区鉱山)

土壌改良資材
ゼオライト (126頁)

　ゼオライトとは、2,000万年前の海底に堆積した火山灰が変質してできた天然鉱物で、福島県や山形県などのゼオライト鉱山から露天掘りされている。土壌の保肥力を改善する土壌改良資材である。

ゼオライト

ゼオライト鉱山の採掘現場 (山形県米沢市板谷鉱山)

化学肥料

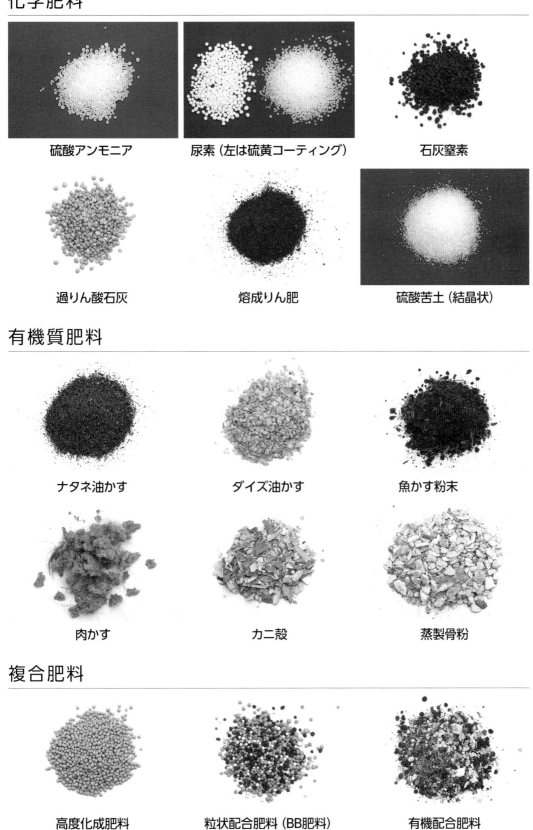

硫酸アンモニア

尿素（左は硫黄コーティング）

石灰窒素

過りん酸石灰

熔成りん肥

硫酸苦土（結晶状）

有機質肥料

ナタネ油かす

ダイズ油かす

魚かす粉末

肉かす

カニ殻

蒸製骨粉

複合肥料

高度化成肥料

粒状配合肥料（BB肥料）

有機配合肥料

土壌・作物診断の重要性 (102頁)

　土壌診断や作物の栄養診断はこれからの施肥管理に欠かせない農作業の一環である。

　診断方法には右の写真のような土壌診断室で行なわれる本格的な土壌や作物診断分析のほかに、生産者自らが生産現場で簡易に診断できるリアルタイム診断がある。それぞれの役割があり、どちらも欠かすことができない。

土壌診断室
(全国土の会)

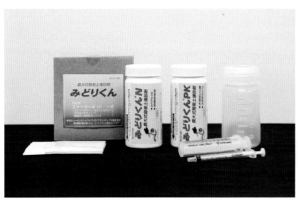

農大式簡易土壌診断キット「みどりくん」(114頁)

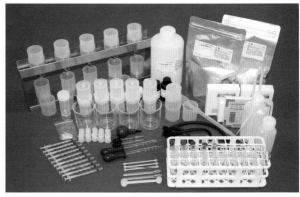

農家のお医者さん (115頁)
(写真：富士平工業㈱)

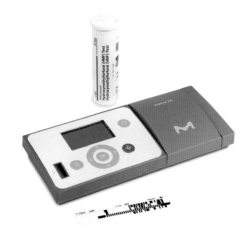

RQフレックス (116頁、239頁)
(写真：㈱藤原製作所)

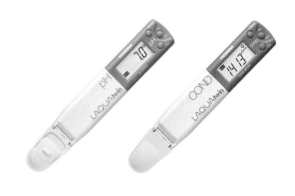

LAQUA twin pH ／ LAQUA twin COND (117頁)
(写真：㈱堀場製作所)

環境・資源・健康を考えた「土と施肥の新知識」の改訂新版にあたって ── 推薦の言葉

　環境・資源・健康を考えた「土と施肥の新知識」の改訂新版が新たな装いで出版される運びとなった。正直、これはある意味、驚きに値する。何が、驚きかというと、本書がこれまで9年間の間に6刷、15,000部という重版に次ぐ重版を出版してきた事実である。

　そもそも、専門書、とりわけ農学分野における専門書にあっては、高々4刷止まりでお蔵入りになる場合が多いなか、それをはるかに凌駕している背景が、本書のどこに存在しているのであろうかという、些か羨望の気持ちを以って、もう一度、精読して見ると、少なくとも以下の3つの理由を上げることができる。

　すなわち、一つ目は、文章の表現が2段組みで、文字の大きさと行数のコンビネーションがよく、長く読んでいても目に負担がかからないばかりか、知識または情報をある程度脳に蓄積させながら読むことが出来、さらに文章の下りで、随所に重要なキーワードになる部分がゴシックで出てくるので、この部分でも言葉の意味を再確認・整理できる。何も、推薦の言葉に、このような当たり前の事柄をわざわざ言う必要がないかもしれないが、読者にしてみれば、書物の内容よりも先ず気になるのは、読みやすい文字の配列が出来ているかどうかであり、この配列こそが、その書物の顔の一つになっており、長い、だらだらとした一段組の単なる文字の羅列は、読む前から辟易させられる筆者の思いがあるからである。

　二つ目に、本書全体を通して、平易な文章で貫かれており、時々、言おうとする単語の説明を要する場合には、誰でも理解できる馴染みのある例示を挙げながら解説している点である。ただ、その例示の喩えや解説の仕方には、的を射た表現とは必ずしも言い難い部分が存在するが、関連する内容に補足的に登場する話題が、適宜、「埋め草」となって、章をカバーしているので、気にせずに読める。

　そして、筆者がもっとも注目した部分が、三つ目の「環境」「資源」「健康」の関連性とこれら三者の流れがどのように説明されているかという点である。いまさら、言うまでもない事柄ではあるが、人間は従属生物という宿命を背負っているため、他の生物の恩恵を受けながら生命を維持して行かなければならないが、同時にその生命を維持するために、他の生物の存在を脅かすような独り善がり的な摂取活動を行なってはならない。

　農学的色彩が濃い本書に「環境」とか「資源」という観点が入ってくるのは、現在では至極当然である。なぜなら、農業という生産活動は環境の中にあって、汚す立場でなく、環境を育むものとして捉えられているし、肥料資源としての鉱物資源に限らず、生物資源も含めた全体の資源の活用でも農業による独占は許されなくなっているからである。その点、「健康」という切り口は人間自身の内的問題であって、また、最大の関心事であり、本書に導入したことは成功していると考える。

　ただ、土壌生態研究者の一人である筆者から言わせていただければ、「土壌」をどのように耕作すれば、もっと極論すれば、土壌をどのように「調理」すれば作物を介して、健康な食物を生産できるかの部分について、さらに紙面を割いて、論述してほしかったと思うと同時に、「再生」や「循環」という人間の努力によってもある程度達成できる部分についても言及してほしかった。

令和3年1月

東京大学名誉教授

松本　聰

目 次

第2部　施肥の実践

改訂新版発行にあたり

　「全肥商連施肥技術講習会」は農林水産省の後援を受け、過去10年間で30回開催して3,300名以上の受講生を輩出し、その内2,000名以上の方々が「施肥技術マイスター」、「施肥技術シニアマイスター」として登録され、「土づくり専門家」として全国各地で活躍されております。

　本書は2012（平成24）年に本講習会テキストとして初版を発行しましたが、大学農学部、農業大学校、企業の社員教育の教材としても活用され、延べ15,000部発行させて頂きましたこと関係者の皆様に感謝申し上げます。

　この度、初版と同じ4名の執筆者により、土壌・肥料学、植物栄養学、栽培と施肥技術について、環境問題への対応、限りある天然資源、人の健康への寄与を更に深く視野に入れた改訂新版を発行することとなりました。

　また「肥料取締法」が70年振りに「肥料の品質の確保等に関する法律」に改正され、地力の低下、栄養バランスの悪化、過剰障害等の課題に対し、法制度の見直しにより土壌や農業生産性の抜本的な改善を図ることとなり、本書も新法に対応した内容に改められました。

　農業教育や農業生産現場で実践的な手引書として、多くの方々にお役立て頂ければ幸甚に存じます。

令和3年2月

一般社団法人　全国肥料商連合会

本書の読み方

　本書は2部8章と肥料法の解説で構成されています。土壌診断から栽培中の肥培管理まで、必要なことを5段階にわけ、読んでいただきたい章と結びつけました。本書を効率よく利用する際の参考にしてください。

　なお、文章中の太字は「さくいん」に出てくる用語です。

第1章	土壌の基礎知識
第2章	植物の必須元素と栄養特性
第3章	施肥の原理と肥料の種類・特性
第4章	土壌診断と土づくり
第5章	環境にやさしい施肥技術
第6章	作物別特性と施肥法
第7章	作物の栄養と作用機作
第8章	作物のリアルタイム栄養診断
別　章	肥料の品質の確保等に関する法律の概要

①対象となる圃場の特徴を知る

- 土の特性を知る
- 土壌診断をして、土の中の養分状態を知る

→第1章、第4章

②作物と土、肥料との関係を知る

- 作物の特性を知る
- 作物に合った施肥の方法を知る

→第2章、第5章、第7章

③肥料の特徴を知る

- 肥料の種類や、それぞれの特徴を知る
- 肥料に含まれる栄養素の特徴を知る

→第3章、第8章、別章

④施肥計画を決める

- 圃場の改善目標値を決める
- 適切な施肥量を知る
- 具体的な施肥方法を知る

→第4章、第5章、第7章

⑤栽培中の管理をする

- 栽培中の作物体内の養分状態を診断する
- 診断結果を、その後の施肥管理に活かす

→第6章、第7章、第8章

本書における基本的な用語の使い分けについて

　本書は、土壌学・肥料学・植物栄養学の三本柱のほかに環境科学にも関連した内容となっています。そのため、同じ意味の用語でありながらその表現方法が異なっています。そこで、本書では、原則としてそれぞれの分野で慣用的に使われている用語を使うことにしました。

　それらの事例は、右の表のとおりです。

土肥学会用語	土壌診断用語	肥料法・肥料名用語
硝酸態窒素 (NO_3-N)	硝酸態窒素 (NO_3-N)	硝酸性窒素 (NO_3-N)
アンモニア態窒素 (NH_4-N)	アンモニア態窒素 (NH_4-N)	アンモニア性窒素 (NH_4-N)
硫酸アンモニウム ($(NH_4)_2SO_4$)	硫酸アンモニウム ($(NH_4)_2SO_4$)	硫酸アンモニア ($(NH_4)_2SO_4$)
リン (P)	リン (P)	りん (P)
リン酸 (P_2O_5)	リン酸 (P_2O_5)	りん酸 (P_2O_5)
カリウム (K)	カリ (K_2O)	加里 (K_2O)
カルシウム (Ca)	石灰 (CaO)	石灰 (CaO)
マグネシウム (Mg)	苦土 (MgO)	苦土 (MgO)
ナトリウム (Na)	ソーダ (Na_2O)	ソーダ (Na_2O)
ケイ素 (Si)	ケイ素 (Si)	ケイ素 (Si)
ケイ酸 (SiO_2)	ケイ酸 (SiO_2)	けい酸 (SiO_2)
ホウ素 (B)	ホウ素 (B)	ほう素 (B_2O_3)
マンガン (Mn)	マンガン (Mn)	マンガン (MnO)
ケイ酸カルシウム	ケイカル	けい酸石灰 (ケイカル)

第1部
土と肥料の基礎知識

　植物にとって、土壌は光や温度と共に重要な環境要素のひとつである。

　高品質な作物を栽培するには、これらの要素を作物にとって好適な環境となるように、整備する必要がある。

　そのためには、作物の生態を知り、また土壌とは何であるかを知らなければならない。そのうえで、作物栽培にとって重要な要素である肥料についても学ぶ必要がある。

　第1部では、土壌、作物、肥料とこれらの関係性について、基礎的な知識を学ぶ。肥料については、肥料法の改正により従来品にない新しいタイプの肥料が登場しており、これについても解説する。

第1章

土壌の基礎知識

■1 「土」と「土壌」の違い

人に恥をかかせることを人の顔に「泥」を塗る、あるいは相撲で負けることを「土」が付く、というように「泥」や「土」が悪いイメージで使われる一方では、「泥」付き野菜とか「土」の香りとかのように土が自然を代表する用語として使われることも多い。すなわち、「土」はわれわれの生活にとってもっとも身近な物質のひとつである。

「土壌」のことを普段は「土」や「泥」、また北陸地方では「べと」という。「土壌」というとややかしこまった用語のように感じるが、「土壌学」「土壌診断」「土壌消毒」「土壌微生物」など農業に関連する用語では「土壌」が使われる。「土」と「土壌」はどう違うのだろうか。両者には微妙な違いがあり、「土とは、植物を育む大地」「土壌とは、植物をかもしながら育む大地」あるいは「土壌とは、ふわふわしたやわらかい大地」で、「壌」には、「かもす（醸す）：ゆっくりと育てる」「ふっくらした、やわらかい」の意味がある。

有機農産物はおいしいと、よくいわれるが、その一因は有機質肥料が土壌中で微生物によりゆっくり分解されて、ゆっくりと作物を育てるからである。その分、作物の収量は減少する。有機農産物をたくさん穫ろうとして、多量の堆肥や有機質肥料を施せば、収量は上がるが、品質は確実に下がってしまう。逆に、化学肥料100％でも少しずつ施せば、有機農産物に引けをとらないおいしい作物が穫れる。本当にかしこい作物のつくり方は、「有機だけ」にこだわらず化学肥料とも上手につきあい、焦らずゆっくりとつくること、それが環境にやさしい農業に直結し、実は土壌病害をおさえる切り札にもなる。

「土壌」にはそのような深い意味があるが、普段は簡単に「土」といってしまう。

■2 養液栽培の問題点と 「土壌」の必要性

近年、土壌を使わない植物の養液栽培技術が急速に普及し、各地に写真1-1のような「植物工場」がつくられるようになった。これからの植物栽培に土壌は無用の長物となるのだろうか。

植物を育てるのに必要なものは適切な温度・水・酸素（空気）、それに養分であり、土壌はいらない。人工的にこの4つの条件が整えられれば土壌の役割は植物を支えることにすぎないので、スポンジや発泡スチロールあるいはロックウールでこと足りる

わけである。コンピューターを駆使して生育環境を制御する**養液栽培**では多くの人手は必要とせず、経験がなくても野菜などをつくることができる。まさに次世代の植物栽培技術であるかのように思われるが、果たして養液栽培に問題点はないのだろうか。

養液栽培には温度・水・光・酸素・養分が不可欠であるが、これらのうち酸素と光は、地球上で野菜を栽培する限り無尽蔵に供給できる。また温度と水についても、温帯に位置し年間1,500mm程度の雨が降る日本国内であれば問題とならない。ただし、養液中に水や酸素を送り込むには電力を用いてポンプを回さなければならない。

つぎに、養液栽培では水に溶かした養分を培地に供給するため、使用できる肥料は化学肥料が主体となる。**肥料成分**としては肥料の三要素といわれる窒素・リン酸・カリがもっとも大切である。養液栽培で利用される窒素肥料には**アンモニア態窒素**と**硝酸態窒素**の2種類がある。前者の原料は空気の80%を占める窒素ガスであるので、いくら利用してもなくなることはないが、アンモニアガスに変換するには、高い圧力と高温条件下で水素ガスと化学的に反応させるためのエネルギーを必要とする。硝酸態窒素を製造するにはアンモニアガスを酸化する。**カリ**肥料の原料は塩化カリウムを主成分とする岩塩であり、カナダ・ロシアを主体にそのほぼすべてを輸入に頼っている。ただし、岩塩は天然資源として充分埋蔵されているので、平和な時代が続く限りカリ肥料は安定供給される。しかし、問題は**リン酸肥料**である。その原料である**リン鉱石**は全量を輸入に依存しているが、原産

写真1-1　土壌を必要としない植物工場

国における優良な資源量が減少しており、やがて輸出できなくなることもあり得る。もし、リン酸肥料が輸入できなくなれば、これからの養液栽培は存続できるのだろうか。

土壌を利用する限り、たとえ化学肥料がなくても有機質肥料や有機物で野菜をつくることが可能である。土壌中に生息する土壌動物と土壌微生物の働きで有機物が分解されて肥料成分が放出され、それを植物が吸収利用する。今はやりの有機野菜は土壌と土耕でしかつくれないのである。また、養液栽培で採算が見合う作物は一部の野菜に限られ、主食である穀物類をつくるわけにはいかない。結局、作物栽培の大部分は土壌に頼らざるを得ない。

土壌は植物の生育に不可欠な空気や水、

それに養分をたくわえるとともに、土壌中に投入された有機物を分解して無機物に変える能力を備え、物質循環に重要な役割を果たしている。環境にやさしい農業を実行するには土壌の持っている能力を巧みに利用して、物質循環に逆らわないことが大切で、土壌にたくわえられた養分を一方的に略奪する自然農法や、逆に収量一辺倒の多施肥農法は適切ではない。一方的な肥料原料や食糧・飼料の輸入により日本国内には肥料成分が蓄積し、地域的には肥料や家畜ふん尿の多量施用の形で土壌中での物質循環に悪影響を及ぼしている。土壌と、国内で産出される食品廃棄物や家畜ふん尿などの有機物を上手に活用して足りない肥料成分を化学肥料で補うようにすれば、作物を栽培しながら環境保全の一端を担うことができる。

3 土壌の生成

　土壌とは、岩石が風化してできたものと思っている人が多い。しかし、土壌はそれほど単純な物質ではない。土壌の主原料が岩石であることに違いはないが、そのほかに水と空気、それに生物の作用が不可欠である。

　岩石とは、地下深くの溶岩（マグマ）が冷えて結晶化した造岩鉱物の集合体で、たとえば、花崗岩は石英・黒雲母・長石からできている。造岩鉱物はそれぞれ膨張率が異なるため、地表に現れた大きな岩石が寒暖の変化を受けることによりひび割れする、あるいは植物の根の力などにより徐々に小さくなっていく。そのような変化を**物理的風化作用**といい、この過程でできた岩石のかけらである礫や砂が土壌の直接的な原料である**母材**となる。母材に対して、固結した岩石を**母岩**という（図1-1）。

　岩石が徐々に小さくなると表面積が大きくなるため、雨水のなかの二酸化炭素や空気中の酸素による化学変化（**化学的風化作用**）を受けやすくなる。とくに、造岩鉱物のなかでも**カンラン石**や輝石のような結晶構造が単純なものほど化学変化を受けやすく、**三次元網目状構造**を持った正長石・石英では受けにくい。化学的風化作用を受けにくい正長石や石英などが土壌中の砂になり、そのほかの造岩鉱物は化学的風化作用により結晶構造が変化し、やがて**ハロイサイト**や**モンモリロナイト**などの粘土鉱物（粘土の主成分）となる。このようにして、土壌中に粘土が生成されていく。

　物理的風化を受けた岩石のほかに、火山から噴出される火山礫や火山灰（火山噴出

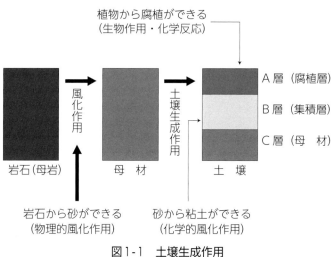

図1-1　土壌生成作用

物）も土壌の母材となる。とくに表面積の大きな火山灰は化学的風化作用を受ける段階で、雨水によりアルカリ分が溶出してpHが上昇するため火山灰成分からケイ酸が溶出し、**アルミナ**（酸化アルミニウム）に富む**アロフェン**という粘土鉱物を生成する。

　一方、土壌ができはじめたころの地表面には蘚苔類とよばれるコケの仲間を皮切りにさまざまな植物が繁茂するようになる。枯れた植物の遺体や落ち葉などの有機物は土壌中で動物や微生物の作用を受け大部分は二酸化炭素と水に分解されるが、微生物分解を受けにくい**リグニン**やポリフェノールなどの有機物が残留する。それらの有機物が土壌中で加水分解や縮重合などの化学反応を繰り返して、やがて**「腐植」**とよばれる土壌有機物が誕生する。この腐植と粘土鉱物が結合して、黒い色をした腐植層（A層）ができる。

　岩石が物理的風化だけを受けた状態ののっぺらぼうな母材が、化学的風化や地表面に腐植ができる生物的風化作用を経て、腐植層（A層）・**集積層**（B層）・母材（C層）に分化する。母材の下の母岩はD層ともよばれる。土壌ができるには長い時間が必要で、わが国のような気候下での土壌生成速度は1年間に約2mmといわれている。

　このように「土壌とは、母材を主原料として、気候・地形・生物の影響を受け、時間をかけてつくられてきた独自の形態を有する自然体」であり、これらの「母材」「気候」「地形」「生物」「時間」を**土壌生成因子**（図1-2）という。なお、そのほかに「人為」も土壌生成因子に加えられる。「人為」、すなわち人の力が自然体である土壌をつくる

①土壌とは、気候・地形・母材や生物などの影響を受けて生成した独自の形態を有する自然体
②物理的・化学的・生物的性質を有する自然体

図1-2　土壌の定義と土壌生成因子

一要因などとは思えないが、土壌のなかには人の力でつくられたものもある。その代表が**「水田土壌」**である。水田の土壌そのものは自然がつくった土壌であるが、人が畦をつくり水を張ることで「水田土壌」という独特の断面形態を持つ土壌がつくられる。

　図1-3のように、土壌とは陸地の最表面を被う物質であるため、土壌は「地球の皮膚」と表現されることが多い。地球上の陸地に分布する土壌をすべて集め、平らな広場に広げるとどのくらいの厚さになるだろうか。その答えは、わずか18cmにすぎないとされている。土層の厚さが18cmでは作物栽培には向かないが、この値は山岳部の土壌を含めた平均であり、通常の土壌学では厚さ1〜2mを研究対象としている。

　いずれにしても、地球の半径6,400kmに対して、地殻の厚さが約40kmであるので、地殻が「地球の皮膚」で、土壌は「地球のあか」と表現したほうがふさわしい。別の見方をすれば、土壌は地球の大切な資源であることを物語っている。

４　土壌の分類

　日本には、あるいは世界中にはいったい

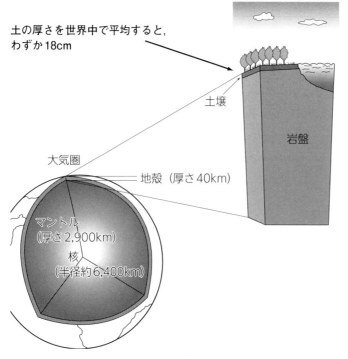

土の厚さを世界中で平均すると、わずか18cm

土壌

岩盤

大気圏

地殻（厚さ40km）

マントル
（厚さ2,900km）
核
（半径約6,400km）

図1-3　土壌とは「地球のあか」

何種類くらいの土壌が分布しているのだろう。十人十色といわれるように、世界中に同じ人はふたりといない。顔形が同じ双子であっても性格は同じではない。土壌も人とまったく同じで、土壌の種類は数限りなく、たとえ同じような色をしていても、分析をしてみると大きく異なることもある。そこで、動物や植物の分類と同じように土壌学では土壌をでき方や性質などにより分類する。

世界の土壌をその生成と土壌断面形態から大きく分類すると図1-4のように12種類に分けられ、その分類によると日本には**褐色森林土**しか分布していない。そこで、日本国内の土壌をさらに細かく分類すると図1-5のように14種類となる。それらのなかで分布面積が多い土壌は、褐色森林土・黒

ボク土・赤黄色土・灰色低地土である。

褐色森林土は山間部や丘陵地の土壌で、おもに林業や果樹園あるいは畑として利用されている。温暖多湿な温帯に分布し、ナラやブナなどの落葉広葉樹林下に生成する土壌で、毎年落葉による多量の有機物供給が繰り返されるため厚い腐植層を持つ。その下層土が褐色であるため褐色森林土と名づけられた。日本国土の51％を占める土壌で、分布割合がもっとも広い。

赤黄色土はおもに西日本や南西諸島に見られる土壌で、畑や果樹園・茶園などに利用される。温帯から亜熱帯の多雨地域に分布する土壌で、シイやカシなどの常緑広葉樹林下に生成し、日本国土に占める分布割合は10％である。褐色森林土が分布する地域に比べて有機物供給量が少ないことと、気温が高く土壌動物や微生物活動が盛んなため有機物の分解がすすみ、腐植層はそれほど発達しない。下層土の色により黄色土と赤色土に分けることもある。

黒ボク土は火山灰を母材とする土壌で、表層の色が黒く一般に黒土あるいは火山灰土壌とよばれる。一見肥沃な土壌のように思われがちではあるが、ウクライナなどに分布する世界でもっとも肥沃なチェルノーゼム（黒土）とは似て非なるものである。黒ボク土は本来、酸性が強く、リン酸が極端に欠乏した、世界にもまれな痩せ土である

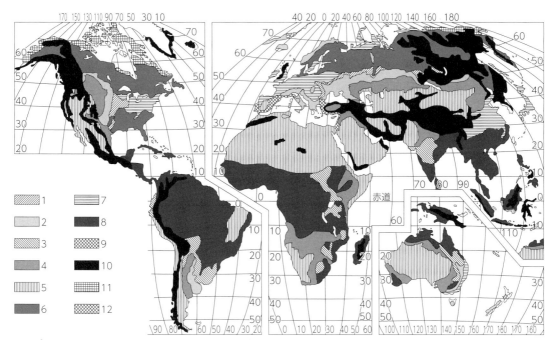

1：プレーリー土，灰色森林土　2：チェルノーゼム　3：亜熱帯・熱帯の黒色土　4：栗色土，褐色土
5：沙漠土，半沙漠土　6：ポドゾル　7：褐色森林土　8：赤黄色土，ラトソル
9：地中海性赤色土（テラロッサを含む）　10：山地土壌　11：ツンドラ　12：沖積土

図1-4　世界の土壌図（FAO:生成と土壌断面形成による分類）

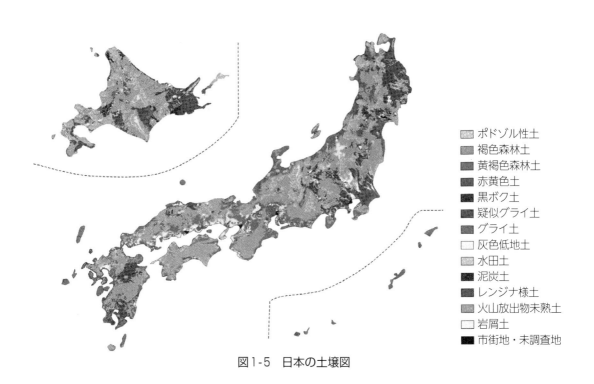

- ポドゾル性土
- 褐色森林土
- 黄褐色森林土
- 赤黄色土
- 黒ボク土
- 疑似グライ土
- グライ土
- 灰色低地土
- 水田土
- 泥炭土
- レンジナ様土
- 火山放出物未熟土
- 岩屑土
- 市街地・未調査地

図1-5　日本の土壌図

13

が、水もちや水はけなどの土壌物理性はよい。日本の畑の約半分はこの黒ボク土で、とくに畑作には主要な土壌となっている。この黒ボク土の腐植層の下には、通称黒ボク下層土あるいは赤玉土とよばれる土壌が存在する。日本国内における黒ボク土の分布面積割合は16％である。なお、黒ボク土の一部には火山灰を母材としない非火山性黒ボク土とよばれる土壌もある。

低地土は沖積土ともよばれ、河川上流から運ばれた沖積堆積物（非固結堆積物）を母材とする土壌で、**褐色低地土と灰色低地土**に細分される。褐色低地土は地下水位の低い地域、灰色低地土は地下水位の高い地域に分布する。おもに水田として利用される土壌であるが、最近では田畑転換により野菜づくりも盛んに行なわれている。

図1-4の世界土壌図をよく見ると、緯度あるいは経度に沿って、同じ土壌が帯状に分布していることがわかる。その理由は、同じような気候や植生からなる地域には同じような土壌が分布するためである。たとえば、日本の主要土壌である**褐色森林土**は、北緯40度付近の沿岸部に位置する中国の東シナ海沿岸や西ヨーロッパやアメリカの大西洋沿岸にも分布している。このように、母材の違いより気候・植生の影響を強く反映して生成した土壌を**成帯性土壌**とよぶ。褐色森林土や赤黄色土のほかに、半乾燥地域の草原に分布するチェルノーゼムや寒帯の針葉樹林下に分布する**ポドゾル**がこの種の土壌に属する。一方、気候や植生より母材の影響を強く受けて生成した土壌を**非成帯性土壌**あるいは間帯土壌とよび、黒ボク土や低地土のほかに、石灰岩地域に分布する石灰質土壌や**泥炭**を母材とする泥炭土などが属する。いずれも特殊な性質を有する母材からできた土壌であるためスポット的に分布する。ただし、日本の農耕地では、黒ボク土と低地土が主要な土壌となっている。

5 土壌の特性

(1) 色

黒い土はよい土と思っている人が多いようだが、本当だろうか。世界で自然肥沃度がもっとも高い土は確かに黒い土である。ただし、残念なことにそのような土は日本には存在せず、ウクライナ、アメリカ合衆国中央部、アルゼンチンなどに分布している。半乾燥気候で乾季と雨季にわかれた草原地帯の土壌で、表層の色が黒いため、黒土（こくど）あるいは**チェルノーゼム**とよばれる。口絵 i 頁のように日本の黒土（くろつち）は見た目にはチェルノーゼムとまったく同じであるが、その性質は天と地ほどに違う。酸性が強くリン酸に乏しい土壌で、そのままでは作物はまともに育たない。色が黒く、軽くてふわふわした土であるので、土壌学ではこの土壌を**「黒ボク土」**とよぶ。このように土壌の善し悪しは色だけでは判断できない。

土壌の色は口絵 i 頁のように黒、褐、黄、赤、灰、青、白のほか、それらを組み合わせた色など数限りなくある。黒色の原因物質は**腐植**とよばれる土壌中の有機物であり、口絵 i 頁のように腐植が多いほど色が黒くなる。そのほかの土色は土壌中のお

もに鉄化合物の組成とその含有量により支配され、日本の気候条件では腐植を含まない下層土の土色は一般に褐色であるが、気温が高くなるほど黄色から赤色を示すようになる。とくに熱帯地域に分布する土壌（**ラトソル**）は表層からレンガを思わせる真っ赤な赤色で、その主成分は酸化鉄である。園芸の世界では関東地方に分布する黒ボク土の下層土を赤土とか赤玉土とよぶが、正しくは赤土ではなく褐色土である。水田や湿地のように水分が多くなると灰色がかってくる。また、水はけの悪い水田を掘り起こすと下層からきれいな青い土（グライ土）が出てくることがある。この青は酸素の少ない環境で安定な鉄化合物の色であるため、掘り上げて空気にさらすと褐色に変わってしまう。白い土は特殊な環境条件で鉄が溶出し、土層から下層に移動したために白くなったもので、シベリアやカナダあるいは日本では高山帯の針葉樹林下の土壌（**ポドゾル**）に見られる。このように、複雑な土壌の色もおもに腐植と鉄化合物の組み合わせにより決まる。

(2) 成分

1) 土壌を構成する物質

　土壌は何からできているのだろう。目で見たり、手で触ってみたりしてわかる範囲でいえば、土壌は湿った大小さまざまな粒からできていて、固体と水、それにすきまから構成されていることがわかる。土壌中の水（**土壌水**）には作物の生育に大切な水溶性養分が含まれている。すきまには空気が存在するが、この空気（**土壌空気**）を植物の根や土壌微生物が呼吸に利用するため、大

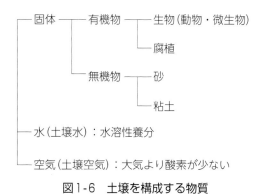

図1-6　土壌を構成する物質

気より酸素が少なく、二酸化炭素が多い。

　図1-6のように、固体部分は有機物と無機物にわかれる。有機物とは、炭素を含む化合物の総称で、動物・植物・微生物を構成する基本成分である。ただし、二酸化炭素や炭酸カルシウムなどの炭酸塩も炭素化合物であるが、有機物ではなく無機物に属する。土壌中の有機物には腐植とまだ腐植化していない新鮮有機物のほかに、ミミズやダニのような土壌動物と数多くの土壌微生物が含まれる。無機物とは、有機物以外の物質の総称で、「灰分」あるいは「ミネラル」ともよばれる。土壌の無機物は、ざらざらした触感の砂とつるつるした**粘土**からできている。

2) 構成元素

　現在、地球上には118種類の元素が見つかっている。そのなかには原子炉のなかなどで人工的につくられたものも含まれているので、自然界には92種類存在するが、実はそれらのほとんどの元素が土壌中に含まれている。ただし、含有量が少なすぎて分析できない元素も多く、また含まれる量も元素により著しく異なる。そこで、土壌を構成する元素は含有量に基づいて、**主成分**

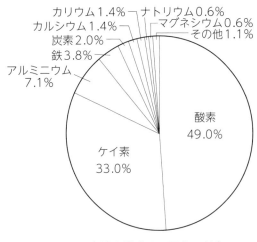

カリウム1.4%　ナトリウム0.6%
カルシウム1.4%　マグネシウム0.6%
炭素2.0%　その他1.1%
鉄3.8%
アルミニウム 7.1%

酸素 49.0%

ケイ素 33.0%

図1-7　土壌を構成する元素の割合

元素と微量元素に大別される。

　もっとも多い元素は酸素で約50％、続いて、ケイ素、アルミニウム、鉄、カルシウム、カリウム、ナトリウム、マグネシウムで、これら8元素で全体の90％程度（図1-7）を占めてしまう。そのほかにチタン、マンガン、リン、硫黄の4元素を含めて土壌の主成分元素という。正確にはそのほかに水と腐植の構成元素である炭素、窒素、水素が含まれる。

　ケイ素とアルミニウムに酸素が結合したケイ酸（SiO_2）と**アルミナ**（Al_2O_3）が土壌中の砂や粘土の骨格成分で、全体の約80％程度を占める。生物は炭素を中心とする高分子化合物（有機物）からできているが、炭素とケイ素は原子価4の同族元素である。すなわち、土壌中の無機成分はケイ素を中心とする高分子化合物である。アルミニウムは植物生育に支障をきたすこともあるが、土壌中ではさまざまな役割を担う主成分のひとつである。

　土壌中に含まれる主成分元素以外の元素を微量元素という。それらのうち、亜鉛、

銅、ホウ素、モリブデン、塩素、ニッケルは植物生育に不可欠な元素で、植物栄養の面から微量要素とよばれる。鉄、マンガンは土壌成分としては主成分であるが、植物栄養では微量要素となる。

　カドミウム、ヒ素、水銀などは有害元素に分類される。これらの元素は土壌中にごくわずか存在するだけで、植物の生育ばかりではなく、食物を経由して人畜にも悪影響を及ぼす。ただし、人工的に汚染されていない土壌中にもかならず含まれる。その量は元素により異なり、水銀では0.1mg/kg以下、カドミウムでは0.2 ～ 0.3mg/kg程度と非常に微量であるが、ヒ素では10mg/kg程度に達することもある。これらの値をバックグラウンド値という。肥料やさまざまな農業資材が施用される農耕地では、通常バックグラウンド値よりやや多い量の有害元素が含まれていることが多い。それらの値に比較して、著しく含有量が多い土壌を汚染土壌と見なすことが正しい評価法である。

3）無機成分（砂と粘土）

　土壌中の無機成分の分類には、粒子の大きさによる区分と鉱物組成の違いによる区分がある。前者では、単に土壌粒子の粒径により礫・砂・粘土、砂はさらに粗砂・細砂・微砂（シルト）に分類される（写真1-2）。一方、後者では一次鉱物と二次鉱物に分けられる。一次鉱物とは、岩石を構成する造岩鉱物が物理的風化作用により細かくなっただけの物質で、化学組成と構造は変わらない。**二次鉱物**とは、造岩鉱物が物理的風化作用に続く化学的風化作用を経

て生成した新たな鉱物で、通常粘土鉱物とよばれる。造岩鉱物とは化学組成と構造が異なる鉱物である。なお、一次鉱物はおもにケイ酸を主成分とするケイ酸塩鉱物あるいはケイ酸と**アルミナ**を主成分とするアルミノケイ酸塩鉱物から、二次鉱物はいずれもアルミノケイ酸塩鉱物からできている。

表1-1のように**礫**と砂を構成する鉱物はすべて一次鉱物であるが、**粘土**には粘土鉱物のほかに一次鉱物も混在している。粘土中の一次鉱物はほとんどが風化抵抗性がもっとも強い**石英**である。粘土のなかで粒径0.0002mm以下の画分を細粘土というが、そのなかの構成鉱物はほとんどが粘土鉱物となる。

土壌の性質を決める要因のひとつ

粗砂：直径0.2〜2mm

細砂：直径0.02〜0.2mm

微砂：直径0.002〜0.02mm　　粘土：直径0.002mm以下

写真1-2　土壌を構成する砂と粘土の粒径

表1-1　土壌の無機成分の分類

粒子の大きさによる分類	鉱物による分類
2mm以上(直径)：礫	一次鉱物(集合体)
0.2〜2mm　　：粗砂	一次鉱物(集合体・単粒)
0.02〜0.2mm　：細砂	一次鉱物(単粒)
0.002〜0.02mm：微砂 (シルト)	一次鉱物(単粒)
0.002mm以下　：粘土	二次鉱物＋一次鉱物
0.0002mm以下：細粘土	二次鉱物(粘土鉱物)

1：1型粘土鉱物
（カオリナイト）

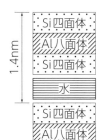
2：1型粘土鉱物
（モンモリロナイト）

ケイ酸四面体

アルミナ八面体

○, ◌ ＝O, OH　　◦, ● ＝Si　　● Al, Mgなど

粘土鉱物の基本構造

非晶質粘土鉱物
（イモゴライト）

◦◦ Si　（イモゴライトとはアロフェンに類似の粘土鉱物）
•• Al
○○ O
●● OH

図1-8　粘土鉱物の構造　（青峰・和田原図）

となる物質が粘土鉱物である。構造的に結晶性粘土鉱物と非晶質粘土鉱物に分類される。図1-8のように、前者はちょうど板を重ねたような層状構造を持ち、**ケイ酸四面体層**とアルミナ八面体層から成る1:1型鉱物と、2枚のケイ酸四面体層の間にアルミナ八面体層が挟まれた2:1型鉱物に大別される。また、火山灰から生成した黒ボク土中に含まれる鉱物は**アロフェン**とよばれ、従来非晶質といわれてきたが、最近では直径約3.5〜5.0nmの中空球状であるとされている。

これら粘土鉱物の性質は著しく異なり、植物生育の観点からもっとも優良な鉱物は**モンモリロナイト**で代表される2:1型鉱物、続いて**カオリナイト**の1:1型鉱物で、不良鉱物がアロフェンである。優劣を決定するもっとも大きな相違点は肥もち（保肥力、陽イオン交換容量）で、モンモリロナイトはほかの2種類に比べて10倍以上も大きい。すなわち粘土鉱物としてモンモリロナイトをたくさん含んだ土壌が肥沃ということになるが、残念ながら日本の土壌中にはほとんど含まれていない。モンモリロナイトを多く含む土は世界最高の土壌、**チェルノーゼム**である。これに対して、日本の土壌の粘土鉱物（口絵ii頁）の主体は1:1型鉱物、黒ボク土ではアロフェンでチェルノーゼムとは粘土鉱物組成が根本的に異なる。その原因は母材や気候など風化条件の違いにある。

なお、粘土鉱物は岩石の風化作用だけではなく、地殻内での熱水作用や続成作用などによっても生成される。とくに、陶器原料として大量に利用されるカオリンはこのような地殻変動により生成した粘土鉱物である。北陸地域の山岳部には地殻変動で生成し、その後隆起したモンモリロナイトを含む地層が分布している。モンモリロナイトには吸水すると膨張する性質があるため、大雨で下層に雨水がしみ込み、モンモリロナイトが膨張すると地滑りなど自然災害の原因物質となる。一方、そのモンモリロナイトが洪水時に土砂とともに下流に流れるため、北陸地域の低地土にはモンモリロナイトが含まれ、良質米の産地となっている。同じモンモリロナイトでも、功罪の両面を持っている。

4）有機成分

土壌中には通常、数％から10％程度の有機物が含まれ、おおまかな含有量は、口絵i頁のように**土壌の色**から判断することもできる。まったく黒みがなく、明るい色の土壌の有機物含有量は1％以下、少し黒みがあれば数％、かなり黒ければ5％程度、黒に近い褐色（黒褐色）であれば10％程度である。黒ボク土のなかには30％に達する真っ黒な土壌も存在する。土壌の有機物が増えるに伴って土壌の重さも変化し、見かけの密度は有機物1％以下の土壌の1.2〜1.5g/cm³から真っ黒な黒ボク土では0.7g/cm³程度まで低下する。

土壌中の有機物を一般に腐植と称することも多いが、正確には腐植と非腐植物質を総称して**土壌有機物**という。腐植の原料である植物遺体はまずミミズやトビムシなどの土壌動物により噛み砕かれ、食べられてふんとして排出される。つぎにそれが土壌微生物のエサとなるが、炭水化物、タン

パク質、脂肪などはすみやかに分解されて、大部分が水、二酸化炭素、アンモニアとなる。一部が微生物の構成成分となったあと、それらの死滅により多糖類、アミノ酸やペプチドなどとして土壌に放出される。一方、微生物による分解を受

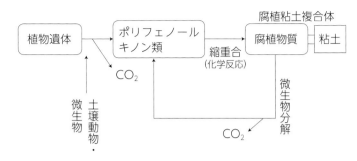

図1-9　土壌中での腐植の生成

けにくいリグニン、タンニン、テルペン類などのポリフェノール類も長い時間をかけて徐々に変化し、それらが多糖類やペプチドなどと酸化、重合、縮合のような複雑な化学反応を起こして黒色を呈する腐植物質が誕生する。すなわち、**腐植**は土壌中でいったん分解した有機物が化学反応により再合成されたもので、その点では無機成分の粘土鉱物と共通点を持っている。なお、生成した腐植の多くは粘土鉱物と固く結び付いて強固な複合体を形成し、これが土層中の黒い腐植層（A層）となっている（図1-9）。

　土壌に水酸化ナトリウム溶液のようなアルカリを添加して加熱すると、口絵ⅱ頁の写真のような真っ黒い溶液が得られる。これが腐植の本体ともいえる物質で、**腐植酸**と**フルボ酸**から成っている。いずれも非常に複雑な高分子化合物で、その詳細な化学構造は今日でも明らかでない。腐植酸には養分の吸着、団粒の形成や微生物活動の促進など、土壌の化学性・物理性・生物性を整える働きがある。また、フルボ酸は土壌中での金属の移動に関与する。なお、土壌中での平均滞留時間は、植物遺体で数年、フルボ酸で数百年、腐植酸では数千年とされている。腐植は気が遠くなるほど時間を

かけてつくられる土壌成分である。

　腐植の量は土壌によって著しく異なるが、質はどうであろう。腐植の質を腐植化度と称し、腐植の色が黒くなるほど腐植化度が高い。わが国に分布する土壌中から抽出した腐植酸の腐植化度を比較すると、低地土や赤黄色土では比較的低いが、黒ボク土では高く、世界一の土壌チェルノーゼムと同じ腐植型（A型）に分類される。黒ボク土のように腐植化度が高い腐植は土壌中の無機成分と強固に結合しているため、土壌微生物のエサとはなりにくい。したがって、黒ボク土には微生物のエサとなるような有機物を施用する必要がある。また、低地土のように腐植化度の低い土壌の畑で**石灰資材**を施用すると、土壌の酸性が改良され、土壌微生物、とくに細菌や放線菌の活性が高まることにより腐植を分解してしまう。有機物の補給がなければ地力が低下するため、土壌の種類、腐植の量や質にかかわらず、農耕地には有機物の施用が不可欠である。

　土壌中の有機物で腐植以外の成分は非腐植物質とか**粗大有機物**と称される。植物根や残さあるいは土壌に施用された有機物が土壌微生物により変質や分解を受けた物質

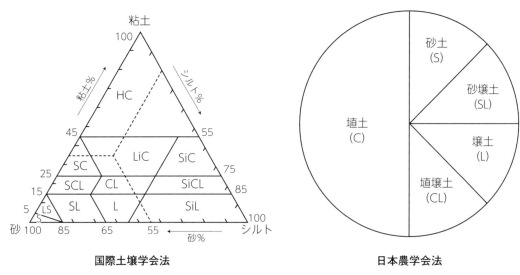

図1-10　国際土壌学会法と日本農学会法による土性区分

で、その際無機化した肥料成分を土壌に供給したり、土壌物理性を改善したりするとともに、それらがさらに微生物によって分解され、やがては腐植の原料となる。土壌に有機物を施用すると微生物数が増えて、土壌中の肥料成分を体内中にたくわえることになり、有機物は間接的な養分の貯蔵庫としての役割も果たしている。

(3) 物理性

1) 土壌の粒径組成と土性

　農業生産のための「よい土壌」の条件として、保水性（水もち）と透水性（水はけ）に優れることが大切である。土壌中に含まれる砂と粘土の含有割合を土壌学では**土性**とよび、土壌の性質を支配する要因のひとつである。砂が多い土では透水性や通気性はよいが、保水性や保肥力（肥もち）が悪くなり、粘土が多い土では逆の性質を示す。作物を栽培するための理想的な土壌とは砂と粘土をほどほどに含んだ**壌土**とよばれる土

性である。この土はプラウやロータリーの刃に付着しにくいので耕耘にも都合がよい。

　この土性は国際土壌学会法では、砂（粗砂と細砂の合量）・微砂（シルト）・粘土含有量の割合に基づき、図1-10左のような12区分に分けられる。また、日本農学会法では土性を粘土の含有割合によって5つに区分している。いずれにしても、土性を正確に分析するには土壌中の粒径組成、すなわち砂・微砂・粘土含有量を分析しなければならない。

　そこで、より簡易に土性を判定するには、親指と人差指の間に少量の土壌を取り、こね合わせる。土壌が乾いている場合には少量の水で湿らすとよい。熟練すると、指の感覚により国際法による12区分もできるそうであるが、それを判定したところで実用価値は乏しい。生産現場での土性判定には、表1-2の判定法により5区分に分ける。おおざっぱに、ツルツルしてまったく砂のザラつきを感じない土壌を**埴土**、逆に

ザラザラして粘土のなめらかさを感じない土壌を**砂土**、ツルツルのなかにザラザラを感じるツルザラ土壌を最良土壌の**壌土**と判定する程度でよい。

2) 土壌の三相分布と団粒構造

　土壌成分を物理的な面から分類すると図1-11のように固体（固相）・水（液相）・空気（気相）に分けることができる。土壌全体に占める固体の容量割合を**固相率**（%）、水の容量割合を**水分率**（%）、空気の容量割合を**空気率**（%）といい、3つを合わせて**三相分布**という。また、水分率と空気率の合計割合を**孔隙率**（%）という。土壌に大きな力を加えない限り固相率と孔隙率は変化しないが、水分率と空気率は土壌の乾湿により大きく変わる。

　4種類の土壌の深さ1.4mまでの三相分布を示す図1-12から、土壌の固相率は50%前後で、半分が隙間であることがわかる。とくに、黒ボク土の表層部分では固相率はわずか30%にすぎない。図1-13は、土壌中での固相と孔隙の関係をモデル化したも

表1-2　指での触感による土壌の土性判定法

土性	指の感触	水もち	水はけ	肥もち
砂土 (S)	ザラザラ	××	○○	××
砂壌土 (SL)	チョイツル	×	○○	×
壌土 (L)	ツルザラ	○○	○○	○○
埴壌土 (CL)	チョイザラ	○○	×	○○
埴土 (C)	ツルツル	○○	××	○○

固相の割合	固相率
液相の割合	水分率
気相の割合	空気率
合　計	100%

←　三相分布の模式図

図1-11　土壌の三相分布

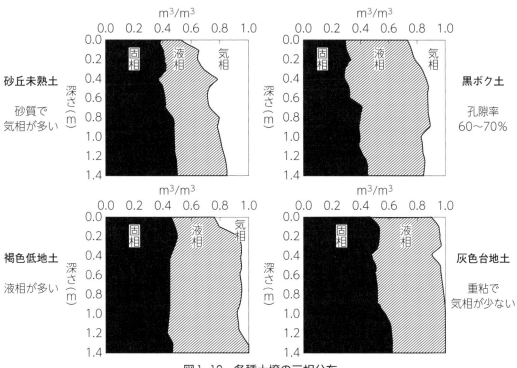

砂丘未熟土
砂質で気相が多い

黒ボク土
孔隙率 60～70%

褐色低地土
液相が多い

灰色台地土
重粘で気相が少ない

図1-12　各種土壌の三相分布

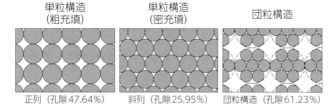

単粒構造 （粗充塡）	単粒構造 （密充塡）	団粒構造
正列（孔隙47.64％）	斜列（孔隙25.95％）	団粒構造（孔隙61.23％）

図1-13　土壌の構成モデルと孔隙

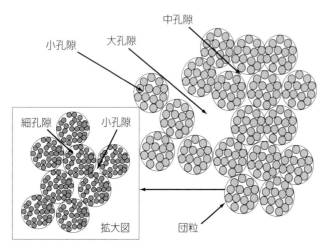

図1-14　土壌団粒のしくみ

のである。土壌粒子を同じ大きさのボールと見なし、箱のなかにぎっしりと詰める（斜列）と孔隙率は約26％であるが、土壌粒子を縦・横に並べる（正列）と約48％が孔隙となり、実際の土壌と同程度となる。黒ボク土表層のように孔隙をさらに増やすには、図1-13右のような**団粒構造**が必要になり、実際の土壌ではこのような団粒構造と斜列・正列のような単粒構造が複雑に組み合わされている。ただし、土壌中の団粒は図1-13右のような単純な構造ではなく、図1-14のように1個の団粒がさらに小さな団粒からできている。

　安定した団粒構造をつくるには土壌粒子を接着する「のり」が必要で、そのためには有機物を適切に施用する。土壌微生物が有

機物を分解する際に「のり」が分泌されるためである。逆に、畑のなかで大きなトラクターを走らせすぎると団粒が破壊されるばかりでなく、下層土を圧迫して水はけを悪くしてしまう。有機物の「のり」のほかに、無機質の「のり」も団粒形成に関与する。無機のりとは、具体的には鉄やマンガン化合物のことで、作土の適度な乾湿による酸化還元反応で生成するさまざまな形態の水酸化物や酸化物などの被膜が「のり」の役割を果たす。逆に、土壌を過度に乾燥させたり湿らせたりすると団粒を壊す原因になる。

3) 保水性

　土壌の水もち**（保水性）**と水はけ**（透水性）**、一見相反する性質のようだが、作物の根に水と空気を供給するには必要不可欠な条件である。ぬらした親指と人差し指を近づけるとその間に水がたまるが、指を離すと水が切れてしまう。それと同じ理屈で、図1-15のような2個の土壌粒子の間に水を流すと、小さなすきま（間隔が0.1mm以下のすきま）には水がたまり、大きな隙間（間隔が0.1mm以上のすきま）では水が下層に流れてしまいたまらない。そのかわり、水が流れたのちに新鮮な空気が土層のなかまで入り込んでくる。

　図1-15の中央と右では、水が下に落ちようとする重力より土壌粒子間の表面張力（水ポテンシャル）が大きいため保水されているが、すべての水が植物に利用されるわ

けではなく、土壌粒子間の張力とそこに侵入してきた根の吸水力（根圧）との強弱で左右される。図1-15中央のように根圧が表面張力より強ければ根は水を吸収することができるが、右のように表面張力のほうが強ければ吸水できない。根圧は植物の種類により異なるが、一般的には、土壌粒子間の孔隙（d）が0.0002 ～ 0.1mmであれば根圧が優り、0.0002mm以下であれば表面張力が優って、そこに水があっても植物は水を吸収できない。

　土壌粒子間に保持され、かつ植物に利用可能な水ポテンシャルを圧力の単位であるパスカルで表すと -3.1kPa ～ -1.5MPaとなるが、慣用的には水ポテンシャルを水柱の高さ（cm）の常用対数で表す**pF**という単位を使うことが多く、植物に有効な水はpF1.5 ～ 4.2となる。pFの範囲は0 ～ 7で、pF0とは大雨が降っている最中のように土壌中の孔隙がすべて水で満たされた状態で、その際の土壌水量を**最大容水量**という。大雨が止んで24時間後にはpF1.5以下の土壌水**（重力水）**が流れ去り、**圃場容水量**という状態になる。この圃場容水量の水分量は最大容水量の50％前後で、畑ではこのあたりから耕耘などの農作業が可能となる。その後日照りが続くと、土壌

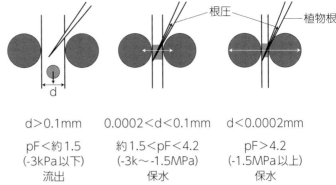

図1-15　土壌粒子間隔の違いによる水の挙動の相違

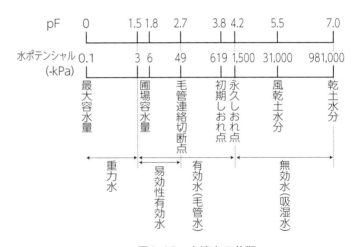

図1-16　土壌水の分類

水が蒸発して作土が乾燥するにつれてpF値が上昇し、pF3前後になると下層からつながっていた水の毛管が切れて、下層からの水の供給が途絶える**（毛管連絡切断点）**。さらに日照りが続きpF3.8になると、植物にしおれが見られるようになるが、すぐにかん水すれば元に戻る（初期**しおれ点**）。しかし、しおれに気づかずpF4.2にまで乾燥すると、かん水しても元には戻らず植物が枯

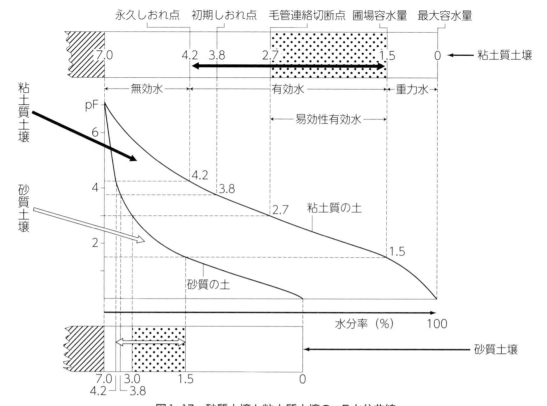

図1-17 砂質土壌と粘土質土壌の pF水分曲線

写真1-3
テンションメーター

死してしまう。この時点の水分状態を永久しおれ点という。pFの最高点7とは、土壌を105℃で24時間乾燥した後の水分である（図1-16）。

このように、pF1.5〜4.2までの土壌水を**有効水**というが、そのうちpF1.5〜2.7を易効性有効水といい、植物がもっとも利用しやすい水である。有効水分量は土壌の腐植含有量や土性により大きく異なり、図1-17のように砂質の土壌では少なく、粘土質の土壌で多い。土壌水の状態をリアルタイムに観測するための道具として、**テンションメーター**（写真1-3）がある。これを土壌中に差し込んでおけば、pF値が直読できるので、かん水をはじめる目安を定めやすい。

4）透水性

　大雨が降ったあと、畑に水がたまり水はけが悪いと、農作業の開始が遅れるだけでなく、作物は根腐れを起こしやすい。水はけ不良はおもに、トラクターなどの過剰走行により作土直下の下層の**粗孔隙**が減り、作土内の重力水が下層に移行できないために起こる現象である。水はけの程度を数値化した値が透水係数で、地表面にたまった水が1秒間に何cm土層を下降するかを示す。畑では、透水係数$10^{-3} \sim 10^{-4}$cm/秒が最適である。下層土の透水係数が10^{-4}cm/秒以下の場合には、深耕ロータリーによる深耕やサブソイラーなどによる心土破砕を行なう。

　水田では水はけがよすぎるとざる田となってしまうが、透水性が悪すぎると作土の異常還元化が生じて、水稲生育が悪くなるばかりでなく、メタンガス揮散を助長することにもなるので、適切な水管理が必要である。湛水水田では透水係数ではなく、24時間に湛水面水位が何cm低減するかを測定して、減水深（cm/日）という数値で管理する。適切な減水深は2cm/日とされている。なお、減水深2cm/日を透水係数に換算すると、2.3×10^{-5}cm/秒となる。

演習1　土壌の三相分布

　固相率：50％、水分率：20％、容積重（乾燥させた土壌100ccあたりの質量）：125g/100ccの土壌がある。

（1）この土壌の空気率（％）を算出しなさい。
　　空気率＝100－（固相率＋水分率）＝30％

（2）この土壌の孔隙率（％）を算出しなさい。
　　孔隙率＝空気率＋水分率＝50％

（3）この土壌の仮比重（孔隙を含めた見かけの比重）を算出しなさい。
　　仮比重＝容積重/100＝1.25

（4）この土壌の真比重（土壌の固相のみの比重）を算出しなさい。
　　真比重＝容積重/固相率＝2.5

注：土壌の仮比重は土壌の種類などにより著しく異なる（0.6〜1.5内外）が、真比重は土壌の種類にかかわらず2.5前後を示す。

(4) 化学性

1) 土壌の保肥力（CECとAEC）

　土壌には養分をたくわえる性質があり、それを一般には「肥もち」、土壌学では**「保肥力」**という。土壌中で養分を直接的にたくわえる成分は粘土鉱物と腐植で、間接的には土壌微生物や有機物も関与している。電子顕微鏡を使わないと形が判別できない程度の大きさでしかない粘土鉱物や腐植は、いわゆるコロイド粒子**（土壌コロイド）**で、図1-18のように通常マイナスの電気（陰電荷）を帯びている。肥料や土壌改良資材として土壌に施用される養分のうち、窒素（アンモニア）・カリウム・カルシウム・マグネシウムはいずれも水に溶けて陽イオンとなり、それらが電気的引力により陰電荷を持った土壌コロイドに吸着されると、雨水やかん水によって流されにくくなる。このように、土壌コロイドに吸着された陽イオンを**交換性陽イオン**という。図1-18のように、陰電荷量が多いほど土壌の保肥力が大きく、その大きさは**陽イオン交換容量**という値で表現される。英語名の頭文字から通常**CEC**（Cation Exchange Capacity）という。CECとはいわば土壌の胃袋である。

　陰電荷を持つ土壌コロイドの表面に、陽電荷を持つ陽イオンが電気的に吸着される現象は、鉄粉が磁石に吸い付けられるようなものである。その磁石には永久磁石と電磁石があるように、土壌のCECにも永久磁石に相当する**永久陰電荷**と、電磁石のようにパワーが変化する**pH依存性陰電荷**がある。図1-19のように、永久陰電荷はモンモリロナイトのような2：1型粘土鉱物にしかなく、その保肥力は強大で、最大の特徴はpHが変化しても保肥力がまったく変わらないことである。日本の土壌に多く含まれるハロイサイトのような1：1型粘土鉱物や黒ボク土中のアロフェン、あるいは腐植には永久陰電荷がなく、すべてpH依存性陰電荷となっている。それらは土壌のpHが下がると保肥力が小さく

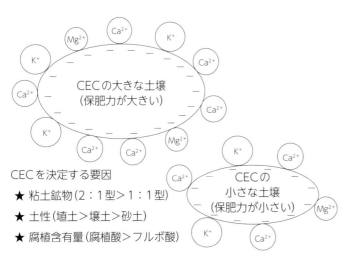

CECを決定する要因

★ 粘土鉱物（2：1型＞1：1型）
★ 土性（埴土＞壌土＞砂土）
★ 腐植含有量（腐植酸＞フルボ酸）

図1-18　陽イオン交換容量（CEC）の大きさの違い

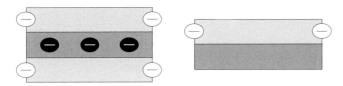

2:1型粘土鉱物（モンモリロナイト）　1:1型粘土鉱物（ハロイサイト）

⬛−：永久陰電荷　　　⬭−：pH依存性陰電荷

2:1型粘土鉱物には永久陰電荷があるためCECが大きい

図1-19　粘土鉱物の永久陰電荷とpH依存性陰電荷

なり、pHが高まると大きくなる。畑では土壌酸性の改良が「土づくり」の基本といわれる理由のひとつがそこにある。

　土壌のCECは土壌中に含まれる粘土鉱物の種類と含有量、および腐植含有量に左右される。世界でもっとも肥沃な土壌であるウクライナの**チェルノーゼム**は、優良粘土鉱物であるモンモリロナイトと多量の腐植を含むためCECが大きく50〜60meq/100gに達するが、日本の土壌では大小さまざまである。もっとも小さな土壌は海岸の砂のような**砂土**で2〜5meq/100g、逆に腐植を多く含む黒ボク土ではチェルノーゼムに匹敵するCECを持ってはいるが、粘土鉱物がアロフェンであるため肥沃度が低い。いわば「うどの大木」のようなものだ。

　農耕地としてのCECの目標値は15meq/100g程度以上と考えればよい。なお、CECの単位は、meq/100g（土壌100gあたりのmg当量）であるが、現場では省略してもよい。なお、たとえばCECが15meq/100gの土壌であれば、10aあたり約300kgの窒素をたくわえることができる。

　土壌が養分をたくわえるしくみはCECだけではない。図1-20のように、土壌中の粘土鉱物や腐植には陰電荷のほかにわずかながら陽電荷も含まれている。その陽電荷の数はケイ酸とともに、粘土鉱物の主成分であるアルミナが多いと増える。そのため、マイナスの電気を持つ硝酸や硫酸イオンも土壌に交換性陰イオンとして吸着され

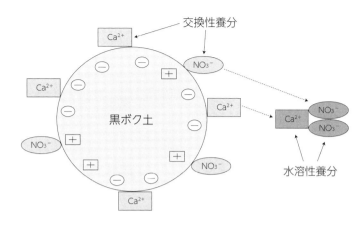

黒ボク土には陽電荷があるため、硝酸イオンも吸着される

図1-20　黒ボク土のイオン交換特性

るが、そのような陰イオンをたくわえる保肥力（AEC）はCECに比べてはるかに小さい。また、硝酸イオンは硫酸イオンに比べて吸着力が弱いので、土にはほとんどくっつかないと考えたほうがよい。ただし、アルミナを多く含む黒ボク土（火山灰土壌）には、陽電荷が比較的多く含まれているので、ほかの土よりは硝酸イオンを吸着しやすい。

2) 塩基飽和度と塩基バランス

　陰電荷を帯びた土壌コロイドに吸着される交換性陽イオンは、水に溶けて塩基性（アルカリ性）を示す交換性塩基と酸性を示す陽イオンに大別される。前者にはCa^{2+}＞Mg^{2+}＞K^+＞Na^+、後者にはAl^{3+}＞Fe^{2+}、H^+がある。両者の割合で土壌の性質が左右され、交換性塩基の占める割合が多いと土壌は塩基性に、少ないと酸性に傾く。土壌コロイドの陰電荷のすべてが交換性塩基で占められると土壌が弱塩基性を示すため、一般の作物生育にはやや支障をきたす。図1-21のように、交換性塩基が80％程度で、

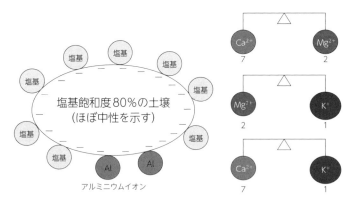

図1-21　畑土壌に理想的な塩基飽和度と塩基バランス

交換性アルミニウムイオンが残りの20％程度を占めると作物生育にもっとも適する条件となる。すなわち、人の健康につながる「腹八分目」と同様に、土壌の胃袋（CEC）も80％程度が最善ということである。このように、土壌コロイドの陰電荷に占める交換性塩基の割合を**塩基飽和度**という。

　土壌診断分析結果から塩基飽和度を算出する方法については第2部第4章で解説するが、本章では交換性塩基量の単位について記しておこう。たとえば、土壌コロイドに吸着されるカルシウムイオンの形態はCa²⁺であるが、交換性カルシウム量としては従来からの慣例で「CaO mg/100g」あるいは「石灰mg/100g」と表示する。同様に、マグネシウムイオンは「MgO mg/100g」あるいは「苦土mg/100g」、**カリウムイオン**は「K₂O mg/100g」あるいは「カリmg/100g」となる。ナトリウムイオンについては、土壌中の存在量がほかの3塩基より少量で、かつ植物の必須要素ではないため、現場の土壌診断室では分析対象としないことが多いが、分析する場合には「Na₂O mg/100g」あるいは「ソーダmg/100g」と表示する。

　人の健康を保つには「腹八分目」だけで

はなく、炭水化物、タンパク質、脂質などをバランスよく摂取することが大切である。土壌の胃袋でも塩基飽和度だけではなく、交換性塩基の量的バランスを整える必要がある。具体的には、CECに占める交換性石灰の割合（石灰飽和度）が50〜60％、交換性苦土の割合（苦土飽和度）が10〜20％、交換性カリの割合（カリ飽和度）が5〜10％が最善で、石灰：苦土：カリの割合がほぼ7：2：1となる（図1-21）。これを**塩基バランス**という。最近の野菜畑やハウス土壌では**石灰資材**の過剰施用により塩基飽和度が高まり、100％を上まわることも珍しくない。また、カリ過剰による塩基バランスの崩れも多く、それが原因で作物に苦土欠乏が生じやすい。なお、このような土の不健康化は家畜ふん堆肥など有機物の過剰施用が引き金になっていることも少なくない。

　養分として重要な硝酸態窒素とリン酸は陰電荷を帯びた陰イオンであるので、塩基とはまったく異なる挙動を示す。

3）土壌酸性

　土壌の酸性・中性・塩基性（アルカリ性）を測定するには土壌に純水を加えて振とうし、懸濁液の**pH（ピー・エッチ）**をpHメーターにより測り、pH（H₂O）と表示する。ただし、最近ではpHと省略することも多い。一般化学ではpH7を中性、7未満を酸性、7より高ければ塩基性というが、実は土壌学ではこの科学的常識が通用しない。土壌学

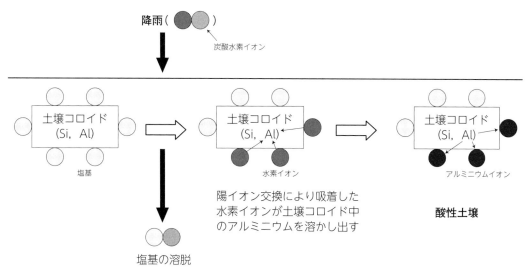

図1-22　土壌の酸性化メカニズム—自然状態で生じる酸性化

ではpH（H₂O）6.5付近が中性で、6.0程度以下の土壌を酸性土壌とよんでいる。その理由は、特殊な作物を除いて、pH（H₂O）6.0〜6.5でもっとも生育がよく、6.5〜7.0以上ではホウ素やマンガンなど微量要素欠乏が起こりやすいからである。

ところで、日本の土壌のpH（H₂O）はいくらぐらいだろうか。石灰岩地帯のようにまれに7以上を示す土壌もあるが、未耕地土壌では5.5前後の酸性を示す。図1-22のように、そのもっとも大きな原因は雨で、土壌コロイドに吸着されている交換性塩基が雨水中に溶けた二酸化炭素由来の水素イオンと入れ替わる（交換される）結果、土壌の塩基飽和度が下がる。土壌の酸性と塩基飽和度間には密接な関係があり、塩基飽和度が低いほど土壌pHが低くなる。すなわち、土壌の酸性はCECとそこに吸着されている交換性塩基の割合で決定される。一般の作物栽培に最適な「腹八分目」である塩基飽和度80％の状態で、土壌のpH（H₂O）がおよそ6.5なのである。カルシウムやマグ

ネシウムイオンと入れ替わった水素イオンは不安定で、やがて粘土鉱物の骨格成分である**アルミナ**から溶出してきたアルミニウムイオンと交換する。そのために、塩基未飽和度の主体は水素イオンではなく、**交換性アルミニウム**となっている。

土壌コロイドに吸着されていた交換性塩基が雨水中の水素イオンと入れ替わる現象を**陽イオン交換反応**という。交換性塩基がCa²⁺の場合には、下記のように表現される。

土壌コロイド-Ca²⁺ + 2H₂CO₃ →
土壌コロイド-2H⁺ + Ca（HCO₂）₂

陽イオン交換反応の結果、交換性塩基は土壌コロイドから離脱して、水溶性塩基となる。陽イオンである交換性塩基は土壌コロイドの陰電荷と電気的中性（チャージバランス）を保つが、土壌水中に離脱した水溶性塩基はおもに炭酸水素イオンとバランスを保つことになる。こうして生成した炭酸水素塩は土壌中の水に溶けて下層へと移

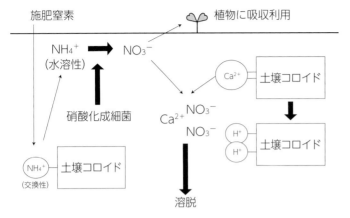

施肥窒素　　　　　　　　植物に吸収利用

NH$_4^+$　　→　NO$_3^-$
（水溶性）

硝酸化成細菌　　　Ca^{2+}　NO$_3^-$
　　　　　　　　　　NO$_3^-$

Ca^{2+}　土壌コロイド

NH$_4^+$　土壌コロイド
（交換性）

H$^+$
H$^+$　土壌コロイド

溶脱

図1-23　土壌の酸性化メカニズムー窒素施用で生じる酸性化

動し、やがて地下水に流れ込む。このような現象を**塩基の溶脱**という。

　未耕地で自然現象として生じる塩基の溶脱には長い時間を要するが、窒素肥料を施用する畑や牧草地では、塩基の溶脱による土壌酸性化が促進される。たとえば、窒素肥料として硫酸アンモニウムを施用すると、図1-23のように**アンモニウムイオン**（NH$_4^+$）は陽イオンであるため土壌コロイドに交換性アンモニウムイオンとして吸着されるが、一部は水溶性アンモニウムイオンとして土壌水中に留まる。この水溶性アンモニウムイオンは土壌中で硝酸化成細菌による**硝酸化成作用**を受けて硝酸イオン（NO$_3^-$）に変化し、その一部が作物に吸収利用される。陰イオンである硝酸イオンは土壌コロイドに吸着されにくいため、降雨により下層に移動するが、その際チャージバランスを保つための対イオンとして土壌コロイドに吸着されているカルシウムやマグネシウムイオンを剥ぎ取り、硝酸カルシウムや硝酸マグネシウムとして移動する。わかりやすくいえば、硝酸イオンが塩基と「駆け落ち」するということだ。その結果、

土壌からの塩基の溶脱が促進され、酸性化が進行する。

　このような土壌酸性化は、窒素肥料を施用する土層内で生じるため、野菜や畑作物では作土層15〜20cmが酸性化するが、土壌表面への追肥が中心になる牧草地では表層数cmの極表層が酸性化しやすい。また、窒素肥料を過剰に施用すれば、残存する硝酸イオンが多くなるため、酸性化がより一層すすむ。なお、駆け落ちした硝酸塩は地下水に流れ込み、深刻な**地下水汚染**をもたらす結果となる。

　土壌の酸性を改良するには土壌中の交換性アルミニウムを**石灰資材**で中和してやればよい。ただし、土壌の酸性には強弱と大小があり、pHは酸性の強弱を示す値で、**土壌酸性**の大小は交換性アルミニウム量で決まる。pHが同じでも酸性を改良するための石灰資材施用量は土壌により異なる。砂質あるいは腐植の少ない土壌では酸性が小さいため少量の石灰施用ですむが、黒ボク土では酸性が大きいため多量の石灰資材を必要とする。具体的な土壌pHの測定方法や土壌酸性改良法などについては、第2部第4章で解説する。

（5）生物性

1）土壌動物

　土壌動物には、ほ乳類から原生動物まで多種多様な動物が含まれ、その分類だけでも学術的研究分野となるが、実用的土壌学での土壌動物分類法のひとつとして、表

1-3のような大きさだけで分ける方法がある。

　土壌中に供給された落ち葉や枯れ枝、農耕地では有機質肥料や堆肥などの有機物を巨形動物のミミズが食べると80％をふんとして排出する。そのふんを大形動物のダンゴムシなどが食べてふんを出す。このような食物連鎖が中形動物（写真1-4）から小形動物へと引き継がれることで、有機物が粉砕され土壌粒子と混合されて、つぎには土壌微生物による有機物分解へと続く。ダーウィンの研究でも知られるように、ミミズは土壌団粒化や反転には役立つが、多数生息する畑ではミミズを大好物とするモグラが増えてトンネルを掘りまくるので、農家にはかならずしも歓迎されない土壌動物である。

　中形動物に分類されるネマトーダ（**センチュウ**）は農家に嫌われる土壌動物のひとつであるが、土壌中には植物根に寄生してこぶをつくるネコブセンチュウ（写真1-5）や根を腐らせるネグサレセンチュウなどの悪玉（寄生性センチュウ）のほかに、植物根には寄生せず、有機物を摂食する善玉センチュウ（自活性センチュウ）も生息している。有機物を施用すると善玉が増え、悪玉が減る現象も認められていて、寄生性センチュウによる作物被害は、その密度だけではなく、自活性**センチュウ密度**とのバランスが関係している。

2）土壌微生物

　土壌微生物は微生物学的分類により、**細菌**（バクテリア）、**放線菌**、**糸状菌**（菌類）、

表1-3　体長による土壌動物の分類

分類	体長	種類
巨形動物	2cm以上	トカゲ、ヘビ、モグラ、ミミズ
大形動物	2〜20mm	アリ、クモ、ヤスデ、ムカデ、ダンゴムシ
中形動物	0.2〜2mm	トビムシ、ダニ、ネマトーダ
小形動物	0.2mm以下	アメーバ、鞭毛虫、繊毛虫、ワムシ

写真1-4　土壌中に生息する中形動物

写真1-5　ネコブセンチュウ（左下）と感染したトマトの根

藻類に大別される（表1-4）。なお、放線菌は細菌と糸状菌の中間的な性質を持つ微生物で、細菌に一括されることもある。土壌1g中には、少なくとも1億以上の微生物が生息するが、その多くが細菌で、糸状菌数は細菌の1/10〜1/100にすぎない。しかし、土壌中に菌糸をはびこらせるために質量割合では、土壌微生物全体の70〜75％を占める。なお、土壌微生物全体の質量は

表1-4 土壌微生物の分類と性質

種類	形状	大きさ(μm)	個数/g	重量割合 (%)	性質	栄養性
細菌	単細胞	0.5～3	$10^7～10^8$	20～25	嫌気性 好気性	有機・無機 有機・無機
放線菌	分枝状菌糸	0.5～1(菌糸幅)			好気性	有機
糸状菌	分枝状菌糸	5～10(菌糸幅)	細菌の1/10～1/100	70～75	好気性	有機
藻類	単細胞(連結)	3～50	水田中に多い		好気性	無機

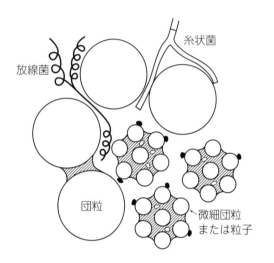

図1-24 団粒構造と微生物の分布

（高井康雄, 1977）

10aあたり700kg程度で、土壌全体の約0.5％に相当する。

土壌微生物を栄養要求性とエネルギーおよび炭素獲得法で分けると、放線菌と糸状菌は動物と同様に酸素で有機物を分解して炭素を得る従属栄養微生物、藻類は光合成により炭素を得る独立栄養微生物である。細菌には従属栄養微生物と独立栄養微生物が含まれる。また、放線菌、糸状菌、藻類はいずれも空気を好む好気性微生物であり、細菌には**硝酸化成作用**に関与するアンモニア酸化細菌や亜硝酸酸化細菌のような好気性細菌と、脱窒細菌やメタン細菌のような嫌気性細菌が存在する。

このように、性質が極端に異なる多数の微生物が土壌中で棲み分けられるのは**団粒構造**のためであり、図1-24のように団粒内部には嫌気性細菌、団粒外部には好気性細菌が繁殖し、団粒間の大きな孔隙には放線菌や糸状菌が菌糸を伸ばしている。

3) 水田と畑の土壌微生物

土壌中の微生物は数では**細菌**、質量では**糸状菌**が圧倒的に多く、この細菌と糸状菌を土壌中の二大微生物ともいう。糸状菌はすべてが好気性菌であるため畑の作土に多数生息する。一方、湛水された水田作土では嫌気性雰囲気となるため、糸状菌や好気性細菌は生息しづらく嫌気性細菌が繁殖する。そのため、畑では糸状菌による有機物の分解がすすむのに対して、糸状菌が少ない水田では有機物が分解しにくい。

このような畑と水田での土壌微生物相の違いが有機物の施用方法や地力の維持に大きく関わってくる。農耕地への有機物施用といえば、堆肥があたり前のように思う農家が多いのは、わが国の農業が本来水田農業であることに起因している。水田に堆肥化せずに新鮮有機物をそのまま施用すると異常還元を起こして水稲に根腐れを起こし

やすいが、糸状菌の多い畑では堆肥でなくても緑肥などのような新鮮有機物をそのまますき込んでもすぐに分解される。農耕地に有機物を施用しないとどうなるか。糸状菌が多い畑では、作土中の有機物分解が急速にすすんで地力が消耗し、やがて生産性が低下する。しかし、糸状菌が少ない水田では有機物の分解がすすまず、畑よりは地力が維持されやすい。いずれにしても、農耕地の地力維持には適切な形態と適量の有機物施用が欠かせない。

　土壌中には、酸性を好む微生物、乾燥に弱い微生物など多種多様な微生物が生息している。そのため、土壌酸性を改良する、作土を反転するなどの農作業により土壌環境が変化すると、それに耐えられない微生物の一部が死滅する。その結果、死菌体中のタンパク質が無機化してアンモニアが土壌中に放出され、作物の生育を促進する。このような現象をアルカリ効果、乾土効果という。また、土壌病害対策として行なう土壌消毒でも、微生物の死滅による窒素の無機化が起こるので、土壌消毒後には窒素基肥量を削減する必要がある。

4）共生菌と土壌病原菌

　土壌微生物のなかには、根に共生して作物の生育を助ける共生菌と、根に寄生して作物の生育を阻害する土壌病原菌がいる。共生菌としては、豆科植物に共生する**根粒菌**（細菌）、水田で見られるアカウキクサに共生する**ラン藻**（藻類）、草木類と一部の木本類に共生する**菌根菌**（糸状菌）などが知られている。根粒菌とラン藻は植物から栄養補給を受けるかわりに、空中窒素固定によ

Fusarium oxysporum

写真 1-6　セルリ萎黄病とその病原菌（左下）

りつくったアンモニアを植物に供給する。菌根菌は植物の根域より広い範囲に菌糸を張り巡らせ、土壌中のリン酸吸収を助ける働きをする。その際、**木炭**を施用しておくと炭化した細胞が菌根菌の中継基地となり、その効果が助長される。なお、これらの共生菌は土壌中に養分が少ない状態でその機能を果たすが、野菜畑や園芸ハウスのように養分が過剰な農耕地では、共生効果を期待することはできない。

　土壌病原菌とは、セルリ萎黄病（写真 1-6）やレタス根腐病（*Fusarium oxysporum*：糸状菌）、トマト青枯病（*Ralstonia solanacearum*：細菌）、ジャガイモそうか病（*Streptomyces scabie*：放線菌）、ハクサイ根こぶ病（*Plasmodiophora brassicae*：原生動物）などの土壌伝染性病害を引き起こす土壌微生物で、連作障害の主因のひとつである。

　土壌微生物は土壌中のどこにも一様に分布しているわけではなく、植物の根の周りに集まってくる。その理由は、根の表面から分泌される有機酸や糖、アミノ酸などの物質や古くなって脱離した細胞が微生物の

基質となるためである。微生物のなかには植物が吸収できない土壌中の養分を効きやすくするものがいるため、それらを根の周囲におびき寄せて生育の手助けをさせている（図1-25）。根から分泌される物質の種類は植物により異なる。また、それらを食べる微生物にも好き嫌いがあるので、同じ植物あるいは同じ種類の植物を栽培し続けると生物多様性が崩れ、特定の種類の微生物が増殖する。根の周りに集まるさまざまな微生物のなかには土壌病原菌もいる。植物を連作すれば、役立つ微生物も増えるが、病原菌も徐々に増え、病原菌の密度がある一定レベル以上になると発病に至る。

土壌病害を防ぐ基本は、連作から輪作への変換であるが、現実的には困難な場合が多い。そこで大切なことは、土壌病原菌を増やさないことである。発病が多くなれば、太陽熱や薬剤による土壌消毒を行ない、**病原菌密度**を下げる。また、フザリウム属菌のような糸状菌が病原菌である場合に有機質肥料や堆肥などの有機物を施用すると病原菌が増殖するので、注意が必要である。

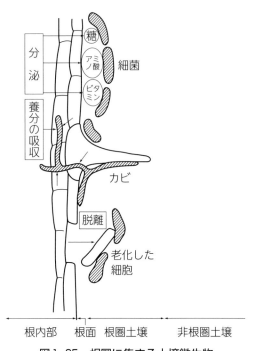

図1-25　根圏に集まる土壌微生物

第2章

植物の必須元素と栄養特性

1 植物の必須元素

(1) 植物の必須元素の特徴

植物の**必須元素**は、現在17元素ある（65頁、表3-1）。もっとも新しく必須元素に加わったのはニッケルで、尿素を分解する酵素**ウレアーゼ**に必須である（224頁）。**尿素**は肥料の一種であるが、肥料として外部から植物に与えなくても植物生体内で**アルギニン**から生成されることなどが確認され、21世紀になって国際的にも植物の必須元素と認められた。

炭素（C）、水素（H）、酸素（O）は**生体構成元素**で、植物の場合は光合成によって、二酸化炭素（CO_2）と水（H_2O）から炭水化物が合成される。

ここで重要なことは、非常にきびしい条件を満たさないと高等植物の必須元素に認定されないことである。モリブデンが高等植物における必須元素であることを確立したアーノンとスタウトが、必須元素は次の3つの条件を満たす必要があると提案し、その原則が1939年の国際会議で承認された。

①その元素が存在しないと、植物がその一生（ライフスタイル）を完結できない。

②その元素の機能はほかの元素によって代替できない。

③その元素は植物代謝に直接関与する。たとえば、酵素の補酵素として、あるいは酵素反応ステップで必要とされる。

一方、人間の必須元素は現在20元素が広く国際的にも認められている。動物ではさらに多く、27元素が必須元素とされている。ここで、植物の必須元素、一部の高等植物でしか必須性が認められないため有用元素となっている5元素も含めて、これら元素はすべて動物の必須元素であることは、非常に重要である。すなわち、必須元素の多くは肥料あるいは土壌改良資材などとして農耕地に施用され、農産物を栽培するが、これらミネラルは食を通じて人間の体内に入り、人間の健康に役立っていることが現在では明らかになっている。「今、新たな肥料の夜明け」といわれる背景を本書から学び取ってほしい。

(2) 人間の必須元素、有用元素

5年ごとに厚生労働省が定めている日本人の**食事摂取基準**からミネラル成分基準の一例を表2-1に示した。基準は、男女別々に0か月の乳幼児から各年齢層別に70歳以上までの区分ごとに詳細に定められている。また、ミネラルの実際の摂取量も毎年

表2-1　日本人の食事摂取基準（2020年版）、ミネラルと実際の摂取量（30～39歳男性の例）

		推定平均必要量	推奨量	目安量	目標量	耐容上限量	30～39歳(男)の実際の摂取量	推奨量、目標量との比
多量ミネラル	ナトリウム (mg/日)	600 (1.5)[*1]			(7.5未満)[*1]		(9.9)	1.20
	カリウム (mg/日)			2,500	3,000以上		2,105	0.84
	リン (mg/日)			1,000		3,000	955	0.96
	カルシウム (mg/日)	600	750			2,500	439	0.59
	マグネシウム (mg/日)	310	370			[*2]	243	0.66
微量ミネラル	亜鉛 (mg/日)	9	11			45	8.5	0.77
	鉄 (mg/日)	6.5	7.5			50	7.2	0.96
	マンガン (mg/日)			4.0		11	―	
	銅 (mg/日)	0.7	0.9			7	1.1	1.22
	ヨウ素 (μg/日)	95	130			3,000		―
	クロム (μg/日)		40	10		500		―
	モリブデン (μg/日)	25	30			600		―
	セレン (μg/日)	25	30			450		―

*1：（　）内は食塩相当量（g/日）
*2：通常の食品以外からの摂取量の耐容上限量は成人の場合350mg/日、小児では5mg/kg体重/日とする。それ以外の通常の食品からの摂取の場合、耐容上限量は設定しない
注：実際の摂取量は、厚生労働省令和2年1月14日公表の平成30年国民健康・栄養調査結果による

調査しているため、その結果の一部を表の右側に追加した。調査されたミネラルのうちナトリウム、銅を除くと、現在の日本人のカリウム、カルシウム、マグネシウム、亜鉛の摂取量は、目標量あるいは望ましい摂取量に比べ大きく不足している。農産物を生産する肥料、ミネラルを学習することは、食を通じて人間の健康に責任を持つことである。ミネラルの働きを植物体内だけでなく、人間の体内での働きもあわせて日ごろから学習するのが新しい肥料学である。それは、肥料学をより楽しい実用的なものにしてくれる。

　食事摂取基準には、ほとんどなじみのない微量ミネラルの摂取推奨量や耐容上限

表2-2　生活習慣病関連疾患と微量元素
（柳澤浩之・山内博，2009）

生活習慣病関連疾患	微量元素の欠乏
癌	セレン、亜鉛
動脈硬化	クロム、銅、マグネシウム[*1]
心筋梗塞	セレン、マグネシウム[*1]
糖尿病	クロム、マグネシウム[*1]
認知症	セレン、クロム、亜鉛
高血圧	セレン、銅、亜鉛、マグネシウム[*1]
免疫不全	亜鉛、銅、セレン、鉄
味覚低下	亜鉛
行動異常	亜鉛、銅、リチウム[*2]
う歯	フッ素

*1：マグネシウムは、渡辺が追加記載
*2：リチウムは躁うつ病に効果があり、現在も臨床に用いられている

量までが定められている。日本だけでなくアメリカやイギリス、ドイツなどでも同様に定められている。とくにクロムやセレンは植物の必須元素ではないが、表2-2に示すように、これらミネラルの不足は各種生活習慣関連疾患と関係がある。微量元素は、少量は必要だが、過剰になると人体

に有害である。したがって、自然の食べものを通じて摂取するのが望ましい。表2-3に代表的な食べものについて各ミネラルの含有率を示した。これをみると、ホウ素とケイ素は農産物が主たる摂取源になっている。一方、セレンは魚や肉からの摂取が主であることがわかる。ホウ素やケイ素はまだ日本人の食事摂取基準には入っていないが、ホウ素は脳の活性化（222頁、話題8）に、ケイ素は骨をつくり**コラーゲン**合成に関与していたのである。

② 世界の肥料事情の変化

（1）肥料とは

肥料とは、植物を構成する成分を含み、その成分が栄養となって植物を生長させるものである（64頁）。かつては土壌に施されるもののみを肥料としていたが、葉面散布の普及に伴い、植物に施されるものも対象とするようになった。

植物栄養学では必須元素、有用元素などが植物の生育上必要であることが明らかに

表2-3　食品のミネラル含有率（可食部100gあたり）

食品名	水分	mg/100g　文部科学省（2020）								
		Na	K	Ca	Mg	P	Fe	Zn	Cu	Mn
玄米	15.5	1	230	9	110	290	2.1	1.8	0.27	2.05
精白米	14.9	1	89	5	23	95	0.8	1.4	0.22	0.81
青ダイズ	12.5	3	1,700	160	200	600	6.5	3.9	0.96	2.11
ホウレンソウ	92.4	16	690	49	69	47	2.0	0.7	0.11	0.32
リンゴ *4	93.1	120	4	4	5	12	0.1	0.1	0.05	0.04
ワカメ	89.0	610	730	100	110	36	0.7	0.3	0.02	0.05
きはだまぐろ	74.0	43	450	5	37	290	2.0	0.5	0.06	0.01
豚ロース*5	60.4	42	310	4	22	180	0.3	1.6	0.05	0.01
鶏卵（卵黄）	49.5	54	120	140	12	510	4.5	3.9	0.04	0.11

食品名	水分	μg/100g　鈴木泰夫（1993）					μg/100g　文部科学省			
		Al	As	B	Ni	Si	I	Se	Cr	Mo
玄米	15.5	110	4	140	14	4,700	Tr*3	3	0	64
精白米	14.9	110	1	34	27	450	0	2	0	69
青ダイズ	12.5	580	28	1,500	590	1,100	Tr*3	9	1	450
ホウレンソウ	92.4	970	5	160	0	670	3	3	2	5
リンゴ *4	93.1	21	＞*1	160	0	32	0	0	0	1
ワカメ	89.0	2,300	360	200	0	1,900	1,600	1	1	3
きはだまぐろ	74.0	79	130	0	0	170	14	74	1	0
豚ロース *5	60.4	160	40	0	0	310	1	21	3	Tr*3
鶏卵（卵黄）	49.5	270	0	∅*2	∅*2	450	54	56	Tr*3	13

*1：＞は表示限界以下
*2：∅は定量限界以下検出限界以上
*3：Tr（微量、トレース）は、最小記載量の10分の1以上含まれているが10分の5未満
*4：皮付き
*5：脂身つき
注：Li（リチウム）は、干しヒジキ（水分11.8%）に340ug/100g含まれている

表2-4　肥料法に基づき農林水産大臣が指定する有効成分と算出基準

栄養素名	有効成分 (主成分) の名称	主成分量の算出基準
窒素	窒素全量、アンモニア性窒素、硝酸態窒素	窒素 (N)
リン酸	リン酸全量、く溶性リン酸、可溶性リン酸、水溶性リン酸	五酸化リン (P_2O_5)
カリ	カリ全量、く溶性カリ、水溶性カリ	酸化カリウム (K_2O)
石灰	可溶性石灰	酸化カルシウム (CaO)
苦土	可溶性苦土、く溶性苦土、水溶性苦土	酸化マグネシウム (MgO)
ケイ酸	可溶性ケイ酸、水溶性ケイ酸	二酸化ケイ素 (SiO_2)
マンガン	可溶性マンガン、く溶性マンガン、水溶性マンガン	酸化マンガン (MnO)
ホウ素	く溶性ホウ素、水溶性ホウ素	三酸化ホウ素 (B_2O_3)
その他	アルカリ分	CaO+MgO×1.4[*1]
硫黄	硫黄分全量	三酸化硫黄 (SO_3)

*1：アルカリ分は、可溶性苦土含量にCaO/MgOを乗じたもの (MgOをCaOに換算) に可溶性石灰含量を加えたもの。〔農林水産省告示第703号 (平成11年5月13日改正) および第640号 (平成13年5月10日改正) による普通肥料の公定規格およびその附二から作成〕
注：硫黄分全量は、普通肥料「硫黄およびその化合物」の主要成分として保証票に記載される

なっているが、2020 (令和2) 年に改正された肥料法では、通常栽培でほかから入手して施用する必要がある物質を制度の対象としている。

　肥料法で用いる肥料用語と元素名の表現の違いがある。たとえば、加里とカリウム、りん酸とリン、石灰とカルシウム、苦土とマグネシウムなどである。前者が肥料用語で後者が元素名である。また、主成分算出基準は窒素以外は酸化物換算されることに注意したい。リン酸、カリは諸外国でも酸化物換算されることが多いが、そのほかは国によって算出基準が異なる。ただ、葉面散布肥料のカルシウムは日本でもCaと表記され算出もされる。鉄 (Fe)、銅 (Cu)、亜鉛 (Zn)、モリブデン (Mo) などは肥料法では保証成分ではなく**効果発現促進材**とされ、通常は元素表記されている。

　石灰資材は土壌の酸性矯正に用いられるが、肥料に含まれる。そして、可溶性石灰と可溶性苦土×1.3914の値の合量で**アルカリ分**と表記される。硫黄は植物の多量必須元素であるが、欠乏土壌が少ないことと硫酸アンモニウムなどほかの要素と同時に供給されることが多いため、肥料の骨格成分とはなっていない。しかし、土壌のアルカリ性を矯正する資材として硫黄華など「硫黄およびその化合物」は普通肥料とされており、成分は硫黄分としてSO_3と表記し、算出される。

　表2-4に栄養素名と肥料法で定められている**有効成分**の名称を示す。有効成分は試料調整法、サンプリング法、抽出時間、温度なども含め、各栄養素ごとに詳細な分析法が定められていることは、肥料関係者以外も知っておきたい。

(2) ケイ酸は有益な物質に格上げされた

　本稿では、ケイ素 (元素記号Si) の4水酸化物 [Si (OH)₄] をケイ酸とよぶ。肥料成分の二酸化ケイ素SiO_2も肥料学でケイ酸とい

い、紛らわしいが、高等植物（2006）でも哺乳類（2017）の動物でも**トランスポーター**（輸送体）が輸送するケイ酸の形態がオルトケイ酸のためである。

ケイ酸が水稲に効くことは日本では100年以上前（1917）からわかっていたが、畑作物に効果があることは現在の日本ではほとんど知られていない。しかし、今から約44年も前に岡山大学の三宅靖人は京都大学の高橋英一と共に、トマト（1976）、キュウリ（1982）、ダイズ（1985）でケイ酸無添加では生育障害が発生することを発見した。

1994（平成6）年ごろまでのケイ酸に関する研究は日本の研究者を中心とした約200報だけであった。その後ケイ酸研究が世界で盛んになり、とくに2006（平成18）年馬建鋒らは高等生物界では世界でははじめてケイ酸トランスポーターを同定した。1994（平成6）年以降現在までにケイ酸に関する報文が世界で約800報出ている。世界的に近年非常に多くの研究がなされて、高等生物界すべてにおけるケイ素の各種役割が明らかになり、2015（平成27）年にケイ酸はあらゆる作物、双子葉植物の野菜だけでなく、花、果樹などにおいても必須元素の定義にはそぐわないが生物学的障害（病原菌など）あるいは非生物学的障害（高温、乾燥、有害元素など）に抵抗力を示すという、植物栄養学的に有用な役割を示すことが明らかとなった。2015年に国際植物栄養協会（IPNI）は、それまでまったく無視していたケイ酸を「有益な物質（beneficial substance）に格上げした（www.ipni.net/nutrifacts）。非常に喜ばしいことで、ケイ酸は、農作物の生育に必要な栄養成分として国際的に認められた。

(3) ケイ酸は総合調整役

ケイ酸を多く含む肥料が野菜や花、果樹に対しても生育にプラスに働く事例のひ

表2-5 ケイ酸のトマトの尻腐れ果発生への影響

(出典：青木・小川，1977)

培地の SIO$_2$ (mg/L)	葉	茎	地上部	根	果数	尻腐れ果	全果実重
	乾物重 (g)				(個)		(g)
0	12.4	8.8	21.2	2.8	9	2	258.9
53	16.3	12.9	28.3	4	11	2	651.5
253	17.3	10.4	27.7	3.7	14	0	813.3

トマトの器官別養分含有率

培地のSIO$_2$ (mg/L)	部位	N (%)	P$_2$O$_5$ (%)	K$_2$O (%)	CaO (%)	CaO/N比	粗SiO$_2$ (%)
0		**2.11**	1	**2.7**	**0.87**	0.41	0.69
53	葉	—	—	—	**1.14**	—	—
253		**1.78**	1.52	**2.33**	**1.29**	0.78	1.09
0	茎	1.39	0.92	2	0.41	0.29	0.96
253		0.88	1.21	1.5	0.52	0.59	1.13
0	根	2.41	1.65	1.38	0.29	1.12	3.64
253		1.57	1.26	0.4	0.36	0.23	9.44

とつを表2-5に示す。トマトの尻腐れ果は
カルシウム欠乏で生じる。ところがケイ酸
存在下では、カルシウムの吸収が増え、窒
素、カリウムの吸収割合が低下して尻腐
れ果の発生率も低下している（1977）。す
なわち、ケイ酸は養分吸収量の総合調整
役も果たしていたのである。通常の必須元
素にはそのような作用はない。なお、野菜
なら何でもケイ酸がプラス作用として働く
のではない。注意すべきはイチゴである。
Lieten（2002）によると着色不良果（はくろ
う果）が発生しやすくなる。イチゴにケイ
酸を与えるとうどんこ病は明らかに減少す
るが、品種によっては収量が著しく減少す
る。山﨑浩道（2006）によると、ケイ酸0、
50、100ppmと3区をもうけ
て試験を実施した結果、ケイ
酸添加区では新出葉数が有
意に少なく、果数の減少、一
果重の低下が見られた。「女
峰」「北野輝」では収穫後期に
着色不良果も多発した。なお
最近の海外で2年間6品種の
イチゴを用いたうどんこ病対
策実験で、ケイ酸の流入と流
出の2種の**トランスポーター**
の存在を確認した。また、ケ
イ酸1.7mM添加でイチゴ乾物
重あたりSi含有率が3％増加
し、病害の重症度の有意な減
少をもたらした。さらに、イ
チゴの市場性果実収量の有意
な増加を観察したとの詳細な
報告もある（Ouellette *et al.*,
2017）。前期のLiten（2002）や

山崎の報告とは結果が大きく異なる。日本
の品種が特殊なのだろうか、しかし、同じ
バラ科のリンゴでも長野県の農家で吸収性
の高いオルトケイ酸資材の葉面散布で、花
芽が出なくなり、葉芽だけのときが3年間
も続いたとの未公開事実もある。リンゴ農
家での惨事であった。わが国ではサクラン
ボなどバラ科の果樹が多いので、高濃度、
高可溶性ケイ酸資材の散布には予備試験
等、細心の注意が必要と思われる。

（4）アポプラスト障壁仮説

　図2-1は、D.Coskunら（2018）がケイ酸の
各種障害防止作用を説明するため提案され
た仮説のひとつである。ケイ酸施用は病害

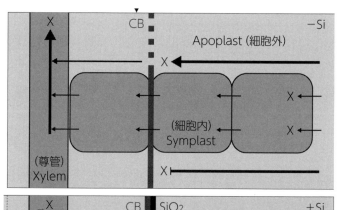
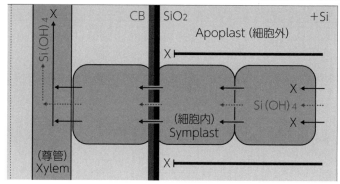

D.Coskunら。New Phytologisut, 221、67-81（2018）
注：ケイ酸十分条件ではカスパリー線にもケイ酸が蓄積し、病原菌、
　　有害元素等のアポプラスト経路よりの侵入を抑制する。

図2-1　アポプラスと障壁仮説（根の場合）

抵抗性も増加する。根の中心部には**カスパリー線***という余計な物質が根の中心部の**導管**に入るのを阻止する組織がある。ケイ酸が十分量供給されていると、カスパリー線に蓄積されてカスパリー線を丈夫にする。病原菌が**アポプラスト**（細胞外）の細胞間隙から進入してもケイ酸で丈夫になったカスパリー線を越えることができない。同様にケイ酸施用は高温障害に強くなることが知られている。気孔の周辺のアポプラスト（細胞外）にはケイ酸が蓄積し、それが間接

的にシンプラスト（細胞内）を通る水が勢いよく蒸散するようになり、葉温が低下するとも考えられる。金田吉弘ら（2010）の実験によると蒸散流の多くなった葉は外気温が40℃を超す高温時では、8℃も葉温が低下した。

図2-2によると**トランスポーター**が根で多く発現しているのは田植え時期と幼穂形成期以降の乳熟期である。ケイ酸追肥もこのころに施用するとイネの根は口を開けてケイ酸が流れてくるのを待っている。暑い

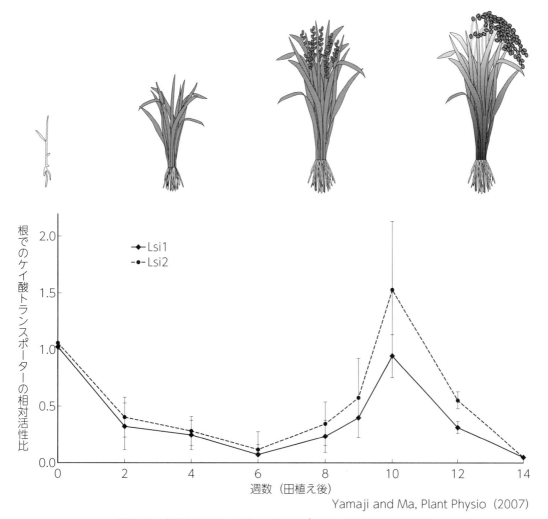

Yamaji and Ma, Plant Physio（2007）

図2-2　水稲根でのケイ酸トランスポーター活性時期別相対比

時期に追肥としてケイ酸を散布するのは大変である。便利な肥料が市販されている。肥料で水口に段ボール箱を破り肥料の塊を水口に置くだけで水と共に1枚の水田全域にケイ酸成分を均一流し込んでくれる省力資材もある。

＊カスパリー線とは植物の内皮の放射方向と横断方向の細胞壁に存在する脂質からなる帯状の構造物である。 水や水に溶けた物質の受動的な流動を制限し、中心柱への流入を防ぐ働きがある。

（5）ケイ酸のヒトへの健康効果

ケイ酸の人間への健康効果は非常に大きい。ケイ酸が1型コラーゲンやオステオカルシン合成を促進することを示したデータはラットなどでも多数あるが、図2-3にはM. Dongら（2016）のヒトの骨芽細胞様培養細胞を用いた実験結果を示した。培養液中のケイ酸濃度を3段階変えて実験した結果、低濃度の10μM添加区で1型コラーゲンとオステオカルシン（骨ホルモン）のタンパク質合成量がもっとも増加した。これらの試験結果からケイ酸には最適濃度があり、多ければ、多いほどよいわけではない。しかし、女性の美肌維持や骨形成のときに骨格となる1型コラーゲンを増加することも非常に大切な作用であるが、オステオカルシンについてはあるテレビ番組

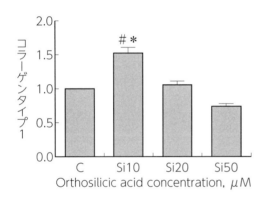

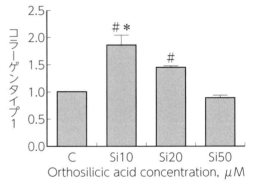

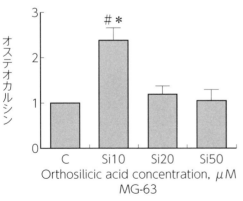

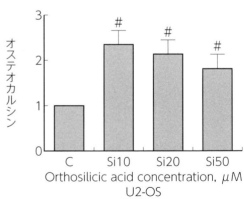

M. Dongら Biol Trace Elem Res,173, 306-315（2016）

注：10μMのケイ酸が培養液中に存在すれば、コラーゲンやオステオカルシン（骨ホルモン）の合成を活発化する。MG-63、U2-OSは細胞番号

図2-3　ヒトの骨芽細胞様細胞でのケイ酸の役割

で「骨ホルモン」としてわかりやすく紹介され、骨ホルモンを全身に活動させるためには1日断続的でもよいから30回以上のカカト落としをすることが大切と報じていた。脳では、オステオカルシンが神経細胞の結合を維持させて、記憶や認知機能を改善する。肝臓では、肝細胞の代謝を向上させて肝機能が向上する。心臓では、動脈硬化を予防する。腸では、糖の栄養吸収を促進する。精巣では、男性ホルモンを増やし、生殖能力を向上する。皮膚では、骨芽細胞がつくる**コラーゲン**は皮膚細胞のコラーゲンと同じ種類なので、しわの数を減らすとのデータがある。腎臓では、骨がつくる「FGF23」というホルモンが血液をきれいに

してくれる。したがって腎機能が向上する。

また、番組では、骨が出す最高の若返り物質として、カーセンティ先生の姿と共にオステオカルシンについての研究データの一部が紹介された。骨ホルモン、オステオカルシンは、骨芽細胞で作成され、精力、筋力、記憶力などをアップする。運動は非常に大切で、運動をしないとスクレオスチンというホルモンが大量に生産され、骨量増殖を抑制してしまうそうである。

(6) 生体によく吸収されるケイ酸を含む食品

最後に生体によく吸収されるケイ酸含有食品をデータで説明しよう。図2-4はフラ

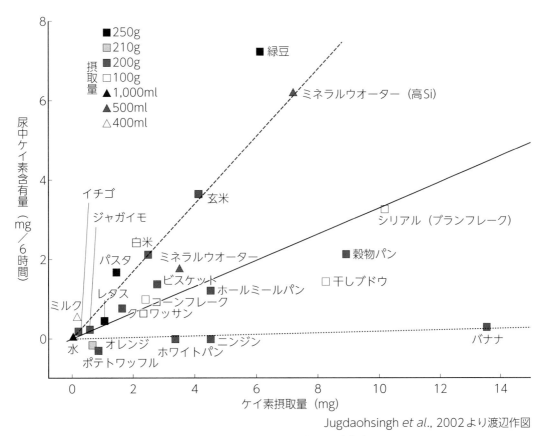

Jugdaohsingh *et al.*, 2002より渡辺作図

図2-4　ケイ素摂取量と尿中ケイ酸含有量

ミンガム子孫研究に関与していた筆者が、それに関連して行なった人体実験の試験結果である。たとえばこの図で玄米を見ると、200gの印が入っている。前日の夜、一定時間以降食事を摂らず、翌日9時に食事試験会場にいき炊飯した200gの玄米食のみを食べる。そして、食事後6時間内の尿を一定容器に入れ、それを分析した結果が図の縦軸である、食べた玄米は胃で消化され、そこに含まれていたケイ酸は腸から体内に吸収され、血液を循環して、腎臓を経て尿中に排出される、すなわち、尿中のケイ酸は体内を循環していたケイ酸、すなわち生物的に可給態のケイ酸である。これら食品ごとに被験者は異なる。統計的処理のために最低必要なヒトの数も多く、大規模な試験である。バナナを見ると、尿からは少ししか検出されていない。バナナのケイ酸は大便のほうへ移行したのである。こうしてみると、お米を食べる日本人には非常にうれしい結果である。論文の原著者はこのように細かく解析をしていない。この図の縦軸と横軸の単位をそろえ見やすくし、プロットの近くに食品名を入れて、利用率を示す直線などを筆者が追記した。パンのケイ酸可溶化率は玄米に劣る。この実験の範囲内では、米はケイ酸の供給源としてベストな食品であることを示している。

❸ 作物の栄養特性

(1) 作物の栄養に見られる共通性と特殊性

　表2-6には、土壌中の元素存在量（中央値）を多い順に左端に並べ、植物体元素含有率の最小値、充足量、最大量を次の3列に示した。そして、その植物体の最大／充足量の比と土壌／植物（充足量）比を右端に示した。

　こうすると、植物の元素含有率の共通性と特殊性が明らかになる。植物体の最大／充足量比、あるいは最大／最小の比の大きな元素はナトリウム（塩素）、アルミニウム、コバルト、モリブデン、ニッケル、ケイ素である。すなわち、これらの元素は植物種により吸収量が大きく異なる元素である。

　多くの植物は**塩害**に弱い。しかし、**海水**に近い塩分濃度にさらされても平気で生育できる植物として、アッケシソウやホソバノハマアカザがある。標準培養液に海水を添加し一般の植物が生育阻害を受けはじめる10分の1の濃度で栽培すると、ホソバノハマアカザは海水無添加の2倍近く生育する。テンサイには**チリ硝石**（硝酸ナトリウム）が長年施用されてきたが、耐ナトリウム性が高い。なお、**塩生植物**ではないヨシは、かなりの塩分を含んだ河口でも生育するが、ナトリウム含量は高くならない。体内に入ったナトリウムをエネルギーを使って排出している。

　また多くの植物はアルミニウムを吸収すると生育が低下し枯死する。酸性土壌下での生育障害の要因の主たる要因はアルミニウム過剰障害である。ところが、チャやサザンカは強酸性下でも生育がよく、多くのアルミニウムを吸収する。

　ケイ素はイネ科作物の吸収量がとくに多い。本書では農業生産上重要なケイ素の特

表2-6　土壌に多く含まれる元素（ppm）と作物体中元素含有率の比較

(Bowen, 1966とEpstein, 2005より作成)

元素名	元素記号	土壌（乾）中央値	植物体（乾物）ppm			植物体最大/充足量	土壌/植物充足量
			最小	充足量	最大		
ケイ素	Si	333,000	1,000	1,000	100,000	100[*1]	333
アルミニウム	Al	71,000	0.1	－	500	－	－
鉄	Fe	38,000	20	100	600	6	380
カリウム	K	14,000	8,000	10,000	80,000	8	1.4
カルシウム	Ca	13,700	1,000	5,000	60,000	12	2.7
ナトリウム	Na	6,300	10	10	80,000	8,000[*1]	630
マグネシウム	Mg	5,000	500	2,000	10,000	5	2.5
窒素	N	1,000	5,000	15,000	60,000	4	0.07
マンガン	Mn	850	10	50	600	12	17
硫黄	S	700	1,000	1,000	15,000	15	0.7
リン	P	650	1,500	2,000	5,000	2.5	0.3
塩素	Cl	100	10	100	80,000	800[*1]	1.0
亜鉛	Zn	50	10	20	250	12.5	2.5
ニッケル	Ni	40	0.05	0.05	5	100[*1]	800
銅	Cu	20	2	6	50	8.3	3.3
ホウ素	B	10	0.2	20	800	40	0.5
コバルト	Co	8	0.05	0.1	10	100[*1]	80
モリブデン	Mo	2	0.1	0.1	10	100[*2]	20

*1：種間差がとくに大きい
*2：モリブデンは過剰障害が出にくいのが特徴
注：アミを付したものは、土壌元素含有率に対して作物体含有率のとくに大きい元素。すなわち、施肥の必要度の大きい元素

殊性について、次項「(2) 好ケイ酸植物」でくわしく紹介する。

表2-6で植物体の最大／充足量比がもっとも小さいのはリンである。地球上の生命体は一部の例外を除き*、「生命のあるところにはかならずリンが存在し、リンがあるところにはかならず生命がある」といわれ、4大文明など「古代に豊かな農業生産を誇り、文化の華を開かせた地域は土壌中のリンの天然供給量の多いところに限られている」「古代農業において生産の制限因子になるものはリンであった」。リンは植物にとっては仲間に分け与えることも含め、もっとも効率よく利用されなければならない元素

でもある。

なお、右端の土壌／植物（充足量）比の小さいものは、植物の要求量に対して土壌中濃度の低い元素であり、作物の栄養成分として何らかの形で農作物に供給されないと不足する元素であることを示している。それらを小さい順に並べると窒素、リン、ホウ素、硫黄、塩素、カリウム、亜鉛、マグネシウム、カルシウムである。肥料法上の主成分には入っていない硫黄や塩素、亜鉛なども、作物栄養学的には欠乏症が発生したり、地域によっては施用が必要な養分であることを示唆している。

＊米航空宇宙局（NASA）などの研究チームは2010

年、米カリフォルニア州シエラネバタ山脈の東に位置する塩湖において、リンの代わりにヒ素を用いて生命活動を維持することが可能な細菌を発見した。発見された微生物はリンがない環境においては、リンと同属元素であり似た性質を有していながらも一般的に生物にとっては毒であるヒ素を代替物質として、DNA中のリンをヒ素に置き換えて生息できることが実験によって判明したとされる。しかし他の多くの研究者より研究手法の問題点が指摘され誤発表の可能性が大きい。

(2) 好ケイ酸植物

1) イネのケイ酸吸収量

地殻中のケイ素は酸素に次いで多く、26%存在する。ケイ素（Si）はケイ酸（$SiO_2 \cdot nH_2O$）として水に溶解する。主要な形態はオルソケイ酸［2水和物：$SiO_2 \cdot 2H_2O = Si(OH)_4$］であり、冷水には微溶、熱水とアルカリに可溶、酸に不溶、中性水溶液を放置すると重合する。室温ではゲル化がすすみ約100mg/L（SiO_2）の飽和水溶液になる。

すなわち土壌のケイ酸は徐々に水に溶ける。わが国では年間1,800mmの降雨によって、土壌のケイ酸は洗脱され、ケイ酸の多くは地下水、河川水を介して海に運ばれる。しかし、沖積の低地にひらかれた水田では10aあたり1作に1,500tのかんがい水が流入している。

高橋英一（1987）によると、日本の河川水の平均水質ではケイ酸を19ppm含む。水田には（10aあたり）平均29kgのケイ酸が供給されている。河川の水質は流域の地質の影響を受けるが、火山岩地帯の河川水にはケイ酸が多く、水成岩地帯ではカルシウムが多い。わが国は火山が多いため年々多量に流入してくるかんがい水は、水田にかなりの量の塩基やケイ酸を供給している。その

ため、**塩基の溶脱**によって酸性化していた農耕地も、水田化することによって酸性は緩和される。水田は広大な林地や溶脱しやすい畑土壌からきた養分を捕集する働きをしており、湛水環境下で旺盛に生育できるイネを栽培することによって、本来は低い土壌肥沃度の問題を克服し、畑農業だけではとうてい扶養しきれない多数の人口を支えてきている。

イネ科の植物は一般にケイ酸含量が高いが、そのなかでもイネはとくに高く、茎葉のケイ酸含量は通常15%あるいはそれ以上に達する。イネが体内に取り込むケイ酸の量を概算してみると次のようになる（図2-5）。

モミ・わら比を1、10aあたり500kgのモミ収量があり、モミに対するモミガラの割合を20%、モミガラのケイ酸含量を20%、

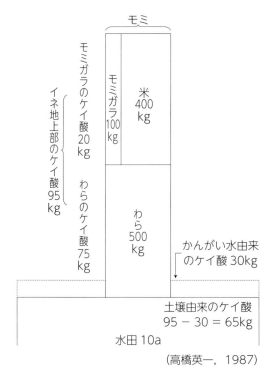

（高橋英一，1987）

図2-5 イネのケイ酸吸収量の解析

わらのケイ酸含量を15%とすると10aあたりのケイ酸吸収量は95kgとなる。一方、かんがい水のケイ酸濃度を20ppm、かんがい水量を1,500tとすると、かんがい水から供給されるケイ酸の量は30kgとなる。したがって、残りの65kgは土壌からイネが吸収したことになる。この場合イネの体内のケイ酸は3分の1がかんがい水由来、3分の2が土壌由来であるが、これが平均的な吸収割合と思われる。

利用部分である米に含まれるケイ酸はごく微量であるので、モミガラとわらをもとの水田にかえせば、約100kgのケイ酸が土に加わる。このうち30kgのケイ酸はかんがい水のケイ酸でイネによって固定されたものであり、水田土壌からのケイ酸の溶脱も旺盛なイネのケイ酸吸収力によって最小限におさえられている。したがって、湛水してイネを栽培し、収穫残さを忠実に水田に戻すことを続ければ、ケイ酸地力は減耗せず、場合によっては蓄積の傾向も認められる。ただ、稲わらやモミガラを水田に戻すことをしなければ、水田のケイ酸地力は低下する。注意が必要である。

表2-7 玄米収量と養分吸収量との関係

(高橋英一, 1987)

		窒素	リン酸	カリウム	カルシウム	マンガン	ケイ酸	玄米収量
10a あたり養分吸収量と玄米収量 (kg)	農事試	9.1	4.6	14.2	3.2	0.4	85.5	428
	北原氏[*1]	19.5	10.0	33.3	6.4	1.0	204.8	1,024
玄米 100kg あたりの養分吸収量 (kg)	農事試	2.1	1.1	3.3	0.7	0.1	20.0	
	北原氏[*]	1.9	1.0	3.3	0.6	0.1	20.0	

*1：北原氏は昭和33年度の米作日本一

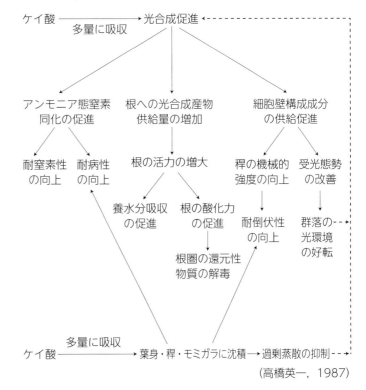

(高橋英一, 1987)

図2-6 イネにおけるケイ酸の働き

2) イネにおけるケイ酸の働き

イネはケイ酸を窒素の約10倍吸収する（表2-7）。ケイ酸が不足するとイネは多収を望めない。ケイ酸のイネにおける役割は多岐にわたる。

表2-8　イネに対するケイ酸の効果と窒素増施との関係

(奥田東・河崎利夫ら, 1958)

窒素施用量 (kg/区)	わら重 (kg/区)		モミ重 (kg/区)		白穂数 (20株あたり)		葉のケイ酸含量 (%)	
	+Si	-Si	+Si	-Si	+Si	-Si	+Si	-Si
0	11.80	10.05	8.20	6.86	1	2	24.5	16.3
4	15.05	12.62	9.60	8.08	2	2	22.3	15.1
6	15.69	15.26	9.69	7.54	4	3	20.8	14.8
8	17.18	15.39	9.99	8.19	1	14	20.5	14.5
10	18.64	17.69	10.60	7.69	6	16	20.1	14.0
12	19.82	18.53	10.16	7.47	8	41	19.5	12.6
14	20.77	19.66	11.07	5.39	18	102	18.8	10.0

注1：京大農学部附属摂津農場における昭和31年の栽培試験結果
注2：＋Si区はラサ工業電熔ケイカル200kg/10a相当量を施用、1区は約23m²
注3：多肥栽培品種データで、現在の品種はここまでの窒素施用量には耐えられない

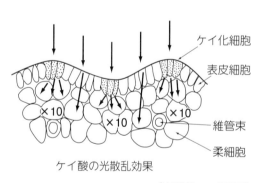

ケイ酸の光散乱効果

(高橋英一, 1987)

図2-7　カウフマンの天窓仮説

　イネがケイ酸を多量吸収すると、葉身、稈、モミガラに沈積する（図2-6の下）。過剰蒸散を防ぐとともに、耐病性が向上する。また、稈が強くなり耐倒伏性も向上する。群落の受光態勢もよくなるのだが、図2-7に示すケイ化細胞による光散乱効果もあり、光合成能力も高まる。それが、とく

にアンモニア態窒素の同化能力を高め、耐窒素性を向上する。すなわち、ケイ酸施用効果は窒素施用下で現れやすい（表2-8）。窒素施用で葉は軟弱に育ち、下垂しやすく、株全体の光合成能の低下によって登熟歩合が低下し、最終的には窒素施肥がモミ重増加に結びつかない。窒素を多量施用するとイネは病害虫にかかりやすく、また倒伏しやすくなるが、ケイ酸はこれらを防止する効果がある。

　詳細なメカニズムは未解明であるが、ケイ酸の存在によって畑栽培のムギは、低リン酸土壌ではリン酸を多く吸収し、高リン酸土壌ではリン酸吸収を抑制する。また、鉄、マンガンの過剰吸収を抑制する。還元下のイネでは根の酸化力として根面に酸化鉄の沈殿が肉眼でも観察できる。この効果は根圏だけではない。野菜などでは、体内に入ったマンガン過剰障害をケイ酸は抑制する能力もある。酸性下のアルミニウム害、塩害、放射線など不良環境下での植物体保護にもケイ酸は効果が認められている。

3）ケイ酸植物と石灰植物

　植物のなかには生育が石灰質土壌にかぎられるものと、反対に石灰質土壌を避けるものがある。前者は石灰植物、後者は嫌石灰植物といわれる。**石灰植物**は、その組織に多量のカルシウムを必要とするものから、土壌の反応が中性ないし弱アルカリ性であれば多量のカルシウムがなくてもよいというものまである。石灰質土壌は細菌が豊富であり、硝酸塩や有機態の窒素化合物を多量に含んでいる。石灰植物は一般にこのような土壌を好み、好硝酸性であり、反対に嫌石灰植物は好アンモニア性を示すといわれている。たとえば、イネ、チャがその例であり、嫌石灰植物はカルシウムそのものを嫌うのでなく、アルカリ性の反応を嫌うか、あるいはカルシウムイオンとの拮抗によって、必要とする養分が十分吸収できないのである。たとえば、石灰質土壌に栽培されると鉄欠乏を起こしやすい。

　嫌石灰植物の一例として好ケイ酸植物がある。好ケイ酸植物はカルシウムとホウ素含有率が低い特徴がある（表2-9）。動物は骨で、植物は**細胞壁**でブロックのように体を支えているが、ケイ酸で補強された作物は、細胞壁補強作用を持つカルシウムとホウ素が非ケイ酸植物（石灰植物）より少なくてよい。カルシウムとホウ素は**ペクチン**の架橋に役立っており、さらにホウ素は死んだ細胞壁を硬くする**リグニン**合成に関与している。

4）ケイ素の病害抑制作用についての新たな発見

　カナダのベランジェのグループは、1998（平成10）年にキュウリのうどんこ病でケイ素の施用により**ファイトアレキシン**の一種、抗菌物質**ラムネチン**（図2-8）の生成量が増加することを発見した。そして2004（平成16）年、フロリダ大学に留学していたブラジルのロドリゲスは、病理学者であるダトノフの指導のもとで、ケイ素施用によって、いもち病に対しても抗菌作用のある物質**モミラクトン**（図2-9）の生成量が増加することを明らかにした。これらは、ケイ素が生理的な**全身獲得抵抗性**（SAR）誘導（図2-10）にも関与していることを決定づける画期的な発見である。

　ケイ素無施用のイネの葉に比べて、ケイ素施用イネの葉は褐色斑点が小さい（口絵v頁）。これは、ケイ素施用のイネでは、細胞に**過敏感反応死**が生じた跡である。いもち病が小さな細胞レベルで閉じ込められ、ほかへ拡大していない。過敏感反応死は病原菌に殺されたのではなく、細胞が自主的に自己を守るために管理・調整された自殺で、**アポトーシス**（プログラム細胞死）といわれる。ケイ素施用で顕著になっている。ケイ素無施用イネでは病斑が拡大している。

　全身獲得抵抗性誘導の概念を図2-10に示す。病原菌がエリシターとなり、接触し

表2-9　同一土壌に栽培された108種の植物葉身のホウ素、カルシウム、ケイ素含有量と分類学上からみたその特徴
（高橋英一・三宅靖人，1976）

	ホウ素 (ppm)	カルシウム (%)	ケイ素 (%)
双子葉植物（66種）	20.1	1.92	0.26
単子葉植物（42種）	9.6	1.41	0.84
イネ科（13種）	1.6	0.56	2.11
ユリ科（10種）	10.1	2.30	0.19
その他の科（19種）	14.8	1.53	0.32

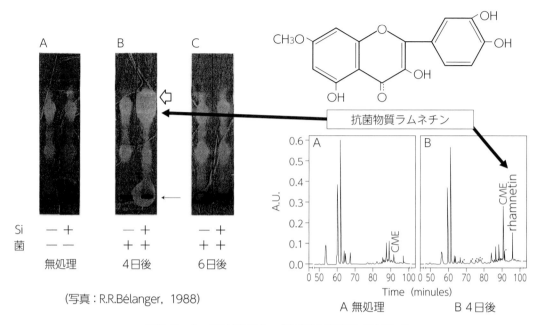

抗菌物質ラムネチン

図2-8　ケイ素があると、菌感染で抗菌物質が生成

（写真：R.R.Bélanger，1988）

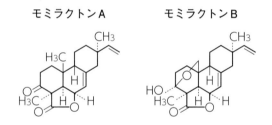

図2-9　モミラクトンの構造

た部位から少量の活性酸素がシグナルとして最初に発生し、**サリチル酸**（SA）などをシグナルとしてその情報が全身に伝えられ、健康な葉でも病害抵抗性を強化する特殊なタンパク質、キチナーゼやグルカナーゼなどを生成して次の感染に備える。全身獲得抵抗性は、程度は弱いが多様な病原体に対して防御効果を発揮できる。ケイ素はエリシターではないが、その全身獲得抵抗性作用の発現を増強する作用がある。病原菌に対する抗菌作用を植物体内に新たに誘導する物質を総称してエリシターという。

なお全身獲得抵抗性誘導を活性化する化合物の代表例として、日本で開発されたいもち病の防除農薬、プロベナゾール（商品名：オリゼメート、Dr.オリゼ）がある。

5）モミラクトンと抗菌物質

農家はよく知っていることだが、モミガラを施用すると雑草が生えにくい。モミガラによる光の遮断効果もあるが、モミガラから雑草の生育阻害物質**モミラクトン**が多量溶出されるためである。当初、モミラクトンはモミガラからの植物発芽抑制物質として発見されている。

エリシター作用は、病原菌の細胞膜の分解物質であるオリゴ糖やポリペプチド、糖タンパク質などだけでなく、紫外線や銅、銀、亜鉛などの金属イオンにもある。いもち病罹病イネや紫外線照射したイネの葉に

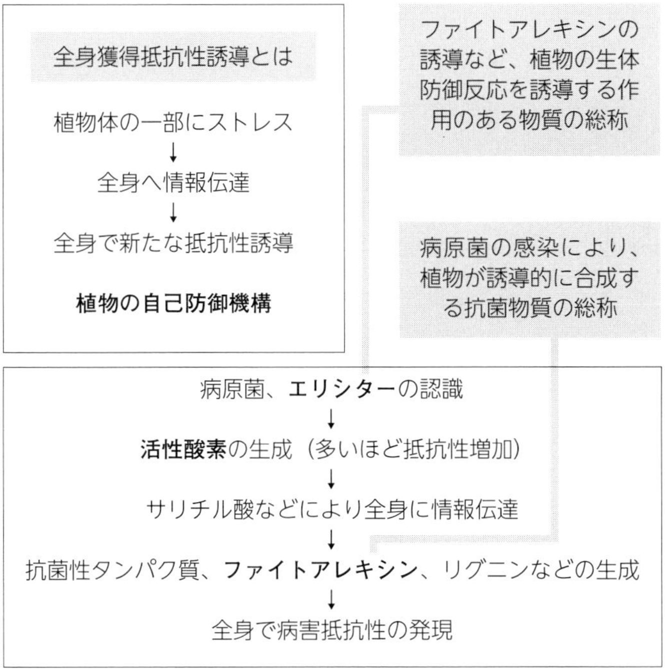

全身獲得抵抗性誘導とは

植物体の一部にストレス
↓
全身へ情報伝達
↓
全身で新たな抵抗性誘導

植物の自己防御機構

ファイトアレキシンの誘導など、植物の生体防御反応を誘導する作用のある物質の総称

病原菌の感染により、植物が誘導的に合成する抗菌物質の総称

病原菌、**エリシター**の認識
↓
活性酸素の生成（多いほど抵抗性増加）
↓
サリチル酸などにより全身に情報伝達
↓
抗菌性タンパク質、ファイトアレキシン、リグニンなどの生成
↓
全身で病害抵抗性の発現

図2-10　全身獲得抵抗性（SAR）誘導の模式図

モミラクトンA、Bの生成が認められたが、健全な葉からはまったく検出されなかった。このことから、モミラクトンはイネのファイトアレキシンであることが認められている。

　イネの**ファイトアレキシン**（抗菌物質）は、モミラクトンだけではなく、現在14種が報告されている。エリシターの種類によっても誘導される抗菌物質の種類が異なるが、モミラクトンや**サクラネチン**は比較的抗菌活性も高いイネの一般的な**抗菌物質**である。

　エチレンもエリシターとなり、イネの葉にサクラネチンの蓄積を誘導するが、モミラクトンの誘導は少ない。メチオニンもイネに誘導抵抗性を生じさせ、両者を誘導するが、サクラネチンの誘導のほうが著しいため、メチオニンのエリシター活性は体内

でエチレンに代謝されてから発現していると考えられている。

　セジロウンカがイネを加害すると、いもち病菌に抗菌活性を示すモミラクトン、サクラネチンの両者が誘導される。セジロウンカの唾液腺に存在するエリシターが吸汁に伴ってイネ体内に導入されるためと考えられている。

(3) 作物によるホウ素要求量の違い

　ホウ素の含有率は植物の種類による差異が大きく、双子葉植物では高いが単子葉植物、とくにイネ科は低く、その傾向はカルシウムの場合に似ている（表2-9）。

　土壌中の全ホウ素含量は平均10ppm程度（45頁、表2-6）であるが、酸性土壌や溶脱のすすんだ土壌では少なく、海水の影響を受けた土壌や腐植の多い土壌では高い。また一般に、湿潤気候下より乾燥気候下の土壌のほうがホウ素含量が高い。ホウ素はおもにホウ酸の形で土壌に吸着固定されるが、pHが高いほど固定は強くなる。このことは重金属元素である銅、亜鉛、マンガン、カドミウムなどに類似している。この点は、pHの低下につれて固定がすすむリン酸やモリブデン酸と異なっている。

　ホウ素は植物の種類によって含有率や要求量が著しく異なる。このためホウ素肥料の施用では、後作にホウ素要求量の少ない作物を栽培する際には注意を要する。たと

表2-10　作物のホウ素含量(ppm)とホウ素要
　　　　　求性　　　(Bertrand De Waals, 1936)

作物の種類	分類上の位置		地上部B含量(対乾物)	B要求性
オオムギ	単子葉類	イ　ネ　科	2.3	
ライムギ		〃	3.1	小
コムギ		〃	3.3	
トウモロコシ		〃	5.0	
ホウレンソウ	双子葉類	アカザ科	10.4	
キクチシャ		キ　ク　科	13.1	
エンドウ		マ　メ　科	21.7	中
ニンジン		セ　リ　科	25.0	
タバコ		ナ　ス　科	25.0	
キャベツ	双子葉類	アブラナ科	37.1	
カブ		〃	49.2	
クロカラシナ		〃	53.3	
ハツカダイコン		〃	64.5	大
サトウダイコン		アカザ科	75.6	
ヒマワリ		キ　ク　科	80.0	
ケシ		ケ　シ　科	94.7	

表2-11　ホウ素欠乏症発現作物のホウ素含量
　　　　　(ppm)　　　　(山本満二郎, 1960)

作物	部位	健全土壌の作物のB含量(対乾物)	B欠乏土壌の作物のB含量(対乾物)
ハクサイ	結球部	20.3	10.4
	外葉部	25.0	12.5
ナタネ	茎	8.3	5.0
	子実	8.0	7.8
ビールムギ	種子	3.8	1.2
	茎葉	4.0	2.5
	根	4.2	3.9
イネ	玄米	0.8	－
	モミガラ	2.6	－
	茎葉	1.2	－

えば、ダイコンに対する普通施用量で、後作のサツマイモやダイズには過剰障害が発生することがある。

　表2-10に示したように単子葉類イネ科の作物はホウ素含量が低く、要求量も小さく欠乏症は出にくいが、双子葉類のアブラナ科作物のホウ素含量はイネ科の10倍以上で要求量も高く、欠乏症が出やすい。また表2-11にみられるように、ホウ素欠乏のハクサイのホウ素含量でナタネは健全であり、さらにホウ素欠乏のナタネのホウ素含量でビールムギは健全であり、ホウ素欠乏のビールムギのホウ素含量でイネは健全である。

　双子葉植物はホウ素要求量が高く、なかでもテンサイ（アカザ科）、ダイコン、ハクサイ（アブラナ科）のホウ素要求量は高い。スイカ（ウリ科）、トマト、ピーマン（ナス科）がそれらに次ぐ。一方、イネ、オオムギ（イネ科）など単子葉植物ではホウ素要求量が低い。しかし、単子葉植物でもタマネギ、アスパラガス（ユリ科）は双子葉植物と同じようにホウ素要求量も高い。

（4）耐酸性植物

1）土壌の酸性障害はアルミニウム過剰障害

　アルミニウムは土壌中に酸素50％、ケイ素26％に次いで約8％と多く存在する。土壌pHが中性付近ではケイ素と結合し不溶化している。pH低下によりアルミニウムは毒性の強いAl^{3+}となって植物に強い障害をもたらす。土壌の酸性障害の主要因はアルミニウム過剰障害である。障害はまず根の伸長阻害として現れる。そして吸収されたアルミニウムは根の先端部位の表層細胞に集積する。

　アルミニウム過剰下ではリン欠乏を起こしやすい。また、土壌酸性下ではマンガンや銅、亜鉛、カドミウムなどが溶出しやすく、こうした重金属元素高含有土壌では、これらが生育阻害要因になる。しかし、一般の土壌での酸性障害はアルミニウム過剰が主要因のため、表2-12に各種作物のア

表2-12　各種作物のアルミニウム耐性強度

(但野利秋)

強	強～中	中	中～弱	弱
イネ、シソ、ソラマメ、クランベリー、キャッサバ、チャ、バーミュダグラス、モラッセスグラス	エンバク、トウモロコシ、キビ、ダイズ、ソバ、ギニアグラス	ライムギ、インゲンマメ、エンドウ、キャベツ、ハクサイ、ゴボウ、ナス	コムギ、ソルガム、ダイコン、カブ、トマト、トウガラシ、キュウリ	オオムギ、タマネギ、アスパラガス、カラシナ、コマツナ、タイナ、ミズナ、チシャ、レタス、セルリー、シュンギク、ニンジン、パセリ、テンサイ、ホウレンソウ、ワタ、アルファルファ、ブッフェルグラス

ルミニウム耐性強度を示した。

　アルミニウムは大部分の作物にとっては毒である。その毒を吸収しないで排除したり、アジサイやソバのように吸収しても生体内で無毒化する機構が解明されている。アルミニウムに弱い作物はこの無毒化作用が弱く、強い作物は無毒化作用が強い。数種の無毒化機構がある。ひとつは根圏pHを高くしてアルミニウムを不溶化するもので、シロイヌナズナのアルミニウム耐性変異株に例がある。ほかは**有機酸**によりアルミニウムを無毒化する。図2-11に示すように、Al^{3+}がシグナルとなり有機酸を根外に放出する**トランスポーター**（輸送体）を活性化し、体内に蓄積していた有機酸を放出する。放出された有機酸がアルミニウムと結合し、無毒化する。根は有機酸とキレート結合したアルミニウムを吸収しない。コムギの場合はリンゴ酸を放出する。しかし、根の防御力以

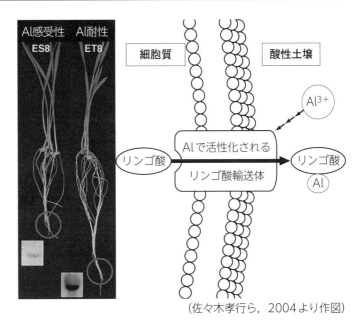

(佐々木孝行ら，2004より作図)

注：アルミニウムに対する感受性のみ異なる準同質遺伝子系統のアルミニウム耐性 (ET8) と感受性 (ES8) コムギを用いて研究。アルミニウム耐性 (ET8) コムギではアルミニウム処理数分後にリンゴ酸分泌が起こる。根端で高い活性を示す遺伝子を見つけ、これがリンゴ酸トランスポーター（輸送体）で、コムギにアルミニウム耐性をもたらす遺伝子であることをはじめて明らかにした

図2-11　アルミニウム耐性コムギにおける耐性機構

上にアルミニウムが存在すると、アルミニウムは根に侵入する（写真2-1）。その場合は根の表皮細胞部分で食い止める（写真2-2）。障害の多いものほど根にアルミニウムが吸収されている。

　アルミニウムに応答して分泌される有機酸は、作物により異なる。現在までに**リン**

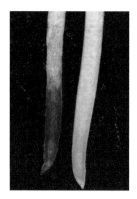

エビスグサにAl 50 μM (1.35ppm) 処理24
時間後、0.1% エリオクロムシアニンRを用い
Al を染色。右はAl無処理　　（写真：馬建鋒）

写真2-1　アルミニウムは根の先端に集積

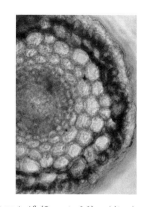

写真はコムギ (Scout 66)。Alによって根の
伸長阻害が起きるとき、Alはほとんど表皮細
胞に結合している。一般の植物の場合、Alの
内部への侵入は見られない　　（写真：馬建鋒）

写真2-2　アルミニウムは根の表皮細胞に集積

表2-13　アルミニウムのストレスシグナルで分泌される有機酸
と植物の種類　　　　　　　　　　（松本英明，2003より作成）

有機酸	Alとのキレート安定定数	植物名
クエン酸	12.3 (Keq Al)	トウモロコシ、タバコ、エビスグサ、ダイズ、インゲン、オオムギ、ヒマワリ
シュウ酸	6.53	タロイモ、ソバ
リンゴ酸	6.0	コムギ
クエン酸とリンゴ酸		ライムギ

注：Alストレス後、数分以内にリンゴ酸、シュウ酸は分泌される。一
方、クエン酸の分泌には数時間の誘導期間が必要である。リンゴ
酸、シュウ酸は細胞内に貯蔵されているものが分泌され、クエン
酸はクエン酸合成酵素の誘導を伴っていると考えられている。一
方、分泌される有機酸のAlのキレート安定定数は異なり、クエン
酸はAlと同量 (1：1) で十分であるが、リンゴ酸の場合はクエン酸
に比べて5～8倍必要である

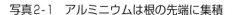

関与していることを示唆して
いる。

2) アジサイやソバの耐酸性メカニズム

アジサイは酸性土壌でよく
生育する。アルミニウムをよ
く吸収し、色素とアルミニウ
ムとのキレート結合により花
を美しい青色にする。アジサ
イの葉は多くのアルミニウム
を含み、葉中ではクエン酸と
分子比1：1で結合し無毒化
されている。アジサイの花色

ゴ酸、クエン酸とシュウ酸が報告されてい
る（表2-13）。これらの有機酸の分泌の仕
方は植物の種類により異なる。たとえば、
コムギやソバはアルミニウムに対応して、
すばやく有機酸を分泌する。これに対し
て、エビスグサはアルミニウム処理から有
機酸の分泌まで数時間の誘導期間が必要で
ある。これはそれぞれ異なるメカニズムが

は、液胞中に存在する色素デルフィニジン
とアルミニウムとのキレート結合量が増え
ることによって、同一品種でも赤から青へ
と変化する（口絵v頁）。

きれいな青色をしていた鉢植えのアジサ
イを庭に植えると、花色が変わることが多
い。土壌pHが中性ではアルミニウムが少な
いのと、鶏ふんなどリン酸を多く含む肥料

を施用している土壌では、花色はきれいな青にならない。リン酸がアルミニウムと強く結合し、アルミニウムを不溶化しているためである。

　鉢花農家は、pHを低くするため未調整のピートモスとともにアルミニウムの多い未耕地の火山灰土を培土に使用している。ブルー系品種をより鮮明なブルーに発色させるために、500倍の水で希釈した硫酸アルミニウムを施用することもある。逆に赤色品種では、アルミニウムを含まない人工培土を用いる。ふつうの土壌のpHを高くしてもアルミニウムを不溶化できるが、鉄欠乏がでるためである。

　水田転作作物としてよく栽培されているソバは、酸性土壌でよく生育する。ソバはアルミニウムストレスを受けると直ちに根圏に**シュウ酸**を分泌する。また、アルミニウムストレスを加えなくとも細胞内に大量のシュウ酸をたくわえており、アルミニウムが細胞内に侵入すると無毒なアルミニウム：シュウ酸（1：3）のキレート複合体を形成し、いわば二重のアルミニウム耐性機構を働かせている。

　このソバのアルミニウム転流機構も興味深い。根ではシュウ酸と結合しているが、導管では**クエン酸**と結合し地上部へ運ばれる。このシュウ酸からクエン酸への変化も理にかなっている。導管中ではカルシウムが多く、シュウ酸ではシュウ酸カルシウムとして沈殿してしまうためである。地上部へ運ばれたアルミニウムは液胞中に入り、ふたたびシュウ酸と結合し無毒な形態で局在している。

(5) 耐塩性植物

1) 耐塩性のメカニズム

　動物はナトリウムを必須元素とし、血清など細胞外液中にナトリウムを豊富に含んでいる。一方、多くの植物はナトリウムを必要としないが、C_4植物の一部、ハゲイトウやローズグラスなどはナトリウムを必須とし、ナトリウム施用により生育が促進する。C_3植物でもナトリウムを多く吸収するホソバノハマアカザやアッケシソウなどの耐塩性植物もある*。近年は、塩を与えて野菜や果樹の糖度を上昇させる農業技術もある。

　乾燥、半乾燥地で農業を営むにはかんがいが必要である。ところが世界のかんがい農業の5分の1は**塩害**の被害を受けている。メソポタミア文明が滅びたように、乾燥、半乾燥地で河川の流れを変えてのかんがいで塩害が生じることは多い。排水設備のない畑地に、過剰なかんがいを行なうと地下水位が上昇し、地中の毛管上昇水が地表に届き、その水のなかに含まれる塩分も水とともに上昇して、水が蒸発すると地表面に塩分が残る。これが**塩類集積**だが、アジア地域のパキスタン、インド、中国だけで世界の塩害被害面積の約半分3,000万haを占めている。

　土壌表層への塩類集積は、地下水位が2.5〜3mより高い場合に促進され、地下水位を3m以下にすると毛管水が遮断されるために土壌表面に塩類は上がってこない。したがって、塩類土壌地帯で作物を栽培する場合には、地下水位を低く維持することが非常に重要な対策となる。また、窒素とリン

酸の施用がきわめて大きい生育促進効果を持ち、その効果は塩レベルが高いほど大きい。塩害対策に尿素や硝酸石灰の葉面散布効果も認められるが、サイトカイニンによる葉の若返り効果もある。なお、土壌の塩類濃度と作物の耐塩性強弱の例を表2-14に示す。

植物の主たる**耐塩性**メカニズムをつぎに示す。

【ナトリウム排除能】耐塩性植物では、Na^+/H^+対向輸送体（ナトリウム・プロトン・アンチポーター）が多く発現している。細胞膜上に存在し、**プロトン**（水素イオン）を細胞内に入れ、ナトリウムを細胞外に排出する。根においてはナトリウムを根外に、葉内ではナトリウムを液胞にためたり、塩類腺から排出する。塩嚢細胞とよばれる塩を蓄積するための器官を持つ耐塩性植物もある。

【適合溶質】有機化合物を細胞質に蓄積し、浸透圧への耐性を獲得する植物が多い。糖類（ショ糖など）、糖アルコール（ソルビトールなど）、アミノ酸（プロリンなど）、**プロリン**のメチル化化合物（メチルプロリンなど）、ベタイン（グリシンベタインなど）、メチル化された有機硫黄化合物（ジメチルスルホニオプロピオネートなど）などで、これら有機化合物を**適合溶質**という。浸透圧調節、活性酸素除去、タンパク質保護機能などのストレス耐性を持つことが明らかになっている。

【その他】クチクラ層を発達させ葉からの蒸散をおさえ、根からの塩分流入を防ぐ植物もある。根の内皮を取り囲む**カスパリー線**も導管への塩分の流入を防いでいる。また、塩分を古葉に集めて落葉するなどの防除機構もある。

とくに一般作物の耐塩性は、ナトリウム排除能と**グリシンベタイン**などの適合溶質集積能による場合が多い。グリシンベタインを合成集積する植物と集積しない植物が存在する。グリシンベタイン集積植物にはナトリウム含有率が著しく高く、非集積性植物のナトリウム含有率は低い。インゲンはグリシンベタインを合成できないため、塩ストレスにきわめて弱い。150mM塩化ナトリウムで枯死するが、グリシンベタインを5mM添加すると生き残る。すなわち植物は小分子のグリシンベタインを根から吸

表2-14　作物の耐塩性

(高橋英一，1987)

耐塩性	減収を伴わない土壌の塩類濃度の範囲 (ppm)	作物の例
極弱	500 ～ 1,000	インゲンマメ、ニンジン、イチゴ、タマネギ、ラディッシュ、カブ、レタス、レッドクローバー、ラジノクローバー、サツマイモ
弱	1,000 ～ 2,000	ソラマメ、トウモロコシ、サトウキビ、キャベツ、アルファルファ、ホウレンソウ、キュウリ、トマト、ブロッコリー、イネ
中	2,000 ～ 3,000	スーダングラス、ホイートグラス、トールフェスタ、ズッキーニ、カボチャ
強	3,000 ～ 4,000	ササゲ、ダイズ、ミヤコグサ、ペレニアルライグラス、デューラーコムギ、ソルゴー
極強	4,000 ～ 5,000	オオムギ、バミューダグラス、トールホイースグラス、テンサイ、ワタ

収できる。

> *C₄植物は、トウモロコシ、ソルガムなどで、光合成で二酸化炭素が最初に固定され生成する化合物が炭素4つのリンゴ酸で、生長の速いものが多い。C₃植物は、イネ、ムギ、ダイズ、ダイコン、トマトなど90%以上の植物。二酸化炭素は炭素3つのリングリセリン酸に固定される。CAM植物は、生育の遅いサボテンなどで、夜間に気孔を開いてPEPC（ホスホエノールピルビン酸カルボキシラーゼ）により二酸化炭素はオキザロ酢酸に固定される。

2）高糖度トマトの生産

糖度が高いトマトを望む方は多い。品種選別が重要だが、栽培面からはつぎのような方法がある。

①夜温を低くすること。夜間の呼吸による無駄な糖の消費をおさえるためで、夜間温度を約10℃にすると果実糖度は上昇する。昔のファースト系トマトでは葉にアントシアンが出るほど低温（5℃）にしていた。しかし、桃太郎系では8℃以下にするとチャック果などの不良果が出る。また、マルハナバチを用いた自然交配では、花粉量、花粉稔性を確保するために最低夜温を12〜13℃で管理する必要がある。

②根域制限。防根シートを用いた根域制限だけでもトマトの糖度は上昇する。根圏の水分制御がしやすくなることも一因である。

③根域の水分制限。水分制御のしやすい土耕のハウス栽培で高糖度トマトをつくるのは容易である。野外で栽培する果樹でも、糖度を高めるため透湿性シートを用いたマルチ栽培が普及している。

④カリウムの増施。水耕ではカリウム施用量に伴い糖度は増加する。標準濃度の2倍濃度までは収量低下もない。4倍濃度（32mM、K：1,248ppm）では少し収量が低下するが、高糖度トマトが得られる。

⑤培地の塩類濃度上昇。高濃度の培養液や塩を用いるとトマトの糖度は容易に上昇する。しかし、収量は低下する。高塩類によるトマトづくりでは、夏期の尻腐れ果の発生で苦労する。1段栽培トマトで、開花直後からEC（電気伝導率）を上げると尻腐れ果が多発するが、開花後8日以降にECを上げると、ある程度の糖度を確保しながら尻腐れ果の発生が少なくなる。

⑥特殊フィルムによる低水分・低肥料ストレス。⑤の高糖度トマトづくりでも、一果重の減少や収量低下は避けがたい。しかも長期どりは困難である。しかし、大玉を中玉に、中玉をミニにと割り切り、特殊フィルム内の養水分を吸収させる低水分、低栄養ストレス下でも高糖度トマトは作出できる。低栄養条件のため尻腐れの発生もなく1年間の長期どりも可能である。

（6）作物の栄養期

作物は発芽から成熟にいたるまでに、茎葉の繁茂、花芽の形成、子実の充実の段階を経て、その一生を完結する。その過程における形態、生成する有機物、養分の吸収特性から、いくつかの生育相に区分されている。その生育相を、茎葉などの栄養器官が発達する栄養生長期と、花芽が分化・発育し結実にいたる生殖生長期に大別すると理解しやすい。生育相の変化に伴い、必要とする養分の種類や量が相違する。その特徴を知ることは、作物の施肥法を考えるうえでの基礎となる。

表2-15　水稲の栄養期とその特徴

(村山登)

区分 特徴	第Ⅰ期 移植〜幼穂形成期	第Ⅱ期 〜出穂期〜登熟	第Ⅲ期 登熟期
生育相	栄養生長期	生殖生長期	登熟期
養分状態	N、P、K、S の高濃度	Mg、Ca、 Siの集積	N、P、S、Mg の穂への移行
同化産物 のゆくえ	タンパク 生成	膜物質 (デンプン)	デンプンの 蓄積
形態の 特徴	葉および 根の形成	幼穂・稈の 伸長	穂の充実
代謝型	拡大再生産 型(開放系)	中間移行型	貯蔵型 (閉鎖系)

　表2-15は水稲についての栄養期とその特徴を示したものである。第1栄養期は、移植期から**幼穂形成期**（出穂25日前）までの栄養生長期に相当する。この期では分げつが盛んであり、新しい葉や根の発生が多く、光合成による同化産物は窒素と結合してタンパク質を盛んに生成している。養分の吸収は盛んであり、窒素、リン、カリウム、硫黄は高濃度に維持されている。第2の栄養期は幼穂が分化し、出穂するまでの時期、すなわち生殖生長期に相当する。この時期には幼穂や稈の伸長が激しく、また上位葉の展開も著しい。体内には繊維などの膜物質の形成が盛んであり、またデンプンも葉身などに蓄積されてくる。養分の面ではマグネシウム、カルシウムおよびケイ素の集積が起こっている。第3の栄養期は出穂から登熟までの期間であり、穂の充実が進行する。光合成の産物はもっぱらデンプンとしてモミに取り込まれる。また第2期に葉鞘に蓄積されていたデンプンも穂に移行する。それに伴って、窒素やリン、硫黄、マグネシウムなども穂に移行している。

　以上のような栄養期の特徴からみて、窒素、リン、カリウムなどの養分は、第1期に重点的に供給することが重要で、それが第2期まで継続することが望ましい。カルシウムやケイ素は吸収のピークが後期にずれているので、それらの供給を持続する対応が必要となる。トウモロコシやムギ類などのイネ科作物の栄養期は水稲に似ており、施肥の基本は同様に考えることができる。

　野菜類では、発芽してから子実が成熟するまで生育相を完全に経過するものはまれである。すなわち未成熟のまま収穫されるものが多く、しかも収穫部位も著しく異なることから、それらの栄養期は複雑になる。しかし表2-16に示すように、大きくは次の4つに分類できる。

　①栄養生長期のみで収穫されるもの。ホウレンソウ、コマツナなど葉菜類。

　②栄養生長と生殖生長が同時に進行するもの。キュウリ、トマトなど果菜類。

　③栄養生長、生殖生長、不完全転換型。タマネギ、キャベツ、ダイコンなど。

　④栄養生長、生殖生長、完全転換型。スイートコーン、ブロッコリーなど。

　養分吸収の特徴としては、連続吸収型、すなわち生育期間中継続して土壌中窒素を必要とするものと、山型吸収型、すなわち収穫期には土壌中窒素を必要としないもの、そしてその両者の併合型がある。

　施肥（基肥、追肥）の原則は、①作物が必要とする成分を、②必要な量、③必要な時期に、施用することである。土耕栽培の場合には、用いる肥料の肥効持続性だけでなく、施肥位置や土壌の持つ地力窒素などの発現量も考慮する必要がある。

表2-16　野菜のタイプ別吸収パターン

（日本土壌協会：平成23年度「野菜の栽培特性に合わせた土づくりと施肥管理」より引用）

グループ		野菜の種類	養分吸収のパターン（おもに窒素成分）	施肥のポイント
I 栄養生長型		〈葉菜類〉ホウレンソウ、コマツナ、シュンギク	栄養生長体である葉部を生育最盛期に収穫する 連続吸収	・品質保持（葉色維持）などのため、肥料切れをさせないこと ホウレンソウは収穫時にも5mg/100g以上の残存Nが必要
II 栄養生長生殖生長同時進行型（つるぼけ抑制）		〈弱抑制〉トマト、ナス、キュウリ、ピーマン	栄養生長体である茎葉を伸長させながら、生殖生長体である果実の肥大・充実を図り、連続的に収穫する 連続吸収	・長期にわたって栽培され、連続的な肥効が必要で、追肥重点 ・栄養生長過多では着果不安定となりやすい。トマトは土壌無機態Nを10mg/100g前後に維持した場合多収となる
		〈強抑制〉スイカ、メロン、カボチャ	山型吸収	・基肥は栄養生長量（初期生育）の確保、追肥は果実の肥大、充実と茎葉の伸長 ・栄養生長過多では着果不安定となりやすい
III 栄養生長　生殖生長　不完全転換型	直接的結球型	タマネギ、ニンニク、ラッキョウ	生長点に刺激がもっとも強く作用し、球葉が形成されて生育相が転換する 山型吸収	・初期生育優先で基肥重点とするが、球肥大始期の肥効が必要 ・肥大期のN不足は肥大不良、N過多は長球や葉できになって肥大不良になる ・収穫時には土壌中のNを必要としないタマネギは球肥大始期に土壌無機態Nが3～5mg/100gあることが望ましい
	間接的結球型	ハクサイ、レタス、キャベツ	外葉の生長の後、球葉が形成されて生育相が転換する 連続吸収に近い山型吸収	・N・Kの2/3～3/4を基肥とし、残りは結球前に施用し、玉の肥大、充実を図る ・肥効は収穫期にも持続するが、効きすぎはよくない
	根肥大型	直根類 ダイコン、カブ、ニンジン 塊根類 バレイショ、カンショ、サトイモ	地上部は中期ピーク型、地下部は生育量並行型のパターンを示すが、地上部からの養分移行を要する 山型吸収	・基肥重点で、生育後期にNの肥効が切れ、葉が黄化することがのぞましい
IV 栄養生長生殖生長完全転換型		スイートコーン、ブロッコリー、カリフラワー	栄養生長は止葉の出現により停滞し、生殖生長に転換する 山型吸収	・間接的結球型野菜と同様、基肥重点＋追肥型の施用法が適当

4 CHOの積極的な供給

(1) 二酸化炭素施用

　C、H、Oが、高等生物の必須元素であることは、誰もが知っている。施設園芸では、二酸化炭素施用が実用レベルで普及している。その概略を千葉県農林水産会議「トマト・キュウリにおける炭酸ガス（二酸化炭素と同義）施用の使用マニュアル」がうまくとりまとめている。

　現在の大気中の二酸化炭素（CO_2）濃度は400ppm程度であるが、植物はこれよりも高い二酸化炭素ガス濃度でも効率よく光合成を行なう能力を有している。この能力を活用して、トマトやキュウリなどの施設野菜栽培では、温室内の二酸化炭素ガス濃度を高める技術として、「二酸化炭素ガス施用」が行なわれてきた。

　図2-12は千葉県農林総合研究センター野菜研究室のデータであるが、冬期晴天日の温室内の二酸化炭素濃度の推移を示している。夜間は、温室が密閉されるため作物や土壌微生物の呼吸によって外気より濃度が高くなっている。これに対して、日中は換気により二酸化炭素ガスが外気から導入されるが、この量よりも作物の光合成によって吸収される量が多いため、温室内の濃度は外気よりも低下する。

　従来の二酸化炭素ガス施用は、施設の密閉されている早朝を中心に1,000ppm程度と比較的高い濃度を目標に行なわれてきたが、近年は0（ゼロ）濃度差施用や低濃度長時間施用の方が効率的であることが明らかになっている（表2-17）。どちらも早朝だけでなく、日中長時間にわたって施用する。

　0濃度差施用は、千葉大学の古在らが提唱する技術で、温室内の二酸化炭素ガス濃度を外気と同じ400ppm、つまり内外の濃度差0を目標にして施用する。作物の栽培温室は密閉されていても実際には隙間が多く、農ビカーテン1層を併設した密閉ガラス温室での換気回数＊は0.8～1.0回/h、プラスチックハウスは0.5回/h程度で空気が交換される。そのため、高濃

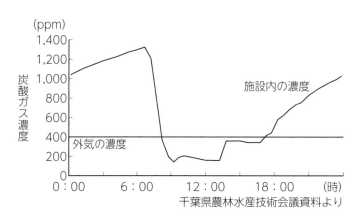

図2-12　冬期晴天日における温室内の炭酸ガス濃度の日変化

表2-17　炭酸ガスの施用法が促成キュウリの収量に及ぼす影響

試験区	上物収量 (t/10a)	総収量 (t/10a)	炭酸ガス施用量 (kg/10a)
低濃度長時間区	10.0	11.3	1,700
慣行（早朝高濃度）区	9.0	10.1	1,870
無施用区	6.5	7.5	0

注：平成15年11月20日定植、収穫期間は1月1日～3月10日

度の施用では、作物に利用されるよりむし
ろ室外へ漏れ出す二酸化炭素ガスが多く、
施用効率が悪い。0濃度差施用の場合、理論
上、施用した二酸化炭素ガスの室外への漏
れ出しがないので無駄がない。

　一方、低濃度長時間施用は、千葉県の川
城らが開発した技術であり、外気より少し
高い400〜500ppmを目標にするところが0
濃度差施用と異なる。冬期は外気温が低い
ため、必要な換気量が少なく天窓開度は0.2
（全開時の20％）以内であることが多い。こ
の程度の換気であれば、外気よりやや高い
濃度を目標に設定しても、実用的な施用効
率に収まるとともに、収量も0濃度差施用
より高くなることが期待できる。

　なお、本資料には二酸化炭素施用装置や
二酸化炭素濃度測定器の説明もあり、二酸
化炭素施用を実施されたい農家には参考に
なる。

　＊換気回数：1時間あたりの換気量を室内容積で割
　　った指数。

(2) 油やデンプンを高等植物はC、H、O 栄養源として利用できる

　筆者が、農業技術者の仲間入りをしたの
は1968（昭和43）年に兵庫県立農業試験場
に採用された52年も前である。当時は公害
問題が農業分野でも取り上げ始めたころで
あった。そのころの試験研究データを2つ
紹介する。いずれも私より先輩の直原毅が
熱心に担当していた。

　ひとつはソーメン工場から排出されるデ
ンプン廃液の稲作への影響調査試験であ
る。3年間継続した試験が実施された。初年
度のデータを表2-18に示す。ポット試験で

あるが、デンプン廃液を投入したほうがイ
ネの生育収量が高かった。NPKの分析値を
みると、この汚染水は窒素もカリウムも含
んでいたようである。したがって、このデ
ータからは植物はCHO源としてデンプンも
利用できることを示唆しているとは断定で
きない。しかし、「油もデンプンも作物は利
用できる」という事実を知っている今の筆
者は、デンプン分解物の生育増進効果も、
ある程度反映しているのではないかと考え
る。

　もうひとつの石油の初年度のデータを表
2-19に示す。モミの収量は低かったがわら
重は多くなった。3年間のデータをみたが、
ほぼ同傾向であった。NPKの分析値をみて
も、石油には三要素肥料成分は入っていな
い、この結果は高等植物が油もCHO源とし
て利用できる可能性があることを示唆して
いる。油は地球が誕生したころから、地球
上に存在していたので、石油を分解利用す
る微生物は各種、もともと土壌中には存在
していた。

表2-18　デンプン製造工場排水の水稲生育への影響(昭和43年度兵庫県立農業試験場・化学部・水質汚濁対策基礎調査成績・試験担当直原毅より抜粋引用)

	7月24日		8月21日		出穂期	成熟期			収量調査				
	草丈 cm	茎数 本/ポット	草丈 cm	茎数 本/ポット	月日	桿長 cm	穂長 cm	穂数 本/ポット	わら重 g/ポット	精もみ重 g/ポット	もみ/わら比 %	収比 わら	もみ
標準区	51.9	63.0	67.9	48.7	9月6日	60.9	15.2	48.3	77.5	65.9	85.0	100.0	100.0
5倍希釈	49.1	75.7	72.6	68.7	9月7日	65.7	16.8	65.3	125.5	102.8	81.9	161.9	156.0
10倍希釈	52.6	72.0	68.8	53.7	9月7日	64.0	16.6	50.7	101.0	77.1	76.3	130.3	117.0
50倍希釈	52.6	69.0	69.4	51.0	9月6日	60.5	15.5	45.7	80.7	65.0	80.5	104.1	98.6
100倍希釈	52.4	64.3	68.3	47.0	9月6日	59.7	15.6	48.0	77.6	65.2	84.0	100.1	98.9
無窒素	42.4	25.0	57.2	21.5	9月6日	51.9	16.3	21.0	29.0	28.2	97.2	37.4	42.8

	含有率						吸収量								
区名	N 子実	わら	P_2O_5 子実	わら	K_2O 子実	わら	N 子実	わら	計	P_2O_5 子実	わら	計	K_2O 子実	わら	計
標準区	1.08	0.50	0.66	0.21	0.49	2.15	0.71	0.39	1.10	0.43	0.16	0.57	0.32	1.67	1.99
5倍希釈	1.37	0.79	0.66	0.31	0.45	2.85	1.41	0.99	2.40	0.68	0.39	1.07	0.46	3.58	4.04
10倍希釈	1.19	0.74	0.59	0.33	0.44	2.67	0.92	0.75	1.67	0.45	0.33	0.78	0.34	2.78	3.12
50倍希釈	1.11	0.55	0.59	0.27	0.42	2.00	0.72	0.44	1.16	0.38	0.22	0.60	0.27	1.61	1.88
100倍希釈	1.10	0.44	0.61	0.21	0.48	2.08	0.72	0.34	1.06	0.40	0.16	0.56	0.31	1.61	1.92
無窒素	0.92	0.53	0.54	0.20	0.44	1.92	0.26	0.15	0.41	0.15	0.06	0.21	0.12	0.57	0.69

試験方法 1) 試験期間　昭和42年〜44年
　　　　2) 試験規模　1/2,000a　Wagner pot3連制
　　　　3) 供試土壌　灰色土壌粘土質構造マンガン型　土性SCL　明石市北王子町　兵庫農試ほ場土壌
　　　　4) 供試作物　水稲　金南風
　　　　5) 栽培期間　6月22日〜10月7日

表2-19　石油の水稲生育への影響(昭和43年度兵庫県立農業試験場・化学部・水質汚濁対策基礎調査成績・試験担当直原毅より抜粋引用)

	7月24日		8月21日		出穂期	成熟期			収量調査				
	草丈 cm	茎数 本/ポット	草丈 cm	茎数 本/ポット	月日	桿長 cm	穂長 cm	穂数 本/ポット	わら重 g/ポット	精もみ重 g/ポット	もみ/わら比 %	収比 わら	もみ
標準区	52.5	68.5	68.7	52.5	9月6日	61.4	15.6	51.5	84.5	70.0	82.8	100.0	100.0
軽油5mL	56.7	64.5	73.0	49.0	9月6日	63.5	15.5	41.5	90.3	33.5	37.1	106.9	47.9
軽油10mL	55.2	67.5	70.5	46.0	9月8日	57.9	16.0	25.0	85.4	25.0	29.3	101.1	35.7
無窒素	42.4	25.0	57.2	21.5	9月6日	51.9	16.3	21.0	29.0	28.2	97.2	34.3	40.3

(注) 市販の石油を8月1日以降、給水時にポットあたり5mL、10mLを1L内外の水に拡散分散させて注入し、成熟期まで延べ35回にわたって施用した

	含有率						吸収量								
区名	N 子実	わら	P_2O_5 子実	わら	K_2O 子実	わら	N 子実	わら	計	P_2O_5 子実	わら	計	K_2O 子実	わら	計
標準区	0.89	0.44	0.59	0.22	0.43	2.20	0.62	0.37	0.99	0.41	0.19	0.60	0.30	1.86	2.19
軽油5mL	1.02	0.55	0.58	0.27	0.51	2.08	0.34	0.50	0.84	0.19	0.24	0.43	0.17	1.88	2.05
軽油10mL	1.10	0.77	0.66	0.42	0.50	2.17	0.27	0.66	0.93	0.17	0.59	0.76	0.13	1.86	1.99
無窒素	0.92	0.53	0.54	0.20	0.44	1.92	0.26	0.15	0.41	0.15	0.06	0.21	0.12	0.57	0.69

試験方法 1) 試験期間　昭和42年〜44年
　　　　2) 試験規模　1/2,000a　Wagner pot3連制
　　　　3) 供試土壌　灰色土壌粘土質構造マンガン型　土性SCL　明石市北王子町　兵庫農試ほ場土壌
　　　　4) 供試作物　水稲　金南風
　　　　5) 栽培期間　6月22日〜10月7日

話題1　　肥料商とそのお客さんの熱意による発見

　2020（令和2）年7月、愛知県で野菜・果実の卸・販売業を営むMさんから、エタノールに植物油、ビタミン類を加えた液肥兼葉面散布材とエタノールにフルボ酸、腐植酸を加えた葉面散布材の2種を混合して使用すると、効果が増強されるという話を聞いた。早速、開発者の肥料商Nさんを訪ね、各種写真見せていただきその効果に驚いた。その翌月には使用者である長野県のブドウ栽培農家Mさんを訪問した。Mさんの果樹園では、長男は務めていた会社を辞めて家業を継いでおり、農業大学校を卒業したお孫さんも手伝っていた。若者たちがすすんで跡を継いでくれるほど、Mさんの果樹経営は順調に進展していた。

　3ha栽培されているブドウは粒が大きく、糖度も高いものが収穫されつつあり、写真が事実であることを確認した。Mさんは10年以上前からこれらの肥料を使用しており、市場の評価も高い。そのブドウ栽培を支えるのが、Mさんは「男のロマン」と言われていたが、肥料代が増えてもこの資材を通常の2倍以上の回数散布する、Mさんが到達した頂点技術であった。

　肥料商のNさんはさらに、稲でも多収穫になる資材を開発した。「G/D」という、ゲル化デンプンを肥資材化したものである。コシヒカリは通常1穂モミ数70～100粒であるが、1穂150粒以上となっていた。この種の肥料は農家段階では確認できつつあるが、まだメカニズムを証明する正式な試験研究データがない。海外の審査にも耐えうる試験研究結果が発表できれば、リービッヒも驚く炭水化物施肥という農業革命となる大発見である。

　再度、肥料商のNさんを訪問した。今回は近くの上記肥料を使っておられる野菜農家を訪問した。ダイコンでもセロリでも収量が多いだけでなく根部も葉も生で食べてもおいしい。驚いた。筆者の研究者生命をかけても、本肥料を多くの農家に使ってほしい。

第3章
施肥の原理と肥料の
種類・特性

１ 施肥の原理

（1）肥料が必要な理由

作物の良好な生育を保証するには各種の必須要素が十分に供給されなくてはならない。

農耕地ではこれらの必須要素のうちいくつかは欠乏しているので、これらを肥料として施用している。養分が不足する程度は栽培する作物の種類により、また、土壌の種類や管理来歴によっても相違する。

作物に必要な元素は**必須要素**とよばれており、表3-1に示すように現在17元素が認められている。このうち、炭素、水素、酸素は有機物を構成する元素（**生体構成要素**）であり、おもに二酸化炭素と水に由来している。窒素以下の14元素は**無機要素**といわれ、土壌から吸収されている必須の養分元素である。

1）肥料とは

わが国では肥料の大部分は市場で販売されており、もし粗悪品が出まわれば取り扱う業者や農家にも被害が及ぶことになる。そこで市販の肥料の品質を保証し、公正な取引を維持するために「肥料取締法」が制定されていたが、2020（令和2）年、肥料の配合に関する規則を緩和し、届け出で生産できることの拡大に伴い、法律の題名を**「肥料の品質の確保等に関する法律（肥料法）」**（249頁）に改正した。

このなかで「**肥料とは**、植物の栄養に供すること、または植物の栽培に資するために土壌に化学変化をもたらすことを目的として土壌に施されるもの、ならびに植物の栄養に供することを目的として植物に施されるもの」と定義されている。肥料は土壌に施用するものだけではなく、葉面散布剤として使用するものも含まれている。

また、肥料の保証成分の表示が義務づけられている化学肥料や有機質肥料が主となる**普通肥料**と、堆肥や米ぬかなど保証成分を厳密に規定することが困難な**特殊肥料**に区分されている。さらに普通肥料は、農林水産大臣または都道府県知事への登録が必要な**登録肥料**と、普通肥料や特殊肥料、土壌改良資材などを原料としてつくられる**指定混合肥料**（届出制）に分類される（図3-1）。肥料ごとに含有すべき主成分の最小量や、含有を許される有害物質の最大量が定められており、各成分を測定する分析方法（FAMIC「肥料等試験法」）も定められている。

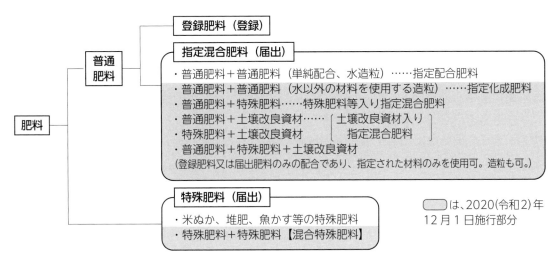

図3-1　肥料の分類

・普通肥料＋普通肥料（単純配合、水造粒）……指定配合肥料
・普通肥料＋普通肥料（水以外の材料を使用する造粒）……指定化成肥料
・普通肥料＋特殊肥料……特殊肥料等入り指定混合肥料
・普通肥料＋土壌改良資材…… ┌ 土壌改良資材入り ┐
・特殊肥料＋土壌改良資材　　　└ 　指定混合肥料　 ┘
・普通肥料＋特殊肥料＋土壌改良資材
（登録肥料又は届出肥料のみの配合であり、指定された材料のみを使用可。造粒も可。）

登録肥料（登録）
指定混合肥料（届出）
普通肥料
肥料
特殊肥料（届出）
・米ぬか、堆肥、魚かす等の特殊肥料
・特殊肥料＋特殊肥料【混合特殊肥料】

　　は、2020（令和2）年12月1日施行部分

2）肥料と土壌改良資材との違い

　1984（昭和59）年**地力増進法**が制定され、地力増進のための基本指針（262頁、資料1）と土壌改良資材の品質表示の適正化が図られ、多様な土壌改良資材が市販されるようになった。土壌を改良するうえで肥料は化学的性質を改善する目的でりん酸質肥料、石灰質肥料、けい酸質肥料などが施用され、**土壌改良資材**はおもに土壌の物理的性質や生物性を改善する目的で施用される。

表3-1　高等植物、動物の必須元素

植物（高等植物の必須元素）				動物（ヒトの必須元素）				
必須多量要素	生体構成要素	炭素 水素 酸素	C H O	必須多量元素	炭素 水素 酸素 窒素 リン カリウム カルシウム マグネシウム 硫黄 ナトリウム 塩素	C H O N P K Ca Mg S Na Cl		
	肥料三要素	窒素 リン カリウム	N P K					
	二次要素	カルシウム マグネシウム 硫黄	Ca Mg S					
必須微量要素	成分保証要素	鉄 マンガン ホウ素	Fe Mn B	必須微量元素	鉄 ヨウ素 銅 マンガン 亜鉛 コバルト モリブデン セレン クロム	Fe I Cu Mn Zn Co Mo Se Cr	ニッケル バナジウム ケイ素 フッ素 ヒ素 ホウ素 リチウム	Ni V Si F As B Li
		亜鉛 銅 モリブデン 塩素 ニッケル	Zn Cu Mo Cl Ni					

注：高等植物はマーシュナー（1995）に、動物はエプスタインら（2004）などによる

3）天然養分供給量

　無肥料で作物を栽培してもある程度の収量を得ることができる。たとえば、水稲での無肥料栽培の平均収量は三要素を十分に施用した場合の70％、畑でのコムギでは30％の収量が得られている。水田は土壌が還元状態で管理されるため、有機物含量が高く維持され、**窒素固定能**もあり、可給化される窒素、リン酸も多い。さらにかんがい

水からの養分の供給もある。

【土壌からの供給】 養分供給量は土壌の母材、風化条件、堆積様式などによって異なる。水田では一般に高く、畑では低い。とくに火山灰土壌はリン酸の供給力が低い。窒素、カリの供給量は粘質土壌の方が砂質土壌よりも多く、腐植質土壌では窒素の供給量が高い。また、土壌が酸性であるとリン酸、石灰、苦土、モリブデンなどの供給量は低下する。

【雨からの供給】 年間平均降水量を1,600mmとして雨からの供給量（kg/10a/年）は、おおよそ窒素1.5、リン0.01、カリウム0.4、カルシウム0.7、マグネシウム0.2、ナトリウム1.0、硫黄1.0、塩素2.0である。

【かんがい水からの供給】 河川の水質は流域の地質の影響を受け、多くの養分を溶かし込んでいる。そのため、水田やかんがい畑では養分の供給量は多くなる。一般的なかんがい水の水質から水稲栽培期間中のかんがい水量を1,500mmとした場合の供給量（kg/10a）は、窒素2.3、リン0.02、カリウム2.1、カルシウム16.3、マグネシウム3.1、ナトリウム13.1、硫黄6.4、塩素9.5、ケイ素6.7である。

　近年かんがい水からのケイ酸の供給が減少している地域がみられるが、その理由としては河川改修をはじめコンクリート水路やパイプライン方式などがその一因と考えられる。

【大気からの供給】 大気中の窒素は**根粒菌**や**窒素固定細菌**によって作物、土壌へ供給される。とくに根粒菌による窒素固定量は年間9.0kg/10aに達することもある。また、水田におけるラン藻による窒素固定もある。

(2) 最小養分律（ドベネックの要素樽）

　一般の耕地において、ある養分は潤沢に供給されているが、別の養分は著しく不足している場合が多い。そして作物の養分必要量に比べて供給量がもっとも少ない養分、すなわち欠乏度の大きい養分がその農耕地での作物の生育を制限しており、これを**最小養分**という。この場合、作物の収量はほかの元素の供給量の多少には関係なく、最小養分の供給量によって支配される。この原理をリービッヒ（Liebig）は**最小養分律**とよんだ。

　リービッヒはこの原理を養分だけに限って考えていたが、実際の作物の収量は養分のほかに光、温度、空気、水などの諸因子によっても影響される。そこでウルニー（Wollny）は、作物の生育に関与するすべての因子に拡大し、「作物の生育に必要な因子のうちひとつでも不足するものがあれば、ほかの因子がいかに十分であっても作物の生育は不足因子に支配され、ほかの因子を

図3-2　ドベネックの要素樽

増しても生育は増大しない」として、これを**最小律**とよぶことにした。

ドベネック（Dobenek）は図3-2で示すように、作物の収量を樽に入れることができる水の量に、樽の側板は作物生育に関与しているいろいろな因子に、水の漏れている側板を最小因子とした。そして、作物の収量が最小因子によって支配されていることをわかりやすく説明した。

最小律によれば、**制限因子**の量を増大していけば生育量はそれに応じて増大するが、ある段階に達すると、ほかの因子が制限因子になり、生育は頭打ちとなる。この場合に新しい制限因子の量を増やせば生育量はふたたび増大することになり、制限因子は次第に交替するものである。

（3）収量漸減の法則

作物収量と養分供給量の関係をどのような数式で表現するかは古くから多くの議論があったが、そのなかでもっとも有名なものはミッチェルリッヒ（Mitscherlich）による次式である。

$$\frac{dy}{dx} = a(A-y)y = A\{1 - \exp(-ax)\}$$

y：収量、x：養分量、

A：最高収量、a：効果率（作用要因）

この式は他の養分が十分存在しているときに、ある養分の増加で収量は増えるが、養分増加量に対する収量の増加割合は次第に減少し、最高収量に達するとそれ以上の収量増加がなくなることを示している。つ

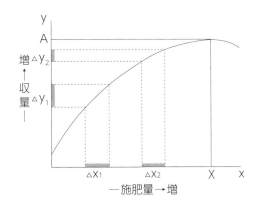

A：最高収量、X：最適施肥量、$\triangle x_1 = \triangle x_2$
であるが、$\triangle y_1 > \triangle y_2$

図3-3　収量漸減の法則

まり施肥量を増やすにつれて、**単位施肥量**あたりの増収分は次第に小さくなるということである。これを**収量漸減の法則**という。

また、養分量が最適量を超すと、収量は減少することがわかっている。つまり、過剰施肥は収量を減少させてしまうのである（図3-3）。

2 肥料資源の有限性

（1）肥料の資源量

1）窒素

肥料三要素のうち、窒素は**生物的窒素固定**があるので緑肥、マメ科作物を入れた輪作で補給することができる。窒素肥料に含まれる窒素成分そのものは空気中の窒素由来で無尽蔵にあるが、アンモニア合成（ハーバー・ボッシュ法）に必要な水素は天然ガス、ナフサなどの化石燃料から製造していて（ガス法）、価格は化石燃料の資源動向に強く影響される。

話題2　　新たなアンモニア合成法

　新技術を開発したのは、東京大学の西林仁昭教授のチームである。原料に多大なエネルギーを消費する化石燃料由来の水素を使わず、水と窒素からアンモニアを合成する環境にやさしい技術である。

　自然環境下での**生物的窒素固定**は**ニトロゲナーゼ酵素**が触媒となって、空気の約80％を占める窒素ガスをアンモニアに変換して土壌中に固定する。工業的には**ハーバー・ボッシュ法**（窒素と水素に鉄系触媒を用いて高温、高圧下で合成、1.4億tをつくるのに世界の全エネルギーの1.2％を消費）でつくられる。およそ100年前に生まれた製法で「空気からパンをつくる」と評された。

　窒素分子は窒素原子同士が三重結合できわめて強固に結びついている。水と窒素からアンモニアを合成するにはこの結合を切り離す必要がある。これを切り離すのに有機合成試薬のヨウ化サマリウムを還元剤として、溶液中のヨウ化サマリウムと独自開発のモリブデン触媒、水、窒素ガスを一緒にかき混ぜれば窒素原子が切り離されてアンモニアが効率よく生成される。**サマリウム**はレアアース（希土類）で高価でありコストがかかる。また、反応後に生じたサマリウムの化合物を再利用するのに大量の電力が必要となる。まだ、実験室段階でのアンモニア合成ではあるが、多くの課題を解決することにより工業化も夢ではない。

　　（朝日新聞、2019. 5. 16.、https://www.asahi.com/articles/ASM594WBSM59ULBJ007.html）

2）りん酸

　リンは微量ではあるが海水中に存在し、動物のふん尿にも含まれている。19世紀半ばごろのりん酸肥料の主原料は太平洋の島にある**グアノ**（海鳥のふんが堆積したもの）であったが、40年ほどで資源が枯渇してしまった。現在の原料は大部分が**リン鉱石**であり、大別すると火成岩質リン鉱石と堆積岩質（海成系）リン鉱石にわかれる（口絵vi頁）。いずれもリン酸石灰を主体とした**アパタイト（燐灰石）**を構成鉱物としている。堆積岩質リン鉱石のおもな産出国は中国、モロッコ・西サハラおよびアメリカの3か国で世界の80％を占めている（表3-2）。

　リン鉱石を生産せず、すべてを輸入に依存しているわが国は、**リン酸資源**の有効利用は重要な課題であり対応策が検討されている。リン酸資源の有効利用についてはいくつかの試みがあり、利用度の低い低品位りん鉱石の直接利用やその施用効果を高める研究がすすんでいる。また、下水処理水にマグネシウムを加えて**リン酸マグネシウムアンモニウム（MAP）**の顆粒をつくり、これを肥料化する技術が実用化されている。さらに、長年火山灰土壌や酸性土壌の改良資材としてりん酸資材が利用され、わが国の農耕地土壌には多量のリン酸が蓄積しているため、その再生・循環利用もこれから

表3-2　世界のリン鉱石の産出量と経済埋蔵量
（100万t）

(USGS,2017)

国名	産出量	経済埋蔵量
中国	138.0	3,100
モロッコ・西サハラ	30.0	50,000
アメリカ	27.8	1,100
ロシア	11.6	1,300
ヨルダン	8.3	1,200
ブラジル	6.5	320
エジプト	5.5	1,200
チュニジア	3.5	100
イスラエル	3.5	130
オーストラリア	2.5	1,100
南アフリカ	1.7	1,500
セネガル	1.3	500
その他	20.8	6,985
世界　計	261.0	68,000

表3-3　世界のカリ鉱石（塩化カリ）の産出量と埋
蔵量（100万t）

(USGS,2015)

国名	産出量	経済埋蔵量	基礎埋蔵量
カナダ	10.0	4,200	11,000
ロシア	6.5	3,000	2,200
ベラルーシ	6.4	3,300	1,000
中国	6.2		450
ドイツ	3.1		850
ヨルダン	1.4		580
イスラエル	1.3		580
チリ	1.2		50
アメリカ	0.5	1,200	300
スペイン	0.7		35
イギリス	0.6		30
ブラジル	0.3	300	600
その他	0.3	250	140
世界　計	39.0	12,250	18,000

の課題である。

3）加里

　加里は天然資源の**カリ鉱石**が原料で主成分は塩化カリウムである。産出国はカナダ、ロシア、ベラルーシ、中国などに偏在しているが、経済埋蔵量は122億tあり、可採可能な年数は310年と試算されている（表

3-3）。

　しかし、リン鉱石、カリ鉱石ともに化石燃料と同様に有限な資源であるため、効率的な使用や再利用をはかりながら採掘量を減らし、長く温存していく努力が必要である。当面資源が枯渇する心配はないが、資源国と輸出国が一部の国に偏在していることから、これらの**資源保有国**が供給を制限すると価格が高騰するという懸念はある。

（2）有機物資源のリサイクル利用

　かつて行なった調査での、わが国における肥料として利用できる**生物系廃棄物**の発生量、肥料成分含有量を表3-4に示す。この表では生物系廃棄物中の成分含有量は窒素132.1万t、リン酸62.1万t、カリ84.6万tで、化学肥料の生産量をはるかに上まわっている。なかでもとくに肥料成分量が多いのは家畜ふん尿、畜産物残さである。

　そこで、農水省による2019（令和元）年の家畜排せつ物の発生量調査から、家畜排せつ物中に含まれる肥料成分含有量を推定した（図3-4）。畜種ごとに家畜排せつ物の発生量（万t/年）は、乳用牛2,179、肉用牛2,312、豚2,115、採卵鶏791、ブロイラー554、合計7,951万t/年であった。1999（平成11）年当時（表3-4）に比べて総量で約1,500万t程度減少している。**家畜ふん尿**に含まれる肥料成分量は、表3-4と比べて窒素65万t/年、カリ48万t/年と発生量と同様に減少しているが、リン酸に関しては82万t/年と逆に増加している。その要因としては栄養価の高い濃厚飼料の利用や採卵鶏でのカルシウムやリン酸の給与量が多いためと考えられる。家畜ふん尿中には化学肥料生産量

表3-4　生物系廃棄物の発生量および成分含有量
（万 t/ 年、推計）

(生物系廃棄物リサイクル研究会, 1999)

	発生量	成分含有量		
		窒素	リン酸	カリ
わら類	1,172	6.9	2.4	11.7
モミガラ	232	1.4	0.5	1.2
家畜ふん尿	9,430	74.9	27.4	51.9
畜産物残さ	167	8.4	11.9	6.2
樹皮（バーク）	95	0.5	0.1	0.3
オガクズ	50	0.1	0.0	0.1
木くず	402	0.6	0.1	0.6
動植物性残さ	248	1.0	0.4	0.4
食品産業汚泥	1,504	5.3	3.0	0.6
建設発生木材	632	1.0	0.2	0.9
生ごみ(家庭,事業系)	2,028	8.0	3.0	3.2
木竹類	247	1.9	0.5	0.9
下水汚泥	8,550	8.9	9.2	0.6
し尿	1,995	12.0	2.0	6.0
浄化槽汚泥	1,359	1.4	1.5	0.1
農業集落排水汚泥	32	0.0	0.0	0.0
合計	28,143	132.1	62.1	84.6

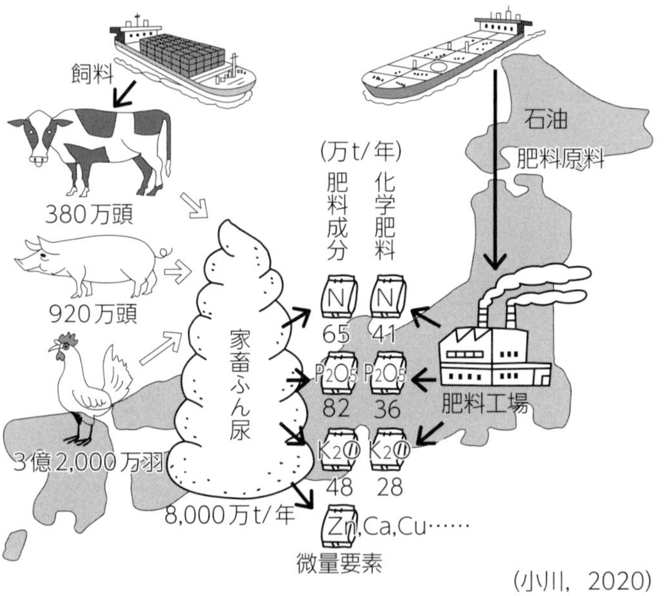

(小川, 2020)

注1：肥料成分量は家畜排せつ物発生量（農水省、2019）から算出

図3-4　家畜ふん尿中の肥料成分と化学肥料の成分比較

の1.5 ～ 2.0倍量の肥料成分が存在している。堆肥化処理され土壌改良資材や肥料として利用されてはいるものの、肥料資源の有限性が指摘されるなか、これらの**リサイクル利用**は避けては通れない重要な課題である。捨てればごみ、使えば資源である。

　わが国は多くの食飼料を輸入している。このことは最終的には大量の生物系廃棄物を発生させ、それらに含まれる多くの肥料成分が残存することになる（130頁、「2）循環型農業と物質移動型農業」参照）。自給率を向上させ、農業を持続可能なものとするには、作物養分の供給についても持続的に行なう努力が必要である。効率的な**養分循環**を可能にする輪作の導入や緑肥の利用などはもとより、**有機物資源**の利用度を上げ、化学肥料と有機物資源の両者を総合的に利用することが求められる。

　今までは含有成分が安定していない堆肥などの特殊肥料と含有成分が保証されている普通肥料を配合することは認められていなかったが、このたびの肥料法（2020年）により、**指定混合肥料**として堆肥と普通肥料、堆肥と土壌改良資材などの配合が認められるようになり、有機物資源の**リサイクル利用**が加速するものと思われる（91頁）。

③ 肥料の変遷と現状

（1）わが国における肥料の変遷

　わが国の肥料は江戸時代までは自給肥料に依存していたが、幕末ごろから魚肥や植物かすが流通するようになった。1886（明治19）年に**人造肥料**としての過りん酸石灰がつくられ、さらに1908（明治41）年に窒素肥料としてはじめての石灰窒素が工業生産された。1923（大正12）年には合成アンモニア法による硫酸アンモニアの国産化が実現し、化学肥料の時代に移行した。

　わが国における主要肥料の生産量の推移を図3-5に示す。1930年ごろまでは肥料としては魚かすなどの有機質肥料が主流で、ピーク時には100万tの消費量があった。化学肥料の工業生産がはじまると肥料の生産は急激に伸び、太平洋戦争による停滞はあったが、1950（昭和25）年には硫安は150万t、過石は139万tの水準に回復した。しかし、1965（昭和40）年頃をピークとして単肥

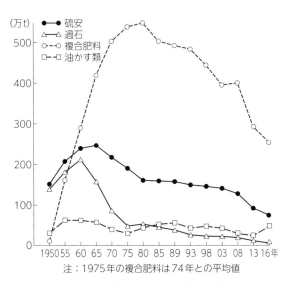

図3-5　肥料生産量の変化（実数）

の生産量は漸減し2016（平成28）年には硫安90万t、過石6万tにまで減少した。

　一方、複合肥料は1950年代後半から急速に普及し、1980（昭和55）年には530万tを超える生産量があった。その後、農業離れが加速するなかで耕作放棄地の増加、施肥の合理化や肥料価格の高騰などもあり急激に生産量は低下し、2016年には280万t前後まで落ち込んでいる。

（2）肥料の多様な分類基準

　肥料は**自給肥料**から**購入肥料**、天然原料から合成製品、単一成分から多成分、低濃度から高濃度、さらには多機能的製品まで、その種類は多様化している。その分類は基準の取り方によっていろいろな形式が取られている。表3-5は多様な**分類基準**で区分したものである。

【成分からの分類】肥料分類の第1の基準は含有成分によるものであり、窒素、りん酸、加里の三要素肥料があり、次いで石灰、苦土、けい酸の二次成分肥料、さらに微量要素肥料がある。含有する成分が1種類のみのものを**単肥**、2種類以上のものを**複合肥料**とよんでいる。

【形態的分類】肥料を外観上の形態からみて、粒状、粉状、ペレット状、固形、液状などに区分している（写真3-1）。複合肥料の大部分は粒状のものであり、単肥は粉状のものが多いが、最近は生産量が増大している**粒状配合肥料**の原料として粒状のものが使用されている。**液体肥料**には液体のものと粘性の高い懸濁状のものがあり、ペースト肥料は後者である。

表3-5　肥料の多様な分類基準とその内容

1次分類	2次分類	肥料名称	内　容
成　分	主 成 分	窒 素 質 り ん 酸 質 加 里 質 特 殊 成 分 微 量 要 素	三要素のうち窒素をとくに多量に含有するもの 三要素のうちりん酸をとくに多量に含有するもの 三要素のうち加里をとくに多量に含有するもの 石灰・苦土・けい酸のうち1成分を主成分とするもの マンガン・ほう素・鉄・銅・亜鉛・モリブデンの1または2成分以上を含有するもの
	成 分 数	単 　 肥 複 　 合	肥料三要素のうち1成分のみ含むもの（単味肥料の略） 肥料三要素のうち2成分以上含有するもの（配合肥料、化成肥料、混合肥料）
形　態		粒 　 状 粉 　 状 ペ レ ッ ト 状 固 　 形 液 　 状	径1mm以上に造粒されたもの 粉末のもの 圧搾もしくは細円筒状のものを細断したもの 2種以上の肥料に泥炭を加えて成形した径3mm以上のもの 水溶液または懸濁液
生産手段	入 手 経 路	自 　 給 販 　 売	自家労働により生産する肥料（手間肥ともいう） 市販されている肥料（金肥ともいう）
	製 造 工 程	化 　 学 配 　 合 化 　 成	化学的手法により製造されたもの 2種以上の肥料を機械的に混合したもの 2種以上の肥料を原料として化学的方法により製造したもので、肥料2成分以上含ませたもの
成分含量 の多少		高 度 複 合 普 通 複 合	通常は高度化成、2成分合計が30.0％以上 通常低度化成または普通化成という。配合肥料、混合肥料も大部分これに入る。2成分合計が30.0％未満
原　料		有 機 質 動 物 質 植 物 質 無 機 質 鉱 物 質	給源が動植物質であるもの 給源が動物界にあるもの 給源が植物界にあるもの 給源が無機化合物であるもの 給源が鉱物界にあるもの
肥効の 遅速		速 効 性 緩 効 性 遅 効 性	肥効がすみやかに現れるもの 肥効がゆるやかに現れるもの 肥効がある時期がすぎてから現れるもの
反　応	化学的反応	酸 　 性 塩 基 性 中 　 性	水溶液が酸性反応を呈するもの 水溶液が塩基性反応を呈するもの 水溶液が中性であるもの
	生理的反応	生 理 的 酸 性 生 理 的 塩 基 生 理 的 中 性	植物が吸収したのち培地に酸性反応を呈するものを残すもの 植物が吸収したのち培地に塩基性反応を呈するものを残すもの 植物が吸収したのち培地に酸性・塩基性を呈するものを残さない

【生産手段、成分含量、原料からの分類】生産手段からの分類としては**自給肥料**と**販売肥料**に分けられ、製造工程で化学的処理がなされたものを**化学肥料**とよび、窒素、りん酸、加里のうち2成分以上を含有するものを複合肥料と称している。**複合肥料**には**化成肥料、配合肥料、混合肥料**などがある。

　化成肥料で2成分の合計が30.0％以上のものを**高度化成肥料**、それ以下のものを**普通化成肥料**あるいは**低度化成肥料**として区

写真3-1　肥料の形態（左から粒状、粉状、ペレット状、固形）

分している。

　肥料の原料による分類としては、**有機質肥料**と**無機質肥料**に大別され、前者は動物質と植物質に分類され、後者には鉱物質肥料がある。

【肥効の遅速からの分類】作物に対する肥料の効き方の遅速によって速効性、緩効性、遅効性の分類がされている。この分類は肥効の遅速が作物の収量に大きく影響する窒素質肥料において重要である。**緩効性肥料**には有機質肥料をはじめ、化学的に合成された**化学合成緩効性肥料**、**被覆肥料**や**成形複合肥料**などがある。

【反応による分類】肥料は反応（pH）により分類されることもある。肥料を水に溶かした場合の反応からみて酸性、中性、塩基（アルカリ）性肥料に分けられる。さらに、作物が肥料成分を吸収したのち、土壌の反応を変化させることがある。これはおもに肥料中の副成分の作用によるもので、生理的反応と称している。

（3）普通肥料の公定規格

　従来の肥料取締法の定義では、**普通肥料**は**特殊肥料**以外のものとされ、具体的には種類ごとに規格（**公定規格**）が定められており、その数は169規格となっていた。

　2020（令和2）年の法改正により、原料が産業副産物などは**副産肥料**として大くくり化した規格を設定して、主成分の最小量を引き下げたため、利用拡大が期待される。なお、「動植物質のみを原料」として製造されたものについては、**副産動植物質肥料**として原料規格が設定され、原料の範囲を明確化することで有機質肥料として区分している。

　また、今まで登録された肥料の有効期限は3年と6年が混在していたが、一部の規格を除き登録実績のある規格の有効期限6年に統一され、規格区分の大くくり化、有効期限の見直しによる規格の統合等により137規格となった（表3-6）。

　市販される肥料はこれらの公定規格を守り、含有量を包装袋に表示（**保証票の貼付**）することが義務づけられている。

　さらに今回の改正では**「指定混合肥料」**が明確に位置付けられ、普通肥料同士の造粒、配合はもとより、普通肥料と特殊肥料、普通肥料と土壌改良資材、特殊肥料と土壌改良資材などの混合も普通肥料として認められた（図3-1）。

　特殊肥料とは、米ぬかや堆肥などのように農家が識別できる肥料で、また肥料の価値や施肥基準がかならずしも含有主成分量のみに依存しない肥料のことであり、農林水産大臣が指定した肥料をいう。

　この肥料は品質の保全や取引の確保のための特別措置を必要としないので、登録を受けることや保証票貼付などの義務がなく、生産に際しては知事へ届け出をすればよいことになっている。品質に関しては、

表3-6 普通肥料の種類

規格	種別	種類
普通肥料	窒素質肥料	硫酸アンモニア、塩化アンモニア、硝酸アンモニア、硝酸ソーダ、硝酸石灰、尿素、アセトアルデヒド縮合尿素、イソブチルアルデヒド縮合尿素、硫酸グアニル尿素、オキサミド、石灰窒素、腐植酸アンモニア肥料、被覆尿素　など
	りん酸質肥料	過りん酸石灰、重過りん酸石灰、熔成りん肥、焼成りん肥、腐植酸りん肥、苦土過りん酸、混合りん酸肥料　など
	加里質肥料	硫酸加里、塩化加里、硫酸加里苦土、重炭酸加里、粗製加里塩、けい酸加里　など
	有機質肥料	魚かす粉末、ナタネ油かす、骨粉、カニ殻、皮革粉、副産動植物質肥料、混合有機質肥料　など
	副産肥料等	副産複合肥料、液状複合肥料、液体微量要素複合肥料、菌体肥料、吸着複合肥料、家庭園芸用複合肥料　など
	複合肥料	化成肥料、成形複合肥料、被覆複合肥料、配合肥料、りん酸マグネシウムアンモニウム、硝酸加里、りん酸加里、りん酸アンモニア、混合堆肥複合肥料、混合動物排せつ物複合肥料　など
	石灰質肥料	生石灰、消石灰、炭酸石灰肥料、貝化石肥料、硫酸カルシウム、混合石灰肥料など
	けい酸質肥料	鉱さいけい酸肥料、軽量気泡コンクリート粉末肥料、シリカゲル肥料、けい灰石肥料
	苦土肥料	硫酸苦土肥料、水酸化苦土肥料、加工苦土肥料　など
	マンガン質肥料	硫酸マンガン肥料、加工マンガン肥料など
	ほう素質肥料	ほう酸塩肥料、ほう酸肥料、溶成ほう素肥料　など
	微量要素複合肥料	溶成微量要素複合肥料、混合微量要素肥料　など
	汚泥肥料等	下水汚泥肥料、し尿汚泥肥料、焼成汚泥肥料、水産副産物発酵肥料　など
特殊肥料		堆肥、家畜ふん、魚かす、米ぬか　など

原料の種類や主要な成分含有量などの表示が義務づけられている。

さらに法改正により、**「混合特殊肥料」**として特殊肥料同士の混合も可能になった。

(4) 保証成分と有効成分の種類と内容

肥料は通常20kgの包装袋で販売されているので、**保証成分**の過不足は袋全体の平均値で評価される。普通肥料の**有効成分**の種類と内容（表3-7）は肥料の種類ごとに定められており、窒素では窒素全量、アンモニア性窒素、硝酸性窒素。りん酸ではりん酸全量、可溶性りん酸、く溶性りん酸、水溶性りん酸。加里では加里全量、く溶性加里、水溶性加里が保証できる。

アルカリ分は可溶性の石灰と苦土の含有量を酸化カルシウムに換算して示す。また、苦土はく溶性および水溶性苦土、マンガンはく溶性および水溶性マンガン、ほう素はく溶性、水溶性ほう素として保証できる。けい酸は可溶性けい酸のみである。

4 各種肥料の特性

(1) 窒素質肥料

窒素は作物の生育収量にもっとも大きく関与する成分で、不足すれば減収するが、過剰もまた作物の軟弱徒長化、病害虫などによる減収や品質低下、さらには環境への

表3-7　肥料の有効成分の種類と内容

一般成分	有効成分	内容	略称	主要肥料
窒素	窒素全量 アンモニア性窒素 硝酸態窒素	硫酸分解により溶けるもの 1：100の水に溶けるも 1：100の水に溶けるもの	TN AN NN	尿素、IB、CDU、有機質肥料など 硫安、塩安、化成肥料など 硝安、硝酸加里、化成肥料など
りん酸	りん酸全量 可溶性りん酸 く溶性りん酸 水溶性りん酸	硫酸分解により溶けるもの 塩基性クエン酸アンモニア に溶けるもの 2％クエン酸に溶けるもの 1：100の水に溶けるもの	TP SP CP WP	有機質肥料、有機配合肥料など 過りん酸石灰、化成肥料など 混合りん酸質肥料、熔りんなど 過りん酸石灰、化成肥料など
加里	加里全量 く溶性加里 水溶性加里	塩酸分解により溶けるもの 2％クエン酸に溶けるもの 1：100の水に溶けるもの	TK CK WK	有機質肥料、有機配合肥料など けい酸加里 塩加、硫加、化成肥料など
アルカリ分	酸化カルシウム 換算合計量	0.5M/L塩酸に溶ける石灰と 苦土の合量	AL	熔りん、ケイカル、石灰質肥料 など
苦土	く溶性苦土 水溶性苦土	2％クエン酸に溶けるもの 1：100の水に溶けるもの	CMg WMg	水マグ、熔りんなど 硫マグなど
マンガン	く溶性マンガン 水溶性マンガン	2％クエン酸に溶けるもの 1：100の水に溶けるもの	CMn WMn	熔成微量要素複合肥料など 硫酸マンガンなど
ほう素	く溶性ほう素 水溶性ほう素	2％クエン酸に溶けるもの 1：100の水に溶けるもの	CB WB	熔成ほう素など ほう酸ナトリウムなど
けい酸	可溶性けい酸	0.5M/L塩酸に溶けるもの	SSi	ケイカル、熔りんなど

注1：一般成分、有効成分は肥料法、そのほかの肥料名などは慣行的な用語を使用した
注2：窒素以外の略称は正式には酸化物で表す

窒素成分の流出を招くので、作物の種類を考慮して施肥量、施肥位置、施肥時期などを適正にしなくてはならない。

　窒素成分の形態によってアンモニア、硝酸、尿素、石灰窒素および尿素系の緩効性窒素化合物に分けられる（表3-8）。また、動植物質の有機質肥料には窒素質肥料としての効果を主とするものが多い。作物が吸収利用する窒素は大部分がアンモニアおよび硝酸で、尿素やアミノ酸などの一部はそのまま吸収されるが、多くは土壌中でアンモニアに分解されてから吸収される。石灰窒素や緩効性窒素化合物も同様でアンモニアに変化してから吸収される。

表3-8　おもな窒素質肥料の組成と特性

肥料の種類	主成分の化学式	N (%)	溶解度[*1]	吸湿性[*2]
硫酸アンモニア	$(NH_4)_2SO_4$	21.0	71	±
塩化アンモニア	NH_4Cl	25.0	37	+
硝酸アンモニア[*3]	NH_4NO_3	34.0	118	+++
硝酸ソーダ	$NaNO_3$	16.0	52	++
硝酸石灰	$Ca(NO_3)_2$	14.0		++++
尿素	$(NH_2)_2CO$	46.0	119	++
石灰窒素	$CaCN_2$	20.0		++

*1：溶解度は20〜25℃
*2：＋の多いものほど吸湿性大
*3：硝酸アンモニアはNN17.0％、AN17.0％を含む

1) 硫酸アンモニア（硫安）

　化合物名は硫酸アンモニウムだが、肥料としての名称（肥料法）では硫酸アンモニア、略して硫安とよぶ（塩安、硝安も同様）。

製法により合成硫安、回収硫安、副生硫安などがある。公定規格ではアンモニア性窒素20.5％以上とされているが、通常は21.0％を保証している（写真3-2）。

化学的には中性であるが**硫酸根**（SO_4^{2-}）を含み、窒素の吸収とともに土壌を酸性にしやすい**生理的酸性肥料**である。**硫酸根**は畑ではカルシウムと結合して溶解度の低い石こう（硫酸カルシウム）になるため濃度障害などは起こしにくいが、水田では鉄、マンガンなどが不足すると硫化水素が発生しやすくなり、根腐れの原因になる。

2）塩化アンモニア（塩安）

ガラスなどの原料であるソーダ灰の生産に伴う副産物として生産される。

公定規格ではアンモニア性窒素25.0％以上となっている。単肥としてよりも化成肥料や配合肥料の原料として使われる。

塩素は土壌中での溶解度が高く、比較的濃度障害の原因となりやすいので施設栽培では避けられる。水田では硫化水素を発生させないので、塩安系化成肥料や配合肥料に使われる。

3）尿素

アンモニアと二酸化炭素を高温高圧下で合成したもので、公定規格では窒素全量43.0％以上、通常46.0％を含む速効性の肥料である（写真3-3）。単肥のほか窒素成分が高いので高成分の化成肥料の原料として使用される。随伴イオンを含まない**生理的中性肥料**で、溶解度、吸湿性が高く、作物に対する汎用性は高い。ハウス栽培などでは一時的に硝酸が土壌中で多くなり濃度障害やガス障害を起こすことがある。アルカリ性土壌ではアンモニアガスが発生しやすい。

最近は樹脂などで被覆した**被覆尿素**が多く使われている。また、葉面から比較的容易に吸収されやすいため、葉面散布用肥料としても利用されている。

写真3-2　硫酸アンモニア

写真3-3　尿素（左は硫黄コーティング尿素）

写真3-4　石灰窒素

写真3-5　過りん酸石灰

4）石灰窒素

窒素の形態は**シアナミド態**で、副成分として石灰、けい酸、鉄などを含む。公定規格では窒素全量19.0％以上、アルカリ分50.0％以上となっている（写真3-4）。

主成分のカルシウムシアナミドは水によく溶け、土壌中で分解して炭酸アンモニアに変化する過程で**ジシアンジアミド**ができ、これが硝酸化成をおさえるため窒素の肥効は長続きする。石灰を含んでいるので酸性改良効果もある。

石灰窒素は植物に直接触れると発芽を阻害し葉を枯死させることから、施用には注意が必要である。農薬としての登録もあり、殺菌、殺虫剤としても認められている。また、ハウスの太陽熱消毒やわらすき込み時の腐熟促進剤としても利用されている。

5）硝酸塩肥料

硝酸塩肥料は畑作物に対してはアンモニウム塩と同等かそれ以上の効果を示すが、水稲での肥効は明らかに劣り、吸湿性が高く高温多湿なわが国では扱いにくい点がある。畑作物に対しては分解プロセスが不要なため、速効性で寒冷地や高冷地で利用されている。硝酸塩肥料には、**チリ硝石、硝酸アンモニア、硝酸石灰**などがある。

（2）りん酸質肥料

りん酸は作物の根の発育、茎の枝分かれや葉数の増加を盛んにし、開花・結実を促進する。

りん酸質肥料には有機質のものと無機質のものがあり、肥効の評価ではその溶解度が重要である（表3-9）。りん酸の有功成分

表3-9　りん酸質肥料中の主要化合物と化学的性質

肥料の種類	P$_2$O$_5$ (%)	水溶率 (%)	主要りん酸化合物
過りん酸石灰	17.0	85	MCP
三重過りん酸石灰	45.0	87	MCP
りん酸アンモニア	46.0〜53.0	95	MAP、DAP
熔成りん肥	20.0〜22.0	<1	Ca, Mgシリコン酸
焼成りん肥	36.0	<1	Ca$_5$Na$_2$(PO$_4$)$_4$
りん鉱石	32.0	<1	フランコライト

注：MCP　Ca(H$_2$PO$_4$)$_2$、　MAP　NH$_4$H$_2$PO$_4$、
　　DAP　(NH$_4$)$_2$HPO$_4$

には肥効がもっとも速い**水溶性＞可溶性（クエン酸アンモニウムアルカリ液に溶けるもの）＞く溶性（2％クエン酸液に溶けるもの）**の3種類があるので、保証成分の量だけでなくりん酸の溶解度にも注意が必要である。

1）過りん酸石灰（過石）

リン鉱石に硫酸を加えて混合、熟成させたもので、灰白色ないしは灰褐色の粉末である。公定規格では可溶性りん酸15.0％以上、うち水溶性りん酸13.0％以上となっており、通常の保証成分は16.5〜20.0％のものが多い（写真3-5）。遊離のリン酸や硫酸を含むため酸性（pH3）を呈し、その他副成分として50％前後の石こう、酸化鉄なども含んでいる。

速効性のため沖積土壌などでは肥効は速いが、火山灰土壌のような**リン酸吸収係数**の高い土壌ではアルミニウムなどに吸着されて不可給態となりやすい。単肥として野菜などに使われるが、配合肥料や低度化成の原料としても使われる。

2）重過りん酸石灰（重過石）

リン鉱石に硫酸のかわりにリン酸液ある

写真3-6　重過りん酸石灰

写真3-7　りん酸アンモニア（DAP）

写真3-8　熔成りん肥

写真3-9　塩化加里

写真3-10　硫酸加里

いはリン酸と硫酸の混液を加えて反応させたもので、過石と違って石こうが少ないか含まない。公定規格では可溶性りん酸30.0％以上、うち水溶性りん酸28.0％以上となっている（写真3-6）。

また、同じ重過石でもりん酸三石灰は**三重過石（TSP）**とよばれ、過石の2.5倍量の成分を持つ高濃度りん酸肥料である。

硫酸根を含まないので老朽化水田や湿田に適し、畑土壌を酸性にすることも少ない。

3) りん酸アンモニア（りん安）

リン酸をアンモニアで中和して得られる肥料で、窒素とりん酸の両成分を含有することから、法改正により複合肥料のなかの単一化合物に分類される（写真3-7）。

リン酸とアンモニアの反応生成物のうち、肥料として使用されるものは**りん酸一アンモニア（MAP：12－51－0）**および**りん酸二アンモニア（DAP：18－46－0）**が代表的組成である。

りん安は窒素、りん酸とも土壌によく吸着され肥効も高く、多くは複合肥料の原料に使われている。

4) 熔成りん肥（熔りん）

リン鉱石に蛇紋岩や塩基性苦土含有物を混合して高温で溶解し、水中で急冷して細かく砕き乾燥したもの（含有りん酸の98％以上がく溶性で、りん酸、石灰、苦土、けい酸などを含むガラス状の固溶体）（写真3-8）。熔りんのりん酸はく溶性で水に溶けにくいので、火山灰土壌のようなリン酸固定力の強い土壌中でも活性アルミナなどによる固定が少なく、作物の根や粘土に触れ

表3-10　加里質肥料の組成と特性

肥料の種類	主成分の化学式	水溶性(%)	く溶性(%)	特徴・その他
塩化加里	KCl	60.0	—	吸湿性が強い。略称「塩加」
硫酸加里	K₂SO₄	50.0	—	たばこ肥料の原料として不可欠。略称「硫加」
硝酸加里	KNO₃	45.0	—	規格は複合肥料。NN13%保証
硫酸加里苦土	K₂SO₄・2MgSO₄	21.0	—	W-Mg18%保証。別称「サルポマグ」
重炭酸加里	KHCO₃	48.0	—	炭酸ガス含有。商品名「カーボリッチ」
けい酸加里	固溶体	—	20.0	S-Si30%、C-Mg4%保証

るとりん酸が緩やかに溶け出して根に吸収される。各種の含有要素が多いので、酸性土壌や要素欠乏の土壌改良資材としても使用効果が高い。

5) 焼成りん肥・重焼りん

リン鉱石にソーダ灰、けい砂、芒硝、リン酸などを混合して焼成したものである。通常は、く溶性りん酸を35.0％以上含んでおりその半分が水溶性であるため、土壌に施すとまず水溶性りん酸が植物に吸収され初期生育がよくなり、生育後半になると、く溶性りん酸がゆっくり吸収される。土壌化学性の改良や畑などでのりん酸や苦土の補給、配合肥料の原料などに使用される。

(3) 加里質肥料

加里質肥料は大部分が塩化加里と硫酸加里によって占められ、原料はほとんどがカナダやロシアなどから輸入されており、貴重な天然の鉱物資源である（表3-10）。自給肥料や古くから用いられてきた草木灰にもカリウムが含まれ、加里肥料として役立っている。土壌に施肥された加里は土壌に吸着保持されるので、基肥施用で十分であるが、砂地などのカリが溶脱しやすい土壌では追肥の効果も高い。

カリウムは窒素以上に作物に吸収される場合が多い。カリウムには「ぜいたく吸収」という特性があるためで、作物の要求量としては窒素ほど多くはない。堆肥などの有機物を連用する野菜畑などでは土壌中に多量のカリが集積していることがあり、土壌診断を行ない適正施肥に努める必要がある。

1) 塩化加里（塩加）

カリ鉱石を浮遊選鉱法で精製し、一度溶解、冷却させて沈殿させる再結晶法などでつくられる。白色の結晶であるが、灰色や淡桃色をしたものもある（写真3-9）。公定規格は水溶性50.0％以上、通常は60.0％の保証成分となっている。随伴イオンとして塩素を含む生理的酸性肥料である。おもに化成肥料や配合肥料の原料として使われる。

粉末状になったものは茎葉に付着して肥料やけを起こすことがあるので、作物に触れないように施用する。また、吸湿性が強いので散布するときは容器がぬれていないことを確かめ、雨天のときには使用しないなどの注意が必要である。

2) 硫酸加里（硫加）

塩化カリに硫酸を加えてつくる変性法と、硫酸カリ苦土に塩化カリを加えてつくる複分解法とがある。最近は国内で塩化カリを硫酸あるいは硫酸アンモニアで処理し

表3-11　石灰質肥料の特性

形態	酸化石灰 CaO	水酸化石灰 Ca(OH)$_2$	炭酸石灰 CaCO$_3$	副産石灰 主としてCaSiO$_2$
肥料	生石灰	消石灰　苦土石灰	炭酸石灰(炭カル)	けい酸石灰
肥効	速効性	速効性	消石灰と比べやや緩効性	緩効性
性質	アルカリ分80.0%で、作用がもっとも強い	長く放置するとCO$_2$を吸って炭酸石灰に変化する	消石灰に比べ作用温和主として酸性土壌矯正用に利用される	作用温和 石灰とともにけい酸の利用度が高い
注意事項	貯蔵中、水を作用させると発熱しながら消石灰に変化する。土壌消毒や除草にも有効	生石灰と同様土壌消毒、除草に効果がある	放置しても変化しない作物に対する薬害のおそれはない	けい酸を含むため、水稲などの増収に顕著な効果がある。連用の害は現れていない

てつくるものが多くなっている。公定規格は水溶性加里45.0%以上、通常は50.0%程度保証されている（写真3-10）。

中性でどんな肥料とも配合できるが、副成分に50%の硫酸根を含むため、**生理的酸性肥料**である。土壌中でカルシウムと反応して石こうをつくるため、濃度障害は受けにくい。単肥よりも化成肥料の原料として使われる。

3) けい酸加里

加里肥料の主力は塩化加里と硫酸加里であり、ともに水溶性でかつ速効性である。これらの肥料は流亡による損失、過剰施肥による濃度障害、ぜいたく吸収によるほかの無機成分の吸収抑制などの問題点がある。この欠点を補うために開発されたのが**けい酸加里**であり、緩効性の加里肥料である。石炭燃焼灰（フライアッシュ）に水酸化カリウム、水酸化マグネシウムなどを加えて混合造粒・燃焼したものである。

(4) 石灰質肥料

石灰（カルシウム）は植物の生育に必須な成分のひとつである。通常の土壌中には作物に十分な量を供給できる石灰が含まれてはいるが、酸性化した土壌では石灰が乏しくなっており、石灰の供給と酸性改良のために石灰の施用が必要である（表3-11）。土壌を中性に保つことによって、土壌酸性の中和と石灰の供給のほか、土壌の保肥力の増大、リン酸の有効化、微生物活性の増大、土壌団粒の形成など幅広い土壌改良効果を得ることができる。

石灰質肥料の原料は**石灰岩**であり、その主成分は炭酸カルシウムである。石灰岩を粉砕して粉末状にしたものが肥料用の**炭酸石灰（炭カル）**である。石灰岩を焼成し、粉砕したものが**生石灰（酸化石灰**、写真3-11）であり、それを水で水和したものが**消石灰（水酸化石灰**、写真3-12）である。石灰岩にはマグネシウムが多少含まれており、それが多くなると**ドロマイト質石灰岩（苦土石灰**、写真3-13）とよばれる。これらは石灰質肥料として使われており、いずれも酸性矯正力を有しているのでその品質の表示法としては、この矯正力を**酸化カルシウム**量に換算して**アルカリ分**として示している。

生石灰はアルカリ分80.0 〜 90.0％であり、石灰質肥料中ではもっとも高い。土壌の酸性を中和するのに必要とする資材量は生石灰を100とした場合、消石灰は132、炭カルは178となる。生石灰は水が加わると激しく発熱するので注意を要する。炭カルは以前、粉状であったが、最近は飛散を少なくし持続性を高めるため造粒品が好まれている。

石灰質肥料としてはこのほか、**硫酸カルシウム**、貝化石を粉砕した**貝化石肥料**、各種工業から副産物として出てくる水酸化カルシウムなどの**副産石灰肥料**がある。石灰窒素、熔りん、けい酸石灰なども相当量の石灰を含有しており、良好な石灰補給資材である。

(5) 苦土肥料

苦土 (マグネシウム) は必須要素であり、葉緑素を構成する元素である。畑土壌では流亡しやすく苦土欠乏になることが多い。そのため、りん酸質肥料や石灰質肥料から苦土の多くが補給されている。

苦土のみを主成分とするものには**硫酸苦土 (硫マグ、写真3-14)** がある。11.0％以上の苦土を含み、水溶性であるので葉面散布剤などにも利用される。**水酸化苦土 (水マグ、写真3-15)** は50.0 〜 60.0％の苦土を含み、く溶性である。**腐植酸苦土**はニトロフミン酸に水酸化マグネシウムや蛇紋岩粉末を反応させたもので、苦土の補給と同時に土壌改良をねらったものである。

(6) けい酸質肥料

ケイ素は必須要素ではないが水稲栽培で

写真3-11　生石灰

写真3-12　消石灰

写真3-13　苦土石灰

写真3-14　硫酸苦土

写真3-15　水酸化苦土

表3-12　おもな鉄鋼スラグの成分組成(%)
(鐵鋼スラグ協会, 2011)

成分＼種類	高炉スラグ	転炉系スラグ	電気炉系スラグ	
			酸化スラグ	還元スラグ
CaO	41.7	45.8	22.8	55.1
SiO$_2$	33.8	11.0	12.1	18.8
T-Fe	0.4	17.4	29.5	0.3
MgO	7.4	6.5	4.8	7.3
Al$_2$O$_3$	13.4	1.9	6.8	16.5
MnO	0.3	5.3	7.9	1.0

写真3-16　けい酸石灰

は古くからその重要性が認められ、わが国では1955（昭和30）年に世界に先駆けて公定規格が設定された。植物がケイ酸を吸収するには、けい酸が一定の溶解性を持たなければならない。公定規格では0.5M/L塩酸に溶けるけい酸を可溶性けい酸としており、この量が20.0％以上あることが必要とされている。

　けい酸質肥料のおもな原料は、金属の精錬の際に副産される**スラグ（鉱さい）**である（表3-12）。高炉スラグは通常**けい酸石灰**（**ケイカル**、写真3-16）とよばれているように、カルシウム塩が代表的な化合物である。これは溶解性も高く、肥効も高い。公定規格では、けい灰石肥料、鉱さいけい酸質肥料、軽量気泡コンクリート粉末肥料、シリカゲル肥料、シリカヒドロゲル肥料の5種類が定められている。**シリカゲル肥料**は包装用シリカゲル乾燥剤として生産されたもので、可溶性けい酸が80.0％以上でア

ルカリ分などの副成分を含まないシリカゲルを、肥料として利用している。**鉱さいけい酸質肥料**の肥効は**粒度**によって変わるので、粒度についても規定されている。

　そのほか、けい酸質肥料には属さないが、可溶性けい酸を保証できる肥料として熔りんやけい酸加里などがある。

　けい酸質肥料の肥効は水稲で顕著であり、ケイ酸を吸収することにより茎葉の剛直さを高め、耐倒伏性や病害虫への抵抗性を高める効果がある。また、けい酸質肥料はアルカリ分による土壌の酸性改良の効果も高い。

(7) 複合肥料

　肥料成分を1種類しか含有しない単肥に対して、窒素、りん酸、加里のうち2種類以上を含有する肥料を**複合肥料**という。

　農家が使用している肥料の大部分が複合肥料であり、単肥は複合肥料の原料として使われることが多い。内容的にみても複合肥料は三要素以外に**二次要素**や微量要素を補給する資材ともなっていて、さらに堆肥と普通肥料を原料とした**混合堆肥複合肥料**や**被覆複合肥料**などのように高い機能性を持ったものなどに多様化している。

　このように大きく単肥から複合肥料へ変わった理由として、①高成分・多成分化（輸送、施肥労力の省力化）、②物理的性状の改良（粒状化）、③肥料成分の共存効果、④副成分が少なく土壌への悪影響の軽減、⑤肥効調節機能などがあげられる。

1）化成肥料

　化成肥料は化学的操作を加えてつくられ

るもの、あるいは普通肥料などを混合し、**造粒、圧縮成形**などを行なったもので、肥料三要素のうち2成分以上を含む肥料である。このうち肥料の保証成分の合計量が10.0％以上30.0％未満のものを**普通化成肥料（低度化成肥料）**、30.0％以上のものを**高度化成肥料**とよんでいる。現在肥料成分の80％強が化成肥料で施肥されており、普通肥料の登録数1万9,500のうち約8,600の銘柄が化成肥料となっている。

【普通化成肥料】普通化成肥料（写真3-17）は製造法から配合式とムロ式に分かれ、さらに添加原料によって有機質入り、そのほかの化成肥料に分かれる。配合式は過石を主原料として窒素源に硫安または尿素を、加里源として硫加、塩加を配合したあとアンモニア処理を行ない造粒したものである。特徴として、窒素、りん酸、加里の配合比および原料を自由に変えることができる利点がある。このようなことから各種の作物に使用でき、普通化成の大部分はこの方式で生産されている。

【高度化成肥料】高度化成肥料には窒素の原料によって多くの種類があり、それぞれの特徴を持っている。共通の特徴としては三要素が高成分であること、りん酸の全量あるいは一部が**りん安**の形で含まれていることである。りん安の溶出した部分は土壌を中性に保って**リン酸の固定**を防ぎ、アンモニアが土壌に吸着され溶脱しないので、作物に効果のある優れた肥料といえる。また、一般に硫酸や塩素などの副成分が少ないため、土壌を酸性化することがなく老朽化水田にも施用できるなどの利点がある。とくに、尿素系のものは硫酸含量が少な

写真3-17　普通化成肥料

写真3-18　粒状配合肥料（BB肥料）

く、りん硝安加里や硝加りん安などの硝酸入りのものは土壌を酸性化しない**生理的中性肥料**である。また、三要素が高成分であるため、施用量が少なくてすむ。

　最近、野菜とくに施設野菜での過剰施肥が指摘されている。化成肥料はそれぞれの成分の高低を吟味せずに施用しがちなので、土壌診断などにより成分量を計算して適正量を施肥することが望まれる。

2) 配合肥料

　原料となる2種類以上の単肥を、化学操作を加えないで単に混ぜ合わせたものを**配合肥料**という。目的に応じて単肥に有機質肥料、化成肥料、特殊成分、微量要素資材などを配合する場合がある。公定規格では三要素のうち2成分以上を主成分として、それぞれの主成分の合計量が10.0％を保証できるものとされている。原料、形状、肥効の現れ方からみて、一般に単肥を配合原料にした粉状配合肥料、2〜4mmの範囲に分

表3-13 肥料配合の可否

		A	B	C	D	E	F	G	H	I	J
A	硫安・塩安・過りん酸石灰・硫酸マンガン・複合肥料 (酸性)		×	○	△	▲	×	○	○	○	○
B	石灰窒素・重炭酸加里	×		○	×	○	○	○	×	○	○
C	尿素	○	○		△	○	○	○	○	○	△
D	硝安	△	×	△		×	×	○	△	○	×
E	熔成りん肥・焼成りん肥・炭酸石灰・骨粉類・けい酸質肥料・複合肥料 (塩基性)	▲	○	○	×		○	○	▲	○	○
F	消石灰・生石灰・水酸化苦土・炭酸苦土	×	○	○	×	○		○	×	○	○
G	硫酸加里・塩化加里・その他の加里塩肥料・硫酸苦土	○	○	○	○	○	○		○	○	○
H	苦土過りん酸・混合りん肥 (溶過りん・重焼りん)	○	×	○	△	▲	×	○		○	○
I	ほう酸・ほう酸塩肥料	○	○	○	○	○	○	○	○		○
J	魚肥・植物油かすなどの有機質肥料	○	○	△	×	○	○	○	○	○	

注1：各組の肥料は相互に配合可
注2：○配合可
　　　△配合しても成分変化はしないが、取り扱いにくくなるので注意
　　　▲配合すると成分変化が起こり、不利になる場合があるので注意
　　　×配合不可

写真3-19　有機入り配合肥料

写真3-20　固形肥料（ブリケット）

布する粒状の単肥や化成肥料を原料に物理的手法で配合した**粒状配合肥料**（**BB肥料**、写真3-18）、化学肥料と油かす類、魚かす粉末、骨粉などを配合した**有機入り配合肥料**（写真3-19）に分けることができる。

また、配合肥料は原料となる単肥の性質によって配合してよいものといけないものがあるので、適正な原料の配合を行なうことが必要である（表3-13）。

3) 混合堆肥複合肥料

品質管理された堆肥をベースに化学肥料などで成分バランスをととのえ、造粒および加熱乾燥した肥料である。肥料としての利便性を保ったまま、土壌に有機物を供給する効果がある。

公定規格では原料堆肥の窒素成分量（乾物）を2.0％以上、窒素、りん酸、加里の合計量が5.0％以上、C/N比15以下で、堆肥の混合割合は乾物として50.0％以下となっている。品質としては窒素、りん酸、加里のうち2成分以上の合計量を10.0％以上とす

ることで肥料効果を担保している。肥効は有機入り配合肥料や有機化成と同程度である。

4）成形複合肥料（固形肥料）

硫安、過石、塩加などの原料肥料に良質の**泥炭**（木質泥炭）を20〜45％加えて練り混ぜ、加圧、加熱して腐植質有機に肥料成分を吸着結合させたものである（写真3-20）。15g程度の桃核状に成形した大型固形肥料と皿状造粒機などで3〜6mmの小粒品や6〜12mmの大粒品にした粒状固形肥料がある。

窒素、りん酸、加里が泥炭の腐植コロイドに吸着結合しているので、かんがい水や雨水による流亡損失が少なく、保肥力の高い肥料である。肥効の持続性は粒径の大きいものほど、低成分のものほど長い。原料は泥炭以外に紙パルプ廃繊維、草炭質腐植、凝灰岩粉末、ベントナイトなどがある。

固形肥料は水稲の深層追肥に開発された肥料であるが、粒状固形肥料は水稲をはじめ野菜、果樹、花き、特用作物にも多く使われている。

（8）液状複合肥料

1）液体肥料

肥料を水に溶かした**液体肥料（液肥）**である。液肥の利用はアメリカにおいて盛んで、施肥機の開発、普及とともに急速に増加し、その施用量は固体肥料を上まわっている。これに対してわが国の生産量は年間6万t前後であるが、液肥の占める割合は増えている。広く普及しない理由としては、①面積が狭く機械施肥の普及が遅れてい

る、②製造、流通、施肥の一貫したシステムができていない、③液肥が簡便、安価なものになっていないことなどがあげられる。

しかし、液肥には次のような利点がある。①成分の均一施肥が容易で、除草剤や殺虫剤との同時施用が可能である、②スプリンクラーやチューブかん水による施肥により省力化できる、③水溶液であるため、土壌によく浸透し速く効く。

そのため、果樹栽培や施設園芸には根づいた需要がある。とくに施設園芸においては**養液土耕（かん水同時施肥）栽培**（169頁）が塩類集積、連作障害回避、環境にやさしい施肥技術として定着・普及している。さらに植物工場をはじめとして水耕栽培、ロックウール栽培などの養液栽培も普及しており、需要は増加するものと思われる。

2）ペースト肥料

一定の粘性を有する高濃度成分の液状複合肥料である。微細な結晶を沈でん防止材で処理している懸濁状のものが多く、最近ではやや粘度の低い透明な肥料もある。ほとんどは水稲の基肥用に使われ、一部畑作用のものも開発されている。

田植機に設置された施肥機によって、株もとから数cm離れた局所に施肥される。土中側条施肥のため肥料の利用率が高く、施肥量を削減でき、しかも田植えと同時作業なので省力効果も大きい。また、この施肥法は田面水への肥料成分の流出も少なく環境への負荷を軽減する肥料として期待されている（157頁）。

園芸用ペースト肥料は、生育期間の長い果菜類やアスパラガスのような多年生野菜

および果樹に注入施肥用として利用されている。

3）葉面散布用肥料

植物は養分の大部分を根から吸収するが、一部は葉からも吸収することができる。葉から吸収される量は植物の種類、散布される肥料の性質、温度や湿度などの外的条件によっても大きく変わる。

葉面散布の効果が土壌施用よりも高く現れるのは、湿害や根腐れによって作物根の養分吸収能が低下したときや、養分不足や微量要素の欠乏症状を示した場合などの生育不良を早急に回復させたいときである。欠点としては、散布濃度を間違えると薬害が生じ、生育を損なうので注意が必要である。また、施用できる養分量も限られている。

表3-14　おもな微量要素肥料

肥料	性状	成分量（%）*	備考
硫酸マンガン肥料	（A）黒褐色粒状	WMn 20.0～40.0	水溶液は葉面散布用
	（B）白色結晶	WMn 30.0～35.0	
鉱さいマンガン肥料	灰褐色微粉末	CMn 10.0～20.0	
ほう酸塩肥料	白色結晶	WB 5.0～68.0	両肥料の効果は同じ。水溶液を葉面散布に用いてもよい
ほう酸肥料	白色結晶	WB 54.0～56.0	
熔成ほう素	茶褐色、微粉末または粒状	CB 15.0～24.0	薬害が少ない
熔成微量要素複合肥料（FTE、FBM）	茶褐色、微粉末または粒状	CB 5.0～10.0 CMn 5.0～20.0	薬害が少ない

＊：W＝水溶性（速効性）、C＝く溶性（緩効性）

（9）菌体肥料

肥料法（2020年）では産業副産物の農業利用の一層の拡大に向けて農家が安心して利用できるよう副産肥料の位置づけを明確にした（74頁、表3-6）。

今まで**汚泥肥料**に位置付けられていた、食品製造事業所などの汚泥を原料とした肥料については有害物質が少なく、また、主成分を保証して取引できるものがあるので**菌体肥料**として扱う。食品、パルプ、ゼラチンなどの工業廃水を活性スラッジ法で浄化したときに得られる**菌体（余剰汚泥）**を乾燥した肥料などが含まれる。

（10）微量要素肥料

微量要素肥料としては表3-14に示すように、**硫酸マンガン**や**ほう酸塩**のような単肥と、マンガン・ほう素の両方を含む**微量要素複合肥料**がある。

植物が必要とする微量要素には、そのほかいくつかの要素が知られている。そのうち亜鉛、銅、鉄、モリブデンなどについては効果発現促進剤として利用することがある。さらに、葉面散布用の肥料に用いられることが多い。

熔成微量要素複合肥料として**FTE**がある。これはマンガン鉱、ほう砂、長石、ソーダ灰、ホタル石、鉄鉱石などを配合し、1,300℃で融解、急冷、粉砕してつくられたガラス質構造の肥料である。マン

ガンを10.0～30.0％、ほう素を5.0～15.0
％含んでおり、クエン酸可溶の成分で
あるので、水溶性の塩類のように過剰
害の危険は少なく持続的な効果が期待
できる。

（11）有機質肥料

　有機質肥料は動植物体に由来する肥
料であり、土壌中での分解により養分
がゆっくり放出され肥効は緩効的であ
る。また、この分解過程において有機
物は多くの土壌微生物のエネルギー
源になり、生物相の多様化にもつなが
る。さらには微量要素をはじめ各種の
成分や高分子の化合物を総合的に供給
して、土壌団粒の形成に関与するなど
多機能性肥料といえる。有機質肥料の
種類はきわめて多く図3-6に示すように整
理できる。

　肥料の公定規格に普通肥料として有機質
肥料の名称はあるが、ここではあえて広範
囲の有機物に由来する肥料を有機質肥料と
よぶことにする。普通肥料として販売され
ている有機質肥料は有機質肥料（普通肥料）
と表現する。

　普通肥料としての有機質肥料は品質が均
一で、成分含量も高いのが特徴である。一
方、品質にバラツキがあり、成分含有量も
低い**有機質資材（粗大有機物など）**がある。
これには**特殊肥料**の堆肥や家畜ふん処理物
などが含まれる。また、農家が自給してい
る粗大有機物（作物残さ、わら類など）も
これに属する。有機性土壌改良資材とよば
れているものは有機物関連の土壌改良資材
で、肥料成分の含有量は低い。

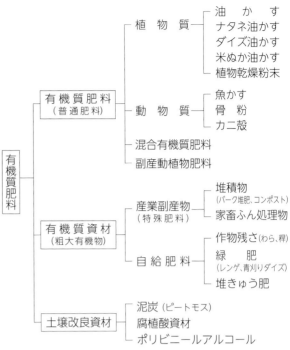

図3-6　有機質肥料の種類

　有機質肥料は20世紀初頭までは肥料の
大部分を占め、その生産・利用が作物の収
量を大きく左右していた。20世紀に入り鉱
物資源の発見や肥料工業の進展に伴い有機
質肥料の割合は低下し、1975（昭和50）年
には窒素肥料のうち有機質肥料（普通肥料）
の占める割合（成分量）は3.6％にまで低下
した。しかし、農耕地の地力の増進、化学
肥料による環境影響、農産物の高品質生産
と付加価値化、**有機農業推進法**の成立など
農業環境の変化により、有機質肥料への関
心が高まり、その需要も増加傾向にある。
また、有機性副産物のリサイクルが進み、
新しい有機質肥料がつくられるようになっ
た。このような状況のなかで、使用する際
は化学肥料に比べ肥効が緩慢であることを
十分理解して適正施用に努め、環境へ負荷
を与えないようにすることが大切である。

表3-15　主要有機質肥料の成分含量(%)

肥料	N (平均)	P₂O₅ (平均)	K₂O (平均)
ダイス油かす	7.5	1.8	2.3
ナタネ油かす	5.1	2.5	1.3
綿実油かす	5.7	2.6	1.7
アマニ油かす	5.1	2.0	
イワシしめかす	8.0	6.9	
乾雑魚	8.0	7.1	
蒸製骨粉	4.1	22.3	
肉かす	8.2	2.2	
蒸製蹄角骨粉	10.5	8.4	

表3-16　おもな有機質肥料の窒素無機化率

種類	含有率 (%)			無機化率 (%)			
	T−N	T−C	C/N	1週	2週	4週	8週
ナタネ油かす(圧搾)	5.72	43.8	7.7	47.6	58.4	58.4	61.3
米 ぬ か	2.68			9.8	20.2	26.4	44.1
肉 骨 粉	7.18			15.2	28.8	38.6	50.8
フェザーミール	13.60	47.7	3.5	59.9	66.2	71.0	71.0
毛 粉	5.36			10.8	28.8	36.5	44.6
カ ニ 殻	5.83			12.8	19.2	26.5	48.2

注：施肥量は窒素20mg/乾土100g、水分は最大容水量の50%、温度25℃

有機質肥料の成分含量を表3-15に示す。公定規格では肥料の種類により含有すべき主成分の最小値が定められている。窒素含量は動物質のものが植物質よりも高く、りん酸は骨粉で著しく高い。加里含量は一般的に少ない。表3-16には有機質肥料の分解の速さ、すなわち有機質肥料の**窒素無機化率**を示す。有機態窒素は土壌中で微生物の作用によりアンモニアに変化するが、これは温度が高いほどすみやかに進行する。

公定規格での普通肥料としての有機質肥料は42種類あり、もっとも生産量が多いのはナタネ油かすを主とした植物油かす、次いで魚かす、骨粉、さらに混合有機質肥料、副産動植物肥料などである（口絵vii頁）。

1) 植物質肥料（油かす類など）

油かすは脂肪に富んだ植物種子から油分を絞った残さを粉砕したもので、ナタネかすがもっとも多く、次いでダイズかす、米ぬかかすなどがある。これらの油かす類は食料や飼料にも利用されるので、それらへの用途が優先されるため肥料への利用は変動が大きい。窒素含量は5.0％前後であり、分解速度はダイズかすがもっとも速く、ナ

タネかすは遅い。

2) 動物質肥料（魚かす、骨粉など）

生魚や魚加工場の製造残さを煮沸、脱水、脱脂したのちに乾燥、粉砕したものである。窒素含量は高く9.0 〜 10.0％、りん酸は4.0 〜 6.0％ある。植物油かすとともに野菜栽培などに用いられ、農産物の高品質化を期待して利用されている。

3) 混合有機質肥料

有機質肥料に有機質肥料または米ぬか、醗酵米ぬか、乾燥藻などの粉末を混合した肥料。あるいは有機質肥料に乾血粉または豆腐かすを混合し乾燥させた肥料である。

4) 副産動植物質肥料

食品、繊維、ゼラチン、皮革などの工業から副産される動物質の廃棄物に由来する肥料。あるいは醤油、アミノ酸、アルコールなどの食品・発酵工業において副産される植物質原料に由来する肥料である。

(12) 汚泥肥料

各種の汚泥類は窒素やリンを含み、肥料

原料として有用な資源である。とくにリン資源を持たないわが国においては安全性を確保しながら、**下水汚泥**等さまざまな汚泥に集積するリンを再利用する必要がある。公定規格として**有害成分**の含有最大量が定められており、ヒ素0.005％、カドミウム0.0005％、水銀0.0002％、ニッケル0.03％、クロム0.05％、鉛0.01％以下となっている。

　利用法としては下水汚泥肥料のように終末処理場から生じる汚泥を濃縮、消化、脱水または乾燥したもの、これに植物質や動物質の原料を混合したものは微生物分解を受けていないので基肥として用い、施用後2週間以上経過してから作物を植え付けるようにする。

　下水やし尿を浄化処理した汚泥にオガクズやモミガラなどの粗大有機物を加えるか、あるいは汚泥だけで発酵させた汚泥発酵肥料は、発酵堆積により原料汚泥とは成分含量が異なる。また、汚泥を処理する方法が**石灰凝集**か**高分子凝集**かでも大きく異なり、高分子凝集剤で処理された汚泥の反応は中性であるが、石灰処理汚泥の場合はアルカリ性を示す。

　魚介類の臓器に植物質または動物質の原料を混合して堆積、撹拌し、腐熟させた水産副産物醗酵肥料も汚泥肥料として取り扱われる。

（13）肥効調節型肥料

　作物による**肥料の利用率**は土壌や作物、施肥量などによって異なるが、窒素では一般に40〜50％程度で残りの30〜50％は溶脱し、数％は大気中に揮散するといわれている。このように利用率が低い原因は、多

肥で基肥重点の施肥法が取られていることにもよるが、肥料が水溶性かつ速効性であることに起因する。基肥に施用された肥料成分は作物が十分に生育するまでに降雨などの影響により下層へ移動し、生育最盛期には不足がちとなる（134頁、図5-7）。このような養分の不均衡を改善するには第一に**分施技術**があり、第二に**肥効調節型肥料**の利用がある。前者は施肥労力や圃場条件の制約があるため後者への期待は大きい。

　肥効調節型肥料の効果としては、①作物の必要とする時期に要求する量を供給できる、②施肥回数の削減と省力栽培、③濃度障害や土壌による固定の防止、④肥料成分の利用率の向上、⑤環境への肥料成分の負荷削減などがあげられる。

　肥料成分の土壌中での動態やその栄養特性からみて窒素成分がもっとも重要であるため、その開発は窒素肥料が中心である。肥効調節型肥料は、次の3種類に分類される。

1）被覆肥料

　水溶性肥料を硫黄や合成樹脂などの膜で被覆し、肥料の**溶出量**や**溶出期間**を調節したもので、被覆窒素肥料、被覆複合肥料がこれにあたる。被覆資材の種類や膜の厚さにより溶出量や溶出期間が異なり、かなりの精度で作物の生育にあわせた肥効のコントロールが可能である。

　被覆肥料の代表的な**被覆資材**の種類を表3-17に、被覆肥料の溶出パターンと溶出率の推移を図3-7に示す。被覆肥料の窒素の**溶出パターン**には、初期の溶出割合の高い放物線タイプ、初期から直線的に溶出す

表3-17　被覆肥料の被覆資材の種類と性質

被覆材料	肥料内容	溶出タイプ	メーカー
熱可塑性樹脂： ポリエステルオレフィン　など	尿素、硫安、NK化成 硝酸石灰　など	リニア、シグモイド	ジェイカムアグリ、エムシー・ファーティコム
熱硬化性樹脂： ポリシアネートポリオル、尿素樹脂、 ポリウレタン樹脂　など	尿素、高度化成、 NK化成	リニア、シグモイド	住友化学、セントラル化成
無機材料：硫黄、ワックス	尿素、高度化成	リニア	サンアグロ

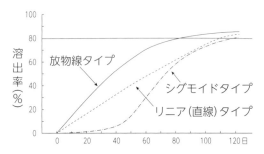

図3-7　被覆肥料の溶出パターンと溶出率の推移

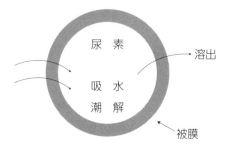

図3-8　被覆尿素の成分溶出のしくみ

写真3-21　被覆複合肥料

るリニアタイプ、初期の溶出が抑制されるシグモイドタイプがある。それぞれのタイプは作物の生育および養分要求量に合わせて使い分けられる。たとえば被覆尿素の場合、溶出のしくみは図3-8に示すように吸水・潮解した尿素が浸透圧によって被膜を通り溶出がはじまる。溶出のコントロールは、被膜の厚さを変えることや被膜に溶出調節剤を加えることで調節している。ちなみに、肥料からの溶出量は25℃で80％の溶出が保証されている。

　被覆肥料はこれまでの施肥の常識をく

つがえすまったく新しい施肥体系を開拓したといっても過言ではない。水稲および露地野菜の全量基肥施肥法、育苗箱全量施肥法、育苗ポット施肥法、2作1回施肥法などがそれである。被覆肥料を選ぶときは作物の生育期間、養分吸収パターンおよび生育期間中の地温の推移などを参考に資材を選択する必要がある。

　この肥料の持つ機能性が評価され、被覆肥料を使用している水田は面積の60％を占めるようになった。近年、海洋プラスチックごみ問題がクローズアップされ、被覆資材に用いられている樹脂も溶出期間終了後、肥料の殻として水系への流出が懸念されている。従来から農耕地からの流出防止については注意喚起を行い、樹脂使用量の削減等に向けて技術開発を続けている。施肥量の低減や省力化がもとめられるなか、適正な肥培管理に努めることにより、この

肥料の利用度がさらに向上することが期待される。

2）化学合成緩効性窒素肥料

　肥料そのものが水に溶けにくく、微生物による分解を受けにくい性質を持つもので、尿素などの重合反応により製造される。IB（イソブチリデン2尿素）、CDU（クロトリニデン2尿素）、UF（ウレアホルム）、GU（グアニル尿素）、オキサミドがこれにあたる（表3-18）。土壌中で加水分解や微生物分解を受けて窒素が有効化し、作物に利用吸収される。分解の速さは肥料の粒の大きさにより調節できる。

　この肥料はほとんどの場合、速効性肥料と配合した化学合成緩効性窒素入り肥料として使われる。魚かすや油かすなどの有機質肥料と類似の肥効を示すように開発され、分解の速さは温度、水分、微生物活性などの条件により異なる。

3）硝酸化成抑制剤入り化成肥料

　土壌に吸着されず損失しやすい硝酸の生成を**硝酸化成抑制剤**の使用によりおさえ、吸着されるアンモニアの残存期間を長くして肥料窒素の利用率を高めようと開発された肥料である。硝酸化成抑制剤は、土壌中の**硝酸化成作用**に関与する微生物の作用をごく少量で抑制する機能を有するもので、表3-19に示す7種類の化合物が開発されている。市販銘柄に使われているのはおもにDd、ST、ASU、DCS、ATCの5種類である。

　この薬剤を化成肥料の製造過程

に添加したものが**硝酸化成抑制剤入り化成肥料**である。当初はイネの乾田直播栽培を目的に開発されたため、硝酸化成抑制期間は3〜4週間を一応の目安にしている。アンモニア態窒素を好む、チャやレタス、ネギ類などにも利用されている。

　また、この薬剤には脱窒活性をおさえる効果を持つものもあり、その使用により**一酸化二窒素**が大気中に放出される量が減少する。一酸化二窒素は**温室効果ガス**であり、また**オゾン層破壊物質**でもあるため、その発生を抑制することは環境保全に有意義である。

（14）指定混合肥料

　今まで配合肥料では成分が安定している**普通肥料**と含有成分が安定していない堆肥などの**特殊肥料**とを配合し、製造・販売することは原則認められておらず、農家はそ

表3-18　化学合成緩効性窒素肥料の種類と分解特性

肥料の種類	分解特性
IB	加水分解
ホルム窒素、オキサミド	微生物分解　酸化型
りん酸（硫酸）グアニル	還元型
CDU	加水・微生物分解

表3-19　硝酸化成抑制剤の種類と添加量

名称	化学名	添加量*
AM	2アミノ4クロロ6メチルピリミジン	0.3〜0.4%
Dd	ジシアンジアミド	窒素の10%
ST	2スルファニルアミドチアゾール	0.3〜0.5%
MBT	2メルカプトベンゾチアゾール	窒素の1%
ASU	グアニルチオウレア	0.5%
DCS	N2,5ジクロロフェニルサクシナミド酸	0.3%
ATC	4アミノ1,2,4トリアゾール塩酸塩	0.3〜0.5%

＊：前書きがないものは化成肥料全体に対する添加量

れぞれを別々に散布する必要があった。

　混合堆肥複合肥料は堆肥と化学肥料を配合することは認めているが、加熱乾燥する、堆肥の配合割合を50％以下とするなどの制約があるため、堆肥の活用が限定的であり、散布労力の軽減や土づくり促進のためにも堆肥等を自由に配合できるようもとめられていた。

　2020（令和2）年の法改正によって、登録・届出済みの普通肥料や特殊肥料および農水省令で定める**土壌改良資材**であれば、原則として自由な配合を認め、配合したのち造粒などの加工を行った肥料も、届出制での生産ができるように変更された（65頁、図3-1）。これにより二次的に生産する肥料の生産手続きが簡素化されるとともに、配合の自由度が高まり、成分の不安定な特殊肥料を化学肥料で補った肥料が生産できることで、施肥と同時に土づくりが進むことが期待される。ただし、品質低下の恐れのある原料や配合の組み合わせについては制限が設けられている。

　おもな**指定混合肥料**としては、従来から認められている普通肥料同士の組み合わせに加えて、普通肥料と特殊肥料**「特殊肥料等入り指定混合肥料」**、普通肥料と土壌改良資材ならびに特殊肥料と土壌改良資材の組み合わせ**「土壌改良資材入り指定混合肥料」**による肥料生産が可能になった。さらに普通肥料＋特殊肥料＋土壌改良資材の組み合わせも認められる。

　一方、特殊肥料同士を混合したものについては指定混合肥料としてではなく、**「混合特殊肥料」**として扱われる。

第2部
施肥の実践

　近年は過剰施肥による環境汚染などが問題になっており、適切な肥培管理が求められている。

　適切な肥培管理のためには、土壌診断によって土壌の現状を見極め、そのデータに基づいた施肥設計を立てなければならない。また栽培中も作物のリアルタイム栄養診断を行ない、施肥計画を見直していくことも重要である。

　第2部では、環境面に配慮した効率的な施肥の技術について、具体的に解説する。

第4章

土壌診断と土づくり

■1 土壌診断は穴掘りから

　土壌診断といえば、畑やハウスから土壌を採取して、肥料商やJAなどで分析してもらうもの、また足りない養分を補うための処方を書いてもらうものと決め込んでいる農家が多い。そして、戻ってきた診断結果をよく見ずに、処方箋どおりの資材や肥料を注文する。あるいはpHが高く、可給態リン酸が過剰という結果が出たにもかかわらず、多量の石灰やリン酸資材を入れてしまう。これでは何のため、誰のための土壌診断であるかわからない。土壌診断を行ない不足する養分を補う、それは一世代前の土壌診断である。現代版土壌診断は人の健康診断と同じように考えればよい。

　今から約75年前の日本といえば、戦後の食糧難に苦しんだ時代で、多くの日本人が飢えていた。それとまったく同様に、元来日本の土壌も大変痩せていて、とくに開拓地の土壌は酸性が強く、リン酸が著しく欠乏していた。そこで国の補助などによる土壌改良がすすめられ、農耕地の土は飛躍的に改善されてきた。しかし、それがすすみすぎて、今では多くの日本人が栄養やカロリーの摂りすぎにより「メタボ」になってしまったのと同じように、野菜や花きそれ

に果樹などの園芸土壌では「メタボ」化が進行している。その要因には、可給態リン酸や交換性カリウムの過剰、塩基バランスの崩れなどがあり、さらに最近では異常なほどの土壌酸性化も目立つ。筆者らは、土壌養分と**土壌病害**発生の因果関係について研究をすすめているが、人がメタボになると高血圧や糖尿病にかかりやすくなるように、土壌のメタボである可給態リン酸の過剰や土壌酸性化が**根こぶ病**や**フザリウム**病害など土壌病害を助長することもわかってきた。土壌診断には、土壌診断機器の備えられた土壌診断室での正確な分析と、どこでも誰にでもできるリアルタイム土壌診断の両方が必要である。土壌診断を行ない、無駄な肥料を減らすことが、生産経費削減と土のメタボ対策に直結する。

　一方、**水田土壌**は畑土壌、とくに園芸土壌と対照的である。水稲はわが国の基幹農作物であるにもかかわらず、米需要や米価の低下、担い手不足、国策の変更などの影響で、水田土壌の疲弊化が進んでいる。従来、水田の土づくりといえば、堆肥・石灰資材・ケイ酸資材などの施用が基本であった。しかし、農林水産省の調べによると、1984（昭和59）年の全国平均が215kg/10aであった堆肥施用量はその後減少を続け、2015

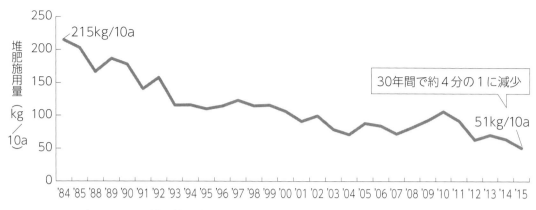

図4-1　水田における堆肥等の施用量の推移(資料：農林水産省「農地土壌の現状と課題」より)

（平成27）年には51kg/10aに至っている（図4-1）。また、1968（昭和48）年ごろには年間130万t以上におよんだケイ酸資材も現在では1/10程度の施用量に留まっている。さらに、最近ではpH（H$_2$O）が5を下まわるような酸性化がすすむ水田も散見されている。

　従来、水田土壌は土壌診断の対象となることが少なかったが、今後は畑土壌と同様に土壌診断を行ない、その結果に基づいた適切な土壌改良・施肥管理を実践することが望ましい。

　土壌診断は農家自身が水田や畑、ハウスなどの圃場では、原則として真ん中で、写真4-1のように穴（試坑）を掘ることからはじまる。作物の根の気持ちになって穴を掘ることが大切で、作土の部分は掘りやすいが、トラクターの走行による圧密で下層が緻密になっていることが多い。そのような圃場では作物が根を伸ばすのに苦労する。すなわち、農家自身が額に汗して穴を掘ること自体が土壌診断であり、作土の化学分析は土壌診断の単なる一部にすぎない。

　土壌診断を行なう時期はいつがよいだろ

写真4-1　「穴掘り」が土壌診断の基本

う。土の健康状態を調べるための土壌診断調査の時期としては、作物の根の状態も見られる収穫直後がよい。

　さあ、それでは土壌診断をはじめよう。用意する道具としては、先の尖ったシャベル、園芸用の移植ゴテ、それに使い古した洗面器のような容器と、土壌を入れるビニール袋などがあればよい。まず、圃場の中央にシャベルで穴を掘る。大きさは50cm×80cm、深さ40〜50cmくらいで、下層土の様子が観察できる程度の深さでよい。多くの大学などで用いる土壌学のテキスト

には、深さ2m程度の人がすっぽり入れるような試坑を掘ると記載されていることもあるが、土壌の生成や分類を研究するための調査を目的とする場合にはその程度の大きさが必要となる。1枚の農耕地面積にもよるが、そのような大きな穴を掘ってしまえば、埋め戻した後の作物生育に悪影響が出かねない。農家のための土壌診断調査では、できる限り小さめの穴を掘ることを勧めたい。

試坑を掘り終えたら、断面を移植ゴテで垂直に削り、自然の土肌が出るように整える。つぎに、土色の違い、根の伸び方、礫の存在状態などをスケッチするが、もっとも手っ取り早い方法は土壌断面の写真を撮ることである。その際には巻尺などで深さのスケールと圃場名や調査日を記したプレートを入れておこう（写真4-2）。本格的な土壌診断では、この断面からいろいろなことを調べるが、農家の場合には少なくとも、作土の厚さ、土性、作物根の量と分布、下層の硬さ、それに土層内の湿り具合をよく見ておきたい。

写真4-2　土壌調査断面（下層土が緻密化している静岡県のネギ畑）

2 圃場の観察と穴掘りでわかる土壌物理性

よい土とは、物理性・化学性・生物性が整った三位一体の土といわれることが多い。ただし、この三位のなかでは物理性がもっとも大切で、具体的には水はけと水もちのよい土であることが望ましい。とくに、畑やハウスでのもうひとつの重要ポイントは下層土の緻密化のチェックである。

これらのうちで水はけについては、農家自身の観察により判断できる。具体的には、大雨が降り止んだ何日後に畑に入れるかで、水はけがよければ23頁のように24時間後には圃場容水量程度の水分状態（pF1.5前後）になって耕耘できる状態になる。何日も耕耘できないようであれば水はけの改善が必要である。水もちについては晴天日数と作物のしおれ具合で判断できる。また、水はけや水もちに関しては、土性も大きく影響するので、土壌断面調査の際に表1-2のような基準でしっかり判定する。

下層土の緻密化については、穴を掘らないと判断できない。土層の緻密度（硬度）を測定するには、写真4-3のような山中式土壌硬度計を用いるとよい。土壌スコップ（写真4-4）以上に高価であるが、一度使うとやみつきになる。土壌断面に差し込み、硬度が20～25mm以上では作物根の伸張阻害や透水性の悪化を生じる。また、10mm程度以下では、農業機械の走行に影響をおよぼすことがある。硬度計がない場合には、土層面に親指を押しつけて緻密度を判定する。作土層部分には指が簡単に入るが、下層土を親指で強く押しても指の跡がつかな

写真4-3　山中式土壌硬度計

写真4-4　土壌診断スコップ(線虫スコップと土壌取り出し用ヘラ)とそれを使った土壌採取(左)

ずれも特殊な機器を使った測定になる。また、土壌試料の採取についても、土壌化学性のような方法（撹乱試料の採取）ではなく、土層から土壌試料を撹乱せずに採取できる道具を用いるので、通常の土壌診断調査では行なわないことが多い。

3 なめてもわからない土壌化学性

(1) 土壌化学性分析のための土壌試料採取法

1) 水田・畑・ハウスでの土壌試料採取法

　土壌診断調査で試坑をつくって、その土壌断面をよく観察すれば、土壌物理性の善し悪しについては大方判断できる。しかし、土壌化学性や生物性については、土を目で見ても、手で触っても、あるいは土をなめてもわからない。そのために、土壌断面の観察終了後に土壌診断分析用の試料を採取する。その際の注意点は、圃場内の土壌はけっして均一ではないので、試料は1か所からだけではなく、少なくとも5か所から取ることである。5か所のうち真ん中の1か所では深さ40〜50cmの穴を掘るが、ほかの4か所は大きな穴を掘らずに移植ごてを使って作土層の土壌を採取する（図4-2）。採取する深さは、真ん中の調査断面の観察から決めるが、作土の深さがわからない場合には15cmの深さから採土する。土壌断面の周囲4か所では、図4-3右のようにスコップか移植ごてで深さ20cm程度の穴を掘って垂直な土壌断面をつくり、その断面に平行に移植ごてを垂直に差し込み所定

いようであれば密と判定し、硬度計の20〜25mm以上に該当する。

　その対策としては、トラクターの走行回数をできる限り減らすことが大切だが、すでにできてしまっている緻密な土層を改良する必要がある。深さ40cm程度の深耕ロータリーによる**深耕**は緻密層の解消には有効であるが、作土層中の養分が希釈されることになるので、たとえば交換性塩基量が減少して土壌pHが低下する可能性がある。ただし、交換性塩基や可給態リン酸が過剰な畑やハウスでは、養分過剰対策になる。一方、作土層の養分状態をそのままにして下層の緻密化を緩和するには、サブソイラーを使う。とくに、土壌物理性の悪化が一因で発生するアブラナ科野菜の**根こぶ病**対策などには大変有効である。

　土壌診断調査で土壌物理性をpHや電気伝導率などのように数値として表示するには、三相分布・透水係数・保水性（pF水分曲線）などの測定法がある。しかし、い

の深さの土壌を取る。穴を掘るのが面倒だからと図4-3左のように土壌表面からV字型に土壌を取ってしまうと正確な診断ができない。とくにハウス土壌では土壌表面に塩類が集積しやすいので、V字型に取ると電気伝導率や硝酸態窒素が高まってしまうおそれがある。

　5か所からは同量の土壌を採取して、バケツなどの容器中でよく混合してひとつの分析用試料とする。分析に必要な土壌試料の量は300g程度である。

　以上のように穴を掘って、その土壌断面から分析用試料を採取することが正式な土壌診断であるが、農家のなかには面倒がってなかなかそれらの方法を守れないことが多い。また、作物栽培の途中で追肥の要否

を判断したり、作物に何らかの障害が出たりした場合などにも土壌診断が不可欠であるが、栽培途中で大きな穴を掘るようなことはできない。

　そこで、そのような場合には写真4-4の**「土壌診断スコップ」**を使うとよい。土壌表面から所定の深さまで垂直に差し込み、ハンドルを1回転させると穴を掘らなくても簡単に土壌試料を取ることができる。ほかの4か所でも同様な操作を繰り返し、5か所から同じ深さで同量の土壌を取るとちょうど300g程度となる。

　この「土壌診断スコップ」は市販されていて誰でも入手できるが、家庭園芸用の移植ごてなどに比べると驚くほど高額である。しかし、これもトラクターやコンバインと同様、農作業に不可欠な道具と考えればよかろう。これを使うと簡単に土壌試料が採取できるので、正直なところ穴掘りがおっくうになってしまう。たまには手抜きも必要だが、「穴掘り」が土壌診断の基本であることだけは忘れてはいけない。

　なお、以上のような圃場内5か所からの土壌試料採取法が一般的であるが、土壌診断分析の目的に応じて変えることも必要である。たとえば、圃場内の一部に生育不良な部分があった、その原因を調べたいというような場合には、その生育不良部分に試坑を掘る、あるいは土壌診断スコップを用いて土壌試料を採取する。この際注意すること

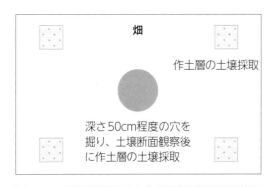

図4-2　土壌診断調査での土壌分析試料採取位置

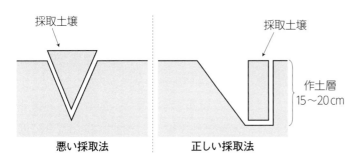

図4-3　周囲4か所からの土壌試料の取り方

は、かならず生育健全部分からも同様に土壌を採取することである。

2) 樹園地での土壌試料採取法

普通作物や野菜とは異なり、永年作物を栽培する樹園地では土壌試料の採取法が異なる。

果樹園では、調査対象園内で平均的に生育している果樹3〜5本を選び、樹冠先端から30cm程度内側に試坑を掘り、表層20cm程度までとその下層20〜40cmまでの土壌を採取する（図4-4）。果樹園では、肥料や土壌改良資材を表面施用することが多いので、リン酸など土層を移動しにくい養分が土壌表面に蓄積しやすい。また、果樹では20〜50cmに根が分布することが多いので、表層だけの試料採取ではなく、その下層の採取・分析が大切である。

茶園では、株間が狭く試坑を掘りにくいので、土壌診断スコップ（写真4-4）あるいは写真4-5のようなソイルオーガーによる土壌試料採取を行なうことが簡便である。ただし、茶園の土壌表面には台切り時に切り落とした大量の葉や茎が堆積しているので、それらを取り除いた下の土壌を採取する。茶園株間の土壌は施肥の影響で表層と下層の養分状態が著しく異なるので、果樹園のように2層に分けて採取することが望ましい。また、株間と株下でも大きく異なるので、株下土壌も採取するとよい。

3) 牧草地・採草地での土壌採取

牧草地や採草地では、造成あるいは更新後には長年にわたって利用することが多く、表層への施肥が繰り返される。そのた

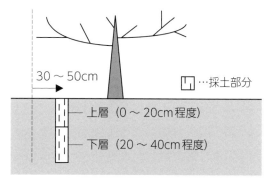

30〜50cm　　　　　　　□…採土部分
上層（0〜20cm程度）
下層（20〜40cm程度）

図4-4　果樹園土壌の分析用試料採取位置

写真4-5　ソイルオーガー

め、表層数cmの土壌とその下層では養分状態が異なることが多い。そこで、土壌試料の採取においては、表層の1〜2cm（極表層）とその下の表層を採取することが望ましい。

(2) 土壌化学性分析のための前処理

従来、**土壌診断**といえば、pHや塩類濃度、土壌養分の不足や過剰を判定するための土壌化学性分析が主体であったが、今後は土壌診断の一部にすぎないと考えるべきである。

土壌化学性分析とは、土壌のpH、陽イオン交換容量の測定と植物に供給可能な窒素・リン酸・カリをはじめとする必須要素量を測定する化学分析である。ここで、注意したいことは、土壌中に含まれる各要素の全量ではなく、その一部にすぎないことだ。たとえば、カリはどの土壌にも1%程度含まれているが、その多くが一次鉱物（砂）や二次鉱物（粘土鉱物）の構成成分である

ため、それらは植物に吸収できない。そこで、土壌化学性を分析するには、一定量の土壌試料を採取し、それにさまざまな抽出溶液を加えて（写真4-6）振とう器で一定時間振とうし、土壌養分を抽出液中に溶出させる（写真4-7）。その土壌懸濁液を写真4-8のようにろ過し、得られたろ液中の各養分を分析する方法が基本となる。おもな土壌化学性分析項目の抽出条件と測定法の事例を表4-1に示す。

　土壌化学性分析のための土壌試料採取法には容量法と重量法がある。容量法とは、一定体積の土壌を計量スプーンのような器具で採取する方法である。土壌診断調査を

行なった現場で採取した生土を使って、リアルタイム分析を行なう場合にはこの容量法が用いられることが多い。一方重量法とは、通常の土壌診断室で行なう方法で一定重量の土壌を天秤で量り採る。この場合には、現場で採取した土壌をそのまま用いるのではなく、土壌化学性分析のための前処理を行なう。具体的には、写真4-9のように採取した生土を紙やトレーなどに薄く拡げて風通しのよい日陰で乾燥させる（風乾処理）、その後乾燥した土塊を写真4-10のような道具で粉砕する。土壌診断室では粉砕に乳鉢と木製の乳棒（すりこぎが最適）を用いるが、それらの代わりにすり鉢やバケ

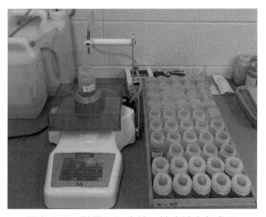

写真4-6　計量した土壌に抽出液を加える

写真4-8　土壌懸濁液をろ過する

写真4-7　振とうして土壌養分を抽出する

写真4-9　採取した土壌試料の風乾

表4-1　おもな土壌化学性分析項目と抽出条件・測定法の事例

分析項目	抽出液	土壌：抽出液	抽出条件	測定法
pH	純水	1：5	1時間振とう	pHメーター（ガラス電極法）
電気伝導率				電気伝導率計
交換性カルシウム	pH7、1M/L 酢酸アンモニウム	1：50	15分振とう ×3回	原子吸光分析法 ICP発光分析法
交換性マグネシウム				
交換性カリウム				
陽イオン交換容量	pH7,1M/L 酢酸アンモニウム 10%塩化カリウム			比色（NH_4^+の測定）
アンモニア態窒素	1M/L 塩化カリウム	1：10	30分振とう	比色法
硝酸態窒素				
可給態リン酸	0.001M/L 硫酸	1：200	30分振とう	比色法
可給態ホウ素	0.01M/L 塩化カルシウム	1：2	5分煮沸	比色・ICP発光分析法
可給態鉄・マンガン 亜鉛・銅	0.1M/L 塩酸	1：5	1時間振とう	原子吸光分析法 ICP発光分析法

ツのなかですりこぎで軽くたたいて粉砕する。その際に土塊だけでなく礫まで破砕してしまうような「ごますり」をしてはいけない。つぎに、粉砕した土壌を2mm目の篩にかける。篩のうえに残った土塊を再度粉砕して、再度篩にかける。これを繰り返して、すべての土壌を2mm以下の細土とする。篩のうえには礫が残るので、その量や礫の形状（円礫・角礫など）などを記録しておくとよい。このよう前処理で調整した土壌試料を風乾細土（写真4-11右）という。

　なぜ、このような面倒な前処理を行なうのだろうか。実は、土壌の均一化がその目的である。土壌診断調査では、圃場内の不均一性を避けるため少なくとも5か所から土壌試料を採取・混合して土壌化学性分析用とするが、そのなかでのバラツキもある。また、分析時に採取する土壌試料が数g程度のことも多い。そこで、採取した生土を風乾・篩別して均一な試料としたうえで、土壌化学性分析に供するわけである。

　農家のなかには、土壌診断室などの分析

写真4-10　風乾した土壌試料を調整する道具

写真4-11　土塊（左）を粉砕・篩別した風乾細土（右）

機関に依頼すると結果が出るまでに時間がかかると文句をいう人も多いが、適切な結果を出すためにこのような前処理が行なわれていることを理解すべきである。あらかじめ前処理済みの土壌の提供をもとめる土壌診断室もあるが、面倒とは思わずに前処理も土壌診断調査の一環と考えよう。

なお、土壌化学性分析の項目によっては風乾処理を行なわず採取後迅速に分析すべき場合もある。交換性マンガンや水田土壌中の2価鉄イオンなど、酸化還元状態により土壌からの溶出性が異なる成分である。

(3) 土壌診断室での分析と
リアルタイム分析の使い分け

土壌化学性分析を専門の分析機関に依頼すると、結果が出るまでに日数を要する、費用が高いなどの理由で簡易土壌診断キットを購入して自分で分析しようとする熱心な農家も多い。けっして悪いことではないが、人の健康に置き換えて考えてみよう。たとえば、高血圧症の人が、家庭用血圧計だけに頼っていてよいだろうか。病院で精密検査を受けることが先決であろう。土壌化学性分析もそれと同じで、専門機関での分析と自分で行なうリアルタイム分析と併用することではじめて土の健康が維持できる。

土の化学性を把握するための土壌診断分析にはさまざまな項目がある。硝酸態窒素やpH、電気伝導率などのように、土のなかで増減が著しい項目については、迅速に結果を知る必要がある。作物栽培途中で窒素の追肥の有無を判断したい場合、土壌診断室に分析を依頼していたのでは間に合わない。そこで、次のようなリアルタイム分析を行なう。写真4-4（97頁）のように土壌診断スコップで土を採取して、写真4-12のように「みどりくんN」でpH（H$_2$O）と硝酸態窒素を測定する。一方、リン酸は土のなかでほとんど移動しない、また窒素やカリに比べて作物への吸収量も少ないので、可給態（有効態）リン酸の数値は1年や2年で大きく変化することはない。交換性カリはリン酸より変化が大きいが硝酸態窒素ほどではない。交換性石灰や苦土の経時変化はカリより少ない。すなわち、pHと硝酸態窒素、電気伝導率以外の項目は、年に1回程度の分析でもよいということだ。もちろん、分析回数を重ねることに無駄はない。リアルタイム分析は、迅速に結果を得ることができるが、あくまで簡易分析である。一方、最近の土壌診断室では、ICP発光分光分析装置（写真4-13）や自動化学分析装置（写真4-14）など本格的分析機器の導入がすすんでいて、リアルタイム分析では困難な微量要素の分析まで対応できるようになっている。緊急分析を要する項目を農家みずからがリアルタイム分析を行ない、そ

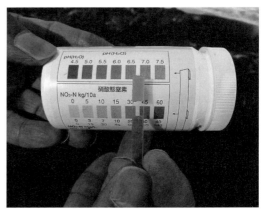

写真4-12　「みどりくんN」によるリアルタイム土壌診断分析

郵便はがき

１０７８６６６８

おそれいります
が切手をはって
お出し下さい

（受取人）

東京都港区
赤坂郵便局
私書箱第十五号

農 文 協
http://www.ruralnet.or.jp/
読者カード係　行

◎ このカードは当会の今後の刊行計画及び、新刊等の案内に役だたせて
いただきたいと思います。　　　　　　はじめての方は○印を（　　）

ご住所	（〒　　－　　　）
	TEL：
	FAX：
お名前	男・女　　　歳
E-mail：	
ご職業	公務員・会社員・自営業・自由業・主婦・農漁業・教職員(大学・短大・高校・中学・小学・他) 研究生・学生・団体職員・その他（　　　　　）
お勤め先・学校名	日頃ご覧の新聞・雑誌名

※この葉書にお書きいただいた個人情報は、新刊案内や見本誌送付、ご注文品の配送、確認等の連絡
のために使用し、その目的以外での利用はいたしません。

● ご感想をインターネット等で紹介させていただく場合がございます。ご了承下さい。
● 送料無料・農文協以外の書籍も注文できる会員制通販書店「田舎の本屋さん」入会募集中！
案内進呈します。　希望□

┌■毎月抽選で10名様に見本誌を１冊進呈■ (ご希望の雑誌名ひとつに○を)─

①現代農業　　　②季刊 地 域　　　③うかたま

お客様コード　[　　　　　　　　　　]

17.12

お買上げの本

■ ご購入いただいた書店（　　　　　　　　　　　　　　　　　書 店)

● 本書についてご感想など

- -

● 今後の出版物についてのご希望など

この本を お求めの 動機	広告を見て (紙・誌名)	書店で見て	書評を見て (紙・誌名)	インターネット を見て	知人・先生 のすすめで	図書館で 見て

◇ 新規注文書 ◇　　郵送ご希望の場合、送料をご負担いただきます。

購入希望の図書がありましたら、下記へご記入下さい。お支払いはCVS・郵便振替でお願いします。

(書名)	(定価) ¥	(部数)	部

(書名)	(定価) ¥	(部数)	部

の他の項目については土壌診断室に依頼する。たとえ分析に日数を要したとしても、施肥設計を立てるのに大きな支障とはならないはずだ。

　土壌診断室に分析を依頼すると、有料だからとリアルタイム分析だけで済ます農家もよく見かける。土壌診断室のなかには無料で分析を引き受けるところもあるようだが、土壌の化学分析には人件費の他に、試薬代や分析機器のメンテナンス、分析終了後の廃液処理にまで経費を要する。昔から「ただほど高いものない」ともいわれる、また農家にとって土壌診断分析結果は貴重な情報のひとつであるので、依頼者はそれな

写真4-13　ICP発光分光分析装置

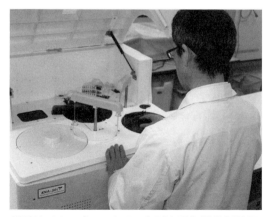

写真4-14　ディスクリート型自動化学分析装置

りに必要な経費を負担すべきである。国内の土壌診断室では頼りにならないと、高額な費用を支払って海外の分析機関で分析をする人もいるが、国内外では分析方法や結果の基準が違うのでお勧めできない。

（4）土壌化学性分析結果の見方と考え方

　土壌診断で採取した土壌の化学分析結果が手元に戻ってきた。さっそく、中身を見てみよう。パソコンソフトで書かれた土壌診断書には、分析項目とその分析値、それらの値を評価するレーダーチャートや項目ごとの適正域（下限値・上限値）が表示してある。さらには、分析値に対するコメントが添えられていることが多い（表4-2）。そして、土壌診断書にはかならずといってよいほど、肥料や土づくり資材の処方箋が載せられている。しかし、せっかく土壌診断分析を行なっても、分析結果の見方がわからないという人が多い。また、そのような人のなかには、処方箋どおりに資材や肥料を発注すればよいという人もいる。とんでもない間違いである。

　人の処方箋は医師しか書けないが、土の処方箋は農家でも、誰にでも書ける。いや、自分で書くべきだ。処方箋のとおりに発注してしまえば、必要のないものまで買わされてしまうこともある。生産経費削減の観点からも、土壌化学性分析結果を自分で評価し、それに基づいた土壌改良・施肥設計を自分で立てるべきだ。

　分析結果の見方だが、けっして難しいことではない。測定値を適正域の値と比較すればよい。その適正域の大元は**地力増進法**

表4-2　土壌診断分析表の事例（全国土の会「webみどりくん」）

東京農大式土壌診断システム　土壌診断表

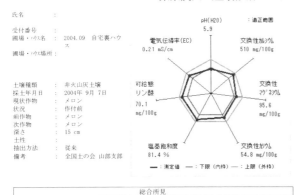

氏名　　　　：

受付番号　　：
圃場・ハウス名：2004.09　自宅裏ハウス

圃場・ハウス場所：

土壌種類　　：非火山灰土壌
採土年月日　：2004年　9月 7日
現状作物　　：メロン
状況　　　　：作付前
前作物　　　：メロン
次作物　　　：メロン
深さ　　　　：15 cm
土性　　　　：
抽出方法　　：従来
備考　　　　：全国土の会 山部支部

pH(H2O) 5.9 ：適正範囲

電気伝導率(EC) 0.21 mS/cm
交換性カルシウム 510 mg/100g
交換性マグネシウム 95.6 mg/100g
交換性カリウム 54.8 mg/100g
塩基飽和度 81.4 %
可給態リン酸 70.1 mg/100g

― 測定値　--- 下限（内枠）　…… 上限（外枠）

土壌理化学性	単位	測定値			下限	上限
密度（下層）	mm					22
腐植	%				3	
全窒素	%					
C/N比						
pH(H2O)		5.9	不足		6	6.5
pH(KCl)		5.2	不足		5.5	6
電気伝導率(EC)	mS/cm	0.21	適正		0.1	0.3
交換性カルシウム	mg/100g	510	適正		382	566
交換性マグネシウム	mg/100g	95.6	適正		84.3	136
交換性カリウム	mg/100g	54.8	適正		19.7	127
交換性ナトリウム	mg/100g	7.60				
Ca/Mg比	当量比	3.84	過剰		2.6	3.75
Mg/K比	当量比	4.07	適正		2	12.5
Ca/K比	当量比	15.6	適正		6.5	37.5
CEC	meq/100g	29.9				
塩基飽和度	%	81.4	適正		70	90
可給態リン酸	mg/100g	70.1	適正		10	100
水溶性リン酸	mg/100g	16.1	過剰			10
リン酸吸収係数	mg/100g	839				
アンモニア態窒素	mg/100g	0.94				
硝酸態窒素	mg/100g	3.59				

微量要素	単位	測定値			下限	上限
可給態-ホウ素	mg/kg	0.74	適正		0.5	2
可給態-鉄	mg/kg	96.8			4.5	
可給態-マンガン	mg/kg	5.30			1	
可給態-亜鉛	mg/kg	4.31			1	
可給態-銅	mg/kg	4.38			0.2	

総合所見

・pHはほぼ適正です。
・交換性マグネシウムに対してカルシウムが多すぎます。
・塩基バランスがやや崩れています。
・塩基飽和度は適正です。この状態を維持して下さい。
・電気伝導率（EC）は適正です。
・可給態リン酸は過剰気味です。熔リンなどのリン酸資材は一切施用せず、施肥リン酸もできる限り削減して下さい。
・作土中には約 80 kg/10aの過リン酸石灰に相当する水溶性リン酸が蓄積しています。
・微量要素は十分富化されていますので、微量要素肥料は不要です。
・土壌の化学性はほぼ良好です。

東京農大式土壌診断システム　webみどりくん®

全国土の会ホームページ
http://www.nodai.ac.jp/app/soil

東京農業大学　土壌学研究室

〒156-8502　東京都世田谷区桜丘 1-1-1
TEL 03-5477-2310　FAX 03-3426-1771

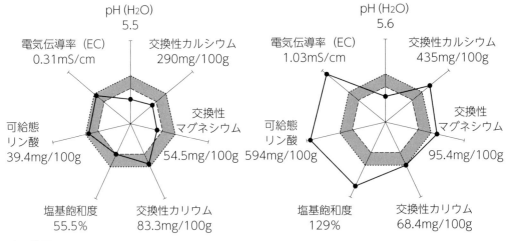

■ 適正範囲
― 測定値
--- 下限（内枠）
…… 上限（外枠）

塩基の溶脱による酸性土壌
（鳥取県のスイカ畑の土壌診断図）

硝酸の蓄積による酸性土壌
（静岡県のセルリーハウスの土壌診断図）

図4-5　原因の異なる2種類の酸性土壌

で定められた水田・畑・樹園地ごとの土壌改善目標値である（262頁）。長年にわたって国策として実施されてきた地力保全調査や土壌環境基礎調査などの知見を基に作成された基準であるので、それなりの科学的根拠がある。ただし、全国一律の基準であるので、それを基本として、都道府県ごとに**土壌診断基準値**が設けられている。それらの基準に測定結果を照らし合わせ、少なければ施し、多ければ施さなくてもよい。ただ、それだけのことだ。しかし、「少なければ施す」は誰でもすぐに実行できるが、「多ければ施さない」はなかなか難しい。

それでは、土壌化学性分析項目ごとに、見方と考え方を解説しよう。

1) pH

土壌の酸性の度合いを示す値である。pHのことを酸度と表示する園芸書などをよく見かけるが、「pH」と「酸度」は別物だ。pHの測定機器としてはpHメーターが一般的で、リアルタイム分析ではpH試験紙も使われる。具体的には、一定量の土壌に水または1M/L塩化カリウム溶液を加えて、振とう後に懸濁状態で写真4-15のようにpHを測定する。前者をpH（H_2O）、後者をpH（KCl）と表示する。pH（H_2O）は土壌中の水溶性水素イオンを検出するのに対して、pH（KCl）では土壌コロイドに吸着されている交換性アルミニウムイオンが**カリウムイオン**により交換され、その後加水分解により水素イオンを生成するので、pH（H_2O）より0.5〜1低い。両pHの差を△pHというが、ハウス土壌のように電気伝導率（EC）が高まるとこの値が小さくなる。なお、pH（KCl）

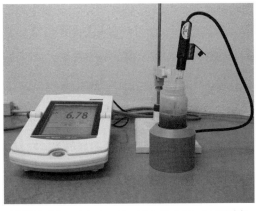

写真4-15　pHメーターによる土壌pHの測定

測定は多くの土壌診断室で省略されることが多いが、ジャガイモの産地では、そうか病対策として重要な項目である（pH（KCl）4.0以下では、発病しにくい）。

一般の作物ではpH（H_2O）は6.0〜6.5が最適で、これより低い場合にはどう対処したらよいだろうか。「pHが低ければ石灰資材」、これも誤った土づくり迷信のひとつだ。**石灰資材**を施用するかどうかの判断はECと塩基飽和度により決定する。

結論をいえば、ECが0.5mS/cm程度以上、あるいは塩基飽和度が70％程度以上であれば、たとえpHが低くても石灰を施用してはいけない。その理由は、土壌の酸性が交換性塩基の欠乏ではなく、**硝酸態窒素の集積**に原因しているからである。そのような事例はハウスやマルチを張った露地の野菜や花きの畑に多い。このようなハウスや畑に石灰資材を施用すれば、pHは上昇するが、ECと塩基飽和度がさらに高まり、土壌環境が悪化する。硝酸態窒素の集積原因は肥料や有機物の過剰施用であるので、根本的な施肥改善がもっとも有効な対策となる。原因の異なる2種類の酸性土壌の事例を図

4-5に示す。鳥取県のスイカ畑は塩基の溶脱、静岡県のセルリーハウスは硝酸態窒素の集積に起因する酸性土壌である。

　土壌診断結果で、pHが高く、たとえばpH（H₂O）が7以上に達したような場合にはどうしたらよいだろうか。たとえpHが高くても「野菜をつくるには石灰が不可欠」と、石灰資材をまく人や、苦土石灰はpHを高めるからといって、酸性矯正力が弱いカキ殻や貝化石粉末をまく人もいるが、いずれも正しい対策ではない。pHが高ければ、一切の石灰資材を施用しないことが、もっとも安上がりで最善の策である。土壌のpHを下げる資材も市販されているが、そのようなものに頼らなくてもよいような土づくりを行ないたい。

2）電気伝導率（EC）

　電気伝導率とは電気抵抗の逆数で、土壌に5倍量の水を加えて振とうした後の懸濁液にセンサーを差し込んで写真4-16のように電気伝導率を測定する。その値から土壌中の水溶性塩類の多少を把握するための分析である。なお、電気伝導率測定後の懸濁液をpH（H₂O）測定に用いる。

　ハウスで野菜や花をつくっている農家には土の塩類濃度を気にして、牛ふんや生ごみからつくった堆肥などをハウスに入れないようにしていることが多い。塩類の主成分を食塩、すなわち塩化ナトリウムと思い込んでいるためである。中近東や中国などの乾燥地域に分布する塩類土壌では、塩類の主成分は塩化ナトリウムである。しかし、日本のハウス土壌中にもっとも多く含まれる塩類は**硝酸カルシウム**という肥料成

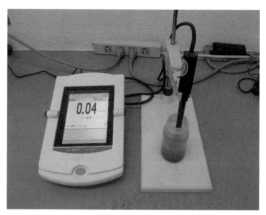

写真4-16　ECメーターによる土壌ECの測定

分そのもので、その由来は肥料や有機物であり、そのほか化学肥料の副成分である硫酸や塩素イオンも土壌中の塩類の一部となる。

　土壌中での有機物の分解や硝酸化成作用により生成した硝酸カルシウムは水によく溶けるため、露地であれば雨水により下層に移動するが、雨の降らないハウスでは徐々に集積する。その濃度が適当であれば作物は正常に生育し、ほかの養分や水分もスムーズに供給されるが、塩類濃度が高まるとちょうど「青菜に塩」のように根の活力が低下してしまう。この現象が図4-6のような塩類濃度障害である。そこで、とくにハウスでは土壌中の塩類濃度を把握するための診断項目として電気伝導率（EC）が重要となる。

　ECとは土壌中の窒素肥料残存量を知るためのバロメーターでもあり、施肥直後を除いて0.2～0.5mS/cm程度であることが望ましい。1mS/cm以上では濃度障害を受ける可能性がある。ただし、障害を受ける濃度は作物の種類により著しく異なり、イチゴやミツバでは耐塩性が弱く、逆にホウレンソ

ウやキャベツでは強い。露地畑で野菜を続けて栽培する場合に収穫後の土壌のECを測定すると、次作の窒素基肥量を決定する目安をつけることができる。ECが0.5mS/cm程度以下であれば標準量、0.5〜1.0mS/cmであれば標準量の半分、1mS/cm以上であれば基肥を施用せず、追肥主体とする。なお、ハウスではできる限りECの上昇をおさえたい。一般に、化学肥料は塩類濃度を高めやすいと思われているが、硝酸カリウム、硝酸アンモニウムのように塩素や硫酸イオンを含まないような施肥設計を立てればECの上昇を防止できる。逆に、有機質肥料でもたくさん施用すれば化学肥料以上に塩類濃度が高まる。無駄な肥やしや有機物を入れないことが塩類濃度を高めない最良かつ唯一の方法である。

　なおハウス土壌では、ECが高いにもかかわらず硝酸態窒素が少ないケースが見られるが、その原因は硫酸イオンの蓄積であることが多い。

3）陽イオン交換容量（CEC）

　土の胃袋に相当する**陽イオン交換容量（CEC）**も重要な土壌診断項目のひとつである。その分析法は3つのステップからなる。まず、土壌をpH7, 1M/L酢酸アンモニウム溶液で処理して、土壌コロイドから**交換性陽イオンをアンモニウムイオン**で交換する。この際、放出された交換性陽イオン量を測定して交換性カルシウム（石灰）・マグネシウム（苦土）・カリウム（カリ）と

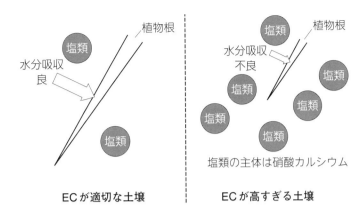

図4-6　土壌の塩類濃度と植物の生育

する。つぎに、土壌を80％アルコールで洗浄し、水溶性アンモニウムイオンを追い出す。最後に、10％塩化カリウム溶液を処理して、土壌コロイドに吸着されているアンモニウムイオンをカリウムで追い出し、放出されたアンモニウムイオン量を測定して、CECを算出する。

　CEC発現要因となる**pH依存性陰電荷**が多くを占める日本の土壌では、pHが低下するほど陰電荷が減少してCECも低下する。そのため、CECの分析ではpH7に調整した酢酸アンモニウム溶液を用いる。すなわち、土壌診断分析で測定されるCECとはその土壌がpH7での値である。したがって、酸性土壌であればCECは測定値より小さい。そのような酸性土壌に石灰資材を施用して酸性を改良すれば、CECが高まり**保肥力**を改善することにもつながる。

　CECは砂質土で5meq/100g程度、粘土や腐植を多く含む土で40meq/100g程度と大きく異なる。少なくとも10〜15meq/100g程度以上であることが望ましい。土壌のCECを高めるための土壌改良資材として、**ゼオライト**や**腐植酸資材**が知られている。

それらの特性や使い方については、126頁で述べる。

CECの測定はほかの項目に比べて手間と時間が必要なため、省略する土壌診断室も多いが、CECを測定しないと、土壌診断分析の価値が半減してしまう。CECは土壌の胃袋の大きさを知るだけでなく、塩基飽和度算出式の分母となる値として重要である。これがなければ、腹のふくれ具合を知ることができない。ただし、pH（H₂O）やEC、硝酸態窒素などのように日々刻々と変化する分析項目ではなく、大がかりな客土やゼオライトの多量施用などを行なわない限り大きく変わるものではない。そこで、地元の土壌診断室でCEC分析ができない場合には、ほかの分析機関に依頼して、CECを測定する。それ以後は、その値と地元で測定した交換性石灰・苦土・カリ量から、塩基飽和度を算出すればよい。

4）塩基飽和度と塩基バランス

交換性石灰・苦土・カリの適量は土の胃袋であるCECの大きさにより変化するので、絶対量ではなく、**塩基飽和度**と**塩基バランス**から評価する。人の健康には「腹八分目」といわれるように、土の塩基飽和度は80％前後が最適で、その内訳は石灰飽和度50〜60％、苦土飽和度10〜20％、カリ飽和度5〜10％程度となればよい。なお、塩基バランスは各塩基の質量比ではなく、イオンの電荷数の比で、演習2（109頁）のように算出する。塩基バランスのうち、とくに注意したいのが交換性苦土とカリの比率（苦土・カリ比、Mg/K）で、2〜6が適当である。

家畜ふんを原料とする堆肥を多量に施用している畑やハウスでは、交換性カリが過剰となり、Mg/Kが低下しやすい。そのような場合には、まず堆肥の施用量を減らすとともに基肥・追肥中のカリも削減する。Mg/Kの低下原因が交換性マグネシウムの欠乏である場合には、**硫酸マグネシウム（硫マグ）**か**水酸化マグネシウム（水マグ）**を施用する。土壌のpHが高い場合には、硫マグ、低い場合には水マグが適当である。

なお、塩基飽和度と塩基バランスの数値はあくまで目安で、柔軟に取り扱う。たとえば、砂丘地のようにCECが小さな土壌の場合に塩基飽和度80％にこだわると、塩基量の絶対量が少なくなってしまうので、塩基飽和度は100〜120％でよい。

5）無機態窒素（アンモニア態窒素・硝酸態窒素）・可給態窒素

土壌中で作物にもっとも吸収されやすい窒素が無機態窒素で、**アンモニア態窒素**と**硝酸態窒素**に大別される。畑やハウスではアンモニア態窒素は土壌中の硝酸化成細菌によりすみやかに硝酸態窒素に変化するので、施肥直後を除いてほとんど検出されない。そのため、通常の土壌診断室では硝酸態窒素のみ測定することが多い。硝酸態窒素の最適量は作物により異なるが、一般には露地作では5mg/100g前後、ハウス作では5〜10mg/100gである。硝酸態窒素量とECとは密接な関係にあり、硝酸態窒素が増えればECが高まる。水田ではアンモニア態窒素が主体であるが、その量は数mg/100gと少ない。

地力増進法による水田と普通畑土壌の改

演習2　土壌診断分析値から塩基飽和度と塩基バランスを算出する

　ある**土壌の陽イオン交換容量（CEC）**と**交換性塩基**の土壌診断分析結果は、つぎのとおりであった。

陽イオン交換容量（CEC）	＝30meq/100g		
交換性石灰	420mg/100g	（CaO	1meq/100g＝28mg/100g）
交換性苦土	120mg/100g	（MgO	1meq/100g＝20mg/100g）
交換性カリ	141mg/100g	（K₂O	1meq/100g＝47mg/100g）

⑴ 上記の土壌診断分析結果から塩基バランス（石灰・苦土比）を算出しなさい。
　 $Ca/Mg ＝（420/28）/（120/20）＝2.5$

⑵ 上記の土壌診断分析結果から塩基バランス（石灰・カリ比）を算出しなさい。
　 $Ca/K ＝（420/28）/（141/47）＝5.0$

⑶ 上記の土壌診断分析結果から塩基バランス（苦土・カリ比）を算出しなさい。
　 $Mg/K ＝（120/20）/（141/47）＝2.0$

⑷ 上記の土壌診断分析結果から石灰飽和度を算出しなさい。
　 石灰飽和度＝$（420/28）/30×100＝50\%$

⑸ 上記の土壌診断分析結果から苦土飽和度を算出しなさい。
　 苦土飽和度＝$（120/20）/30×100＝20\%$

⑹ 上記の土壌診断分析結果からカリ飽和度を算出しなさい。
　 カリ飽和度＝$（141/47）/30×100＝10\%$

⑺ 上記の土壌診断分析結果から塩基飽和度を算出しなさい。
　 塩基飽和度＝石灰飽和度＋苦土飽和度＋カリ飽和度
　　　　　　＝　　50　　＋　　20　　＋　　10　　＝80%

善目標では、無機態窒素ではなく可給態窒素が設定されている。**可給態窒素**とは、窒素肥料を施用しなくても土壌中の有機態窒素の分解により放出される無機態窒素のことで、地力窒素ともいう。有機質肥料や堆肥などの有機物を施用する年数が長くなるほど蓄積する傾向にあり、逆に化学肥料のみで栽培を続けると減少する。畑土壌では最大容水量の50%程度の水分状態、水田土壌では湛水状態で30℃、4週間保温静置する間に生成する無機態窒素量を測り可給態窒素とするが、短時間に測定できる熱水抽出法やpH7のリン酸緩衝液法などの簡易法がある。しかし、生産現場の土壌診断室でこれらの可給態窒素を測定している事例は少ない。

地力増進法による可給態窒素の改善目標値は、普通畑では5mg/100g以上、水田では8〜20mg/100gとなっている。無機態や可給態窒素量がわかれば、その分の窒素施肥量を削減することができる。ただし、降雨やかん水による溶脱が生じるので、柔軟に考えるべきだ。

水田で上限が設定されている理由は、窒素過剰により水稲の倒伏や食味の低下が起こるためである。

6）リン酸吸収係数と可給態リン酸

リン酸は三要素のなかでもっとも水に溶けにくい。そのため、リン酸を施用しても土壌中に存在するリン酸イオンはわずかである。そのリン酸イオンは陰イオンであるため、カルシウムやカリウムイオンなどの陽イオンのように土壌コロイドに吸着や脱着される能力は低い。しかし、同じ陰イオ

ンの硝酸イオンとも性質が違い、土壌に施用されるとその多くが、作物のための肥やしとしてではなく、「土の肥やし」になってしまう。その理由はリン酸イオンが土壌中のアルミニウムや鉄と化学的に反応して水にまったく溶けない化合物に変化してしまうためで、この現象を**「リン酸の固定」**とよんでいる。

このリン酸固定力を調べるための土壌診断項目が**リン酸吸収係数**で、土壌に一定濃度のリン酸溶液を加えて、24時間反応させた後、ろ液中に残存するリン酸を測定して、土壌に固定されたリン酸量を算出する。**黒ボク土**や東海や山陽地域の台地上に分布する酸性の強い**赤黄色土**もこの値が大きい。リン酸吸収係数が大きいほどリン酸が効きにくいわけで、1,500mg/100g程度をその境界と考えればよい。なお、未耕地土壌の場合にはこのリン酸吸収係数が黒ボク土であるか否かの判定にも利用され、1,500mg/100g以上では黒ボク土である可能性が大きい。

一方、土壌中のリン酸のうち、植物に吸収利用されるものはおもにカルシウムと結合しているリン酸で、これらを可給態（有効態）リン酸とよぶ。土壌にpH3の希薄硫酸を加えて、溶出するリン酸量を測定する。作物の根から放出される有機酸を想定した分析法である。リン酸吸収係数と同様に、土壌100gあたりのリン酸量で示される。作物栽培に必要な可給態リン酸量は10mg/100g以上であるが、未耕地の黒ボク土のようにリン酸吸収係数が2,000mg/100g以上にも及ぶ土壌では、可給態リン酸はゼロに等しい。そのような土壌の可給態リン

酸を10mg/100g程度まで引き上げるには多量のリン酸資材が必要で、従来から「黒ボク土にはリン酸の多施用が不可欠」といわれる理由である。

しかし、最近では野菜畑やハウスなどで可給態リン酸の蓄積が目立ち、黒ボク土でさえ100mg/100gに達することも少なくない。可給態リン酸が50mg/100g程度以上に達した畑やハウスでは、大幅なリン酸肥料の削減をすべきで、100mg/100g以上では無リン酸栽培ができる。図4-7は、埼玉県のキュウリハウスにおける土層1mまでのリン酸蓄積量の垂直分布である。土壌は褐色低地上で、深耕ロータリーによる深さ40cmの耕うんを行なっている。土層1m内に蓄積するリン酸全量は14.1t/10aに達する。そのうちの可給態リン酸量は3.2t/10a、水溶性リン酸量は300kg/10aと、驚くべきリン酸蓄積の実態である。

リン酸吸収係数分析でひとつ注意すべきことがある。図4-7のようなリン酸過剰土壌のリン酸吸収係数を多くの土壌診断室で行なわれているリン酸アンモニウム法で測定すると、1,500mg/100g程度を上まわる値となることがある。その原因はリン酸過剰のためリン酸を固定する活性アルミナが消失し、カルシウムがリン酸を固定するためである。可給態リン酸が100mg/100g程度以上であれば、リン酸吸収係数の値は無視したほうがよい。本来、リン酸吸収係数は開拓地のようなリン酸欠乏土壌へのリン酸資材施用量を見いだすための分析であるので、通常の土壌診断室では分析自体をしないほうがよい。

肥料業者のなかには、可給態リン酸がどんなに過剰でもリン酸吸収係数が大きいので、リン酸を施用したほうがよいと勧められることもあるが、けっしてだまされてはいけない。

7）可給態ケイ酸（水田のみ）

可給態ケイ酸は水田の土壌診断分析に必要な項目である。その分析法としては、従来からpH4酢酸・酢酸ナトリウム緩衝液による抽出法が用いられ、ケイ酸（SiO_2）として15mg/100g以上が基準とされてきた。しかし、ケイカルなどのケイ酸資材を施用した土壌をこの方法で分析すると、資材中のケイ酸が溶出するため過大評価されることが明らかになり、湛水保温静置法が推奨された。この方法は土壌に水を加えて湛水状態とし、40℃で7日間保温静置（培養）する。そのろ液中のケイ酸を測定する方法であるので、水田に近い環境での測定となるが、分析に1週間を要する。そこで、最近ではpH6.2のリン酸緩衝液抽出法やそれを簡易化したpH7のリン酸緩衝液によりケイ

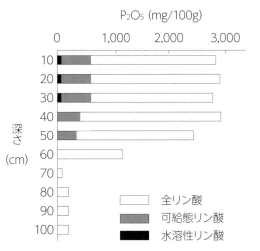

図4-7　埼玉県のキュウリハウスにおける土層
　　　中のリン酸量

酸を抽出する中性PB法が推奨されている。

このように、可給態ケイ酸の分析法には複数の方法があり、測定値も異なるのでつねに同じ方法で分析を行なうことが必要である。

8) 遊離酸化鉄（水田のみ）

湛水田作土の還元層では、水稲根の生育を阻害する**硫化水素**が発生する。しかし、作土中に**遊離酸化鉄**があると硫化水素と反応して無害な硫化鉄となる。還元層内では、この遊離酸化鉄の一部が還元されて水に溶けるFe^{2+}となるため、少しずつ下層に移動する。長年水稲作付けを続けると作土内から遊離酸化鉄が減少し、やがて硫化水素の無害化ができなくなる。この現象が水田の老朽化で、その結果水稲根が根腐れを起こしてモミ収量が著しく低下する（**秋落ち**）。そのため、水田では土壌中の遊離酸化鉄の分析が重要となる。

地力増進法による遊離酸化鉄の改善目標値は0.8%で、それ以下では鉄を多量に含む含鉄資材の補給が必要となる。

遊離酸化鉄含有量の少ない水田は西日本地域に多く、それらの地域で従来から**転炉スラグ（転炉さい）**が施用されている。転炉スラグ中には遊離酸化鉄だけでなく、ケイカル並みに施用効果のあるケイ酸のほかに、1〜2%のリン酸も含まれているので、水田では非常に有効な資材である。なお、転炉スラグは特殊肥料あるいはけい酸鉱さい質肥料、副産石灰質肥料などとして流通している。

9) 微量要素

作物の正常な生育には、窒素、リン、カリウム、カルシウム、マグネシウム、イオウの多量要素のほかに微量要素（鉄、マンガン、亜鉛、銅、ホウ素、モリブデン、塩素、ニッケル）が必須である。従来、現場での土壌診断分析といえば、pHとEC、それに多量要素が中心であったが、最近では微量要素の分析まで行なう分析機関が増えてきた。そのこと自体は大変すばらしいことであるが、土壌診断を受ける農家にとっては注意しなければいけないことがある。

第一の注意点は、多量要素は全国どこの土壌診断室でもほぼ同じ方法で分析されることが多いが、微量要素の分析法についてはホウ素を除いて統一されていないことである。そのため、同じ土壌試料を複数の土壌診断室で分析すると驚くほど違う結果が出ることもある。また、それに伴い各微量要素成分の適正範囲も異なるので、ますます混乱してしまう。

第二に、土壌診断結果に対する対処法である。ある成分が過剰と判定された場合には、その成分を補給しないようにすればよいが、問題は欠乏と判定された場合である。欠乏と判定された微量要素をすぐに補給することは得策ではない。土壌中には十分含まれているにもかかわらず、作物が吸収できない形態に変化している場合が多い。土壌のpHが6.5〜7.0以上では鉄やマンガンの吸収が抑制される。また、鉄や亜鉛はリン酸過剰土壌では吸収されにくい。逆に、土壌が酸性になるとマンガンの溶解性が増して過剰障害を受けやすくなる。農家が気づかないうちに微量要素を土壌に補給

することも多く、たとえば**家畜ふん堆肥**中には銅や亜鉛が含まれている。それゆえ堆肥を適量施用すればそれなりの微量要素補給効果も期待できるが、長年多量の堆肥を施用し続ければそれらの過剰蓄積をまねきかねない。すなわち、微量要素対策としては、土壌診断結果に基づき土壌の養分状態を正常に整えることを最優先したほうがよい。

10）その他の土壌診断分析項目

その他の土壌化学性分析項目として、**腐植**含有量が重要視されることが多い。腐植含有量は土壌の化学性を把握するには大切な項目ではあるが、わざわざ時間と手間をかけて分析する必要はない。なぜかといえば、土の色を見ればおよその腐植含有量がわかるからである（口絵ⅰ頁）。地力増進法の土壌改善目標値において、水田では腐植2％以上、普通畑では岩屑土と砂丘未熟土で2％以上、黒ボク土と多湿黒ボク土を除く土壌で3％以上に設定されているが、腐植含有量が10〜20％にもおよぶことがある黒ボク土と多湿黒ボク土では設定されていない。腐植含有量を分析したために、土壌養分バランスを崩すことも多い。たとえば、腐植含有量が下限値より少なかったので、腐植を増やす目的で大量の家畜糞堆肥を施用した。その結果、後述のように見かけの腐植は増えるかもしれないが、リン酸やカリが過剰化することが懸念される。

（5）土壌化学性分析のバラツキ

2013（平成14）年9月に突如として、経済産業省から土壌診断分析が「計量法に基づく計量証明事業に該当する」との見解が出された。それに、農林水産省が即応して、「計量証明事業として土壌分析を実施する。あるいは、分析値を記載せず、グラフ等で示すよう関係者に周知を図る」とした。これに対して、これまで熱心に土壌診断を励行してきた全国の農家からは強い怒りの声が上がった。その後、関係団体や関係者から活発な反論意見を出した結果、2016（平成28）年6月に、施肥設計のための土壌診断分析であれば、計量法には該当しないとの見解が出され、それ以降の土壌診断表が元に戻った。

そのような経緯があった土壌診断分析の正確さ・精度とはどの程度であろうか。筆者らが中心となり、2013年1月に土壌診断分析研究会を立ち上げた。その目的は、どこの土壌診断室で分析しても同等の値が出るような土壌診断分析を目指すことであった。均一化した風乾細土を各地の土壌診断室（14〜30か所）で分析した分析値の変動係数は表4-3のとおりであった。変動係数とは、分析値のバラツキを示す値で5％程度以下であれば、土壌診断室間での測定値がほぼ同等と見なしてよい。しかし、変動率5％以下を示した項目はpH（H_2O）のみで、交換性塩基は13〜25％、可給態リン酸や硝酸態窒素では28〜53％であった。これらの原因は土壌からの抽出条件や分析装置が同一ではないことによる。

十分に均一化した土壌を用いた手合わせ分析でも、この程度のバラツキを生じるのが現状の土壌診断分析である。さらに、圃場内の土壌養分分布にも大きなバラツキがあることも知られている。したがって、土

表4-3　これまでの土壌診断分析研究会で実施した手合わせ分析結果の変動率(%)

土壌試料	参加機関数	pH (H₂O)	EC mS/cm	交換性塩基(mg/100g) 石灰	苦土	カリ	CEC	飽和度 %	無機態窒素 アンモニア	硝酸	リン酸 mg/100g
TUAS-1	22	2.2	14.9	23.4	14.8	17.4	16.1	19.3	38.2	59.8	21.4
TUAS-2	22	2.3	12.3	23.3	16.1	17.4	15.6	21.7	43.5	57.7	22.4
TUAS-3	22	2.3	15.7	34.7	24.0	18.4	25.3	22.8	99.7	91.7	33.6
TUAS-4	22	2.8	15.9	61.4	43.4	30.6	36.5	51.3	115.0	82.7	46.6
TUAS-5	14	3.6	9.2	15.5	21.2	40.3	13.7	13.6	132.0	13.6	20.8
TUAS-6	14	3.5	18.8	14.4	17.0	24.1	11.8	10.1	89.2	32.8	50.0
TUAS-A	14	3.1	35.1	15.1	12.6	35.4	20.3	21.7	62.0	82.1	65.7
TUAS-B	14	2.0	20.0	16.7	11.8	12.0	14.6	22.5	57.2	27.4	23.4
TUAS-C	14	1.9	23.6	14.0	12.1	12.9	56.4	32.0	86.9	92.5	26.3
TUAS-D	14	1.5	21.3	13.5	9.8	9.5	16.0	11.0	28.7	32.8	18.4
TUAS-7	19	1.8	27.6	17.2	10.5	21.7	14.4	13.0	106.0	52.9	12.3
TUAS-8	19	3.2	25.5	14.7	11.3	36.4	12.1	12.4	105.0	74.9	32.1
TUAS-9	27	1.9	11.8	14.4	13.4	17.6	13.0	15.9	71.9	34.9	19.2
TUAS-10	26	1.7	11.0	18.2	11.3	13.5	13.8	19.6	23.7	20.8	15.7
TUAS-11	30	2.5	10.5	16.2	12.7	25.4	13.0	10.7	55.2	32.2	15.8
全平均(%)		2.4	18.2	20.8	16.1	22.2	19.5	19.8	74.3	52.6	28.3

壌診断分析を行なうにあたっては、圃場での土壌試料採取に注意すること、ある程度のバラツキを考慮して分析結果を評価すること、同一土壌診断室内の分析であれば、表4-3に比べて変動が小さいので、浮気をせずに同じ土壌診断室に分析を依頼することが望ましい。また、表4-3の結果は土壌診断分析が計量法に該当するような計測ではないことを物語っている。

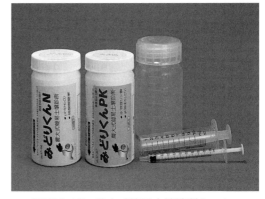

写真4-17　農大式簡易土壌診断キット
「みどりくん」

4 リアルタイム土壌診断法とその特長

(1) 農大式簡易土壌診断キット「みどりくん」

　筆者らが開発したリアルタイム土壌診断キット（写真4-17）で、もっとも迅速、簡易に4項目〈pH（H₂O）、硝酸態窒素、水溶性リン酸、水溶性カリ〉の分析ができる。4項目ともに試験紙方式で、「みどりくんN」にはpH（H₂O）と硝酸態窒素、「みどりくんPK」には水溶性リン酸とカリの試験紙が、透明なプラスチックリボンの先端に貼り付けてある。専用の土壌採取器で作土層から5ccの土壌を採取してポリ容器に入れ、50ccの目盛まで精製水（コンタクトレンズ洗浄用などとして市販されているものを別途用意する）を加える。ふたをして、手で1分間よく振る。この懸濁液に「みどりくんN」を3秒、「みどりくんPK」を10秒浸したあと、

試験紙を横にして硝酸態窒素は30秒、その他は1分間反応させる。この間に養分量に応じて試験紙の色が変化するので、試験紙の容器に貼り付けられているカラーチャートの色と比べることで土壌中の養分量が直読できる。なお、試験紙の表面には土が付着しているので、かならず試験紙が貼り付けられている面を下にし、透明プラスチックを通して試験紙の色を比べる。こうすることで土壌懸濁液をろ過する必要がない。これが「みどりくん」の数あるセールスポイントのひとつである。

「みどりくん」は土壌診断分析だけではなく、植物中の硝酸含有量や養液栽培液中の窒素・リン酸・カリ濃度の測定にも使える。土壌懸濁液のpHを「みどりくん」のような試験紙で測定すると電極を用いた場合の値と一致しない場合が多い。そこで、「みどりくんN」のpH測定では、通常土壌診断室で行なう電極法と同じ値になるようにカラーチャートの色を調整してある。そのため、養液栽培液のpHを「みどりくん」で測定すると、わずかながら誤差が出るので注意が必要である。

リン酸とカリについては、土壌診断室での分析値と合わないことがある。結論からいえば、土壌からの抽出液の種類と比率が違うため一致しない。「みどりくん」開発のコンセプトは本格的な土壌診断分析の肩代わりではなく、現場で即座に土壌養分量の大まかな目安を知ることにある。なお、「みどりくんPK」は本来、野菜や花きハウスなどのようなリン酸・カリ過剰土壌を対象にしているので、リン酸やカリ含有量の少ない土壌の分析には適さない。

20回分の「みどりくんN」と「みどりくんPK」、それに土壌採取器とポリ容器、植物体分析用のシリンジがセットになったスターターキットのほかに、「みどりくんN」あるいは「みどりくんPK」を単独で購入することもできる。取り扱い上で注意したいことは、試験紙の有効期間は1年間だが、湿気に弱いので容器から取り出したらすぐにふたを閉めることである。

(2) スマート「みどりくん」

「みどりくん」にPicoという小型の簡易測色計を組み合わせた土壌診断キットで、2020（令和2）年に発売された（写真4-18）。「みどりくん」の呈色を目で判定する紛らわしさがなく、そのデータはBluetoothを通してスマートフォンに表示・蓄積される。

(3) 農家のお医者さん

1988（昭和63）年に発売された土壌診断キットのいわば「はしり」というべきDr.ソイルの改良版として、2015（平成27）年から「農家のお医者さん」が市販されている（写真4-19）。pH、アンモニア態窒素・硝酸態窒素、可給態リン酸、交換性石灰・苦土・

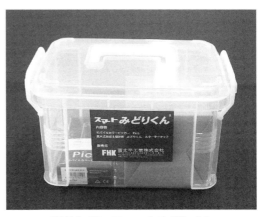

写真4-18　スマートみどりくん

カリ・マンガン、可給態鉄・塩分（NaCl）の10成分に腐植・陽イオン交換容量・リン酸吸収係数が新たに加わった。40回分の抽出液、パックチューブ入り試薬と特製の抽出ろ過器、試験管、ピペットなど分析に必要な道具一式が用意されていて、ユーザーは必要な分析項目に応じた試薬や器具を購入することができる。

pH測定では目盛付きの試験管に土を1mLとり、精製水またはpH（塩化カリウム）用抽出液を3.5mLまで加える。ゴム栓をして手で30秒振とうし、土壌が試験管の底に沈降するまで静置する。上澄み液にpH用試薬を2滴加え、発色した色を比色表と比べて、pHを読み取る。pH以外の成分は次のような方法で土壌から抽出する。抽出容器に養分抽出液を20mL加え、そのなかに2mLの土壌マスですり切った土壌を入れる。抽出容器のうえにろ紙をセットしたろ過器とろ液受容器をはめ込み、手で振とうしながら3分間、土壌から養分を抽出する。このように3つの部品が一体化した特製の抽出ろ過器を転倒させると、ろ液受容器にろ液がたまる仕組みになっている。このろ液の一定量をろ液採取用ピペットでとり、反応試薬を加えると養分量に応じて発色あるいは濁りを生じる。それらを標準比色表あるいは比濁表と比べることで土壌養分量が測定できる。

現在、一般的に行なわれている本格的な土壌診断分析では、分析項目ごとに抽出液を使い分けるが、「農家のお医者さん」ではそれを一本化している。この点は分析時間を短縮するには大変有効だが、本格的な分析値とは大きくかけ離れる項目も出てしま

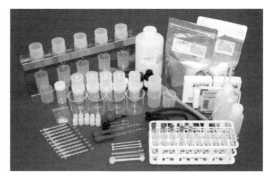

写真4-19　農家のお医者さん

う。たとえば、可給態リン酸や交換性カリがその事例である。メーカーのデータによると、「農家のお医者さん」の方法では可給態リン酸は本格的な分析の6分の1、交換性カリでは3分の2程度しか土壌から抽出されない。そこで、そのような成分については、できる限り本格的な分析に近い値が得られるように、比色表と比濁表の読み取り値を補正してある。

「農家のお医者さん」による13成分の分析所要時間は、慣れると20分程度である。土壌診断分析のほかに作物生育診断や野菜の硝酸含有量の測定などにも利用可能である。

（4）RQフレックス

とくに土壌診断用として開発されたものではなく、メルク社製の試験紙（リフレクトクァント）と**小型反射式光度計**を組み合わせた、携帯用で簡易な化学分析器である（239頁、写真8-5）。試験紙の種類は、さまざまな無機イオンや有機物など40程度にもおよぶ。

測定したい成分を含む試料液に試験紙を浸すと、分析対象成分と反応して色が変化する。その試験紙をRQフレックスにセット

し、その反射光を測定することで、目的成分の濃度を知ることができる。土壌診断でよく利用される試験紙は硝酸態窒素で、そのほかにもpH、石灰、苦土、カリ、リン酸などの分析ができる。簡易ながらも分析機器なので、落としたり、水をかけたりしないよう、取り扱いにはそれなりの注意が必要だ。

　通常、機器による化学分析ではあらかじめ濃度のわかっている標準溶液が必要だが、RQフレックスの場合には、測定項目ごとにバーコードが用意されているので、それを読み取らせることにより、検量線、試験紙のロット番号を本体に記憶させるような仕組みになっている。バーコードの読み取りに続いて、変色した試験紙を本体にセットすることで、自動的に2回の測定を行ない、その平均値がデジタル表示される。そのようにデータが数値化されるため、ユーザーには普及指導員やJA営農指導員などが多い。

　RQフレックスによる土壌診断分析法として決められたマニュアルがあるわけではないが、方法としては二通りだ。ひとつは、「みどりくん」や「農家のお医者さん」のように、畑やハウスから土壌を採取して、抽出した養分を分析する。リアルタイム分析でもっとも重要な硝酸態窒素の分析方法を具体的に説明しよう。調理用の小さじ（5mL）に土壌を山盛りにとり、へらのようなものですり切る。この土壌を100mL程度のポリ容器に入れ、精製水を50mL加えてふたをし、1分間手でよく振る。ここまでは、「みどりくん」と同様だが、RQフレックスではろ過を行なう必要がある。化学分析用のろ紙が

入手できれば最善だが、なければコーヒー用フィルターで代用する。この際、完全に透明なろ液にならない場合が多いが、あまり気にしなくてもよい。このろ液に試験紙（リフレクトクァント硝酸テスト16995-1M）を浸して、RQフレックスで硝酸濃度を測定する。ただし、RQフレックスが示す値はろ液中の硝酸濃度なので、その値を1.5倍すると畑あるいはハウス10a、深さ15cmの作土中に含まれる硝酸量（kg/10a）となる。もうひとつの方法は、畑やハウスの作土にポーラスカップとよばれる土壌溶液採取器を用いて、**土壌溶液**を採取し、そのなかの硝酸態窒素、リン酸、カリなど多成分をRQフレックスで分析する。どちらかといえば、この方法のほうがRQフレックスの特性を活かせるかもしれない。

　RQフレックスはこのような土壌診断分析のほかに、植物栄養診断や野菜中の硝酸やビタミンCなどの分析にもよく用いられている。

(5) コンパクトEC・pHメーター・イオンメーター

　市販されているさまざまな簡易土壌診断キットは、窒素・リン酸・カリなど個々の土壌養分量を簡易に測定するための道具である。時間を要する本格的な土壌診断をせずにそれらの簡易分析だけで済ませてしまう農家も少なくないが、簡易分析はあくまで目安でしかない。少なくとも年に1回は「土壌ドック」に相当する本格的な土壌診断分析を受けることを強く勧めたい。本格的な分析を受けることが前提であれば、農家各自が行なうリアルタイム分析では、土壌

の電気伝導率（EC）とpHだけでも十分だ。

　ECとは、土壌中の塩類濃度を示す値であるが、その主体は硝酸イオンであるため、窒素肥料の残存量とみなしてもよい。原理的にECを試験紙で測定することはできないので、その測定にはECメーターを用いる。土壌pHの測定には、「みどりくん」などの試験紙のほかにpHメーターによる方法がある。試験紙より高価だが、長期間使えるので、ヘビーユーザーにはお勧めだ。本格的な分析では数十万円ものECメーターとpHメーターを使うが、最近では2万円程度以内の価格で携帯できるコンパクト型メーターが数多く市販されている（写真4-20）。また、1台でECとpHが測定できるマルチメーターもあるが、携帯型とはいえいずれも精密機器なので、取り扱いには十分な注意が必要だ。

　調理用の小さじなどで畑やハウスから5ccの土壌を採り、容量50～100ccのふた付き容器に入れる。薬店などで購入した精製水を25cc入れ、ふたをおさえて1分間手で上下によく振り混ぜる。ふたを取りECメーターを差し込んで約10秒後にデジタル値を読み取る。続いて、pHメーターを差し込む

ECメーター

pHメーター

写真4-20　コンパクトEC・pHメーター

が、ECメーターとは違い測定値がすぐには安定しないため、読み取るタイミングに迷うことが多い。そこで、より正確に土壌pHを測定するには、EC測定後にもう一度容器を振り混ぜ均一な土壌懸濁液とする。そこにpHメーターを差し込み、1分後に値を読み取る。その後も値が少しずつ変化するが無視して構わない。土壌懸濁液のなかにメーターのセンサー部を差し込んで測定するほかに懸濁液を直接メーターのセンサー部にのせて測定することもできる。

　なお、EC・pHを測定する際には、事前に付属品の標準溶液（ECは1種類、pHは1種類あるいは2種類）によりメーターの調整を行なう。これを怠ると、正確な測定ができないので注意が必要である。

　コンパクトpH・ECメーターのほかに、硝酸イオンメーター（239頁、写真8-6）なども市販されている。pHとECを測定した後の土壌懸濁液をそのまま測定に供することもできる。イオンメーターの利点は検量線の直線域が広いので希釈せずに測定できることであるが、共存イオンの影響を受けやすい。

5 今後期待される 土壌生物性分析

　これまでにも土壌生物性分析として**センチュウ密度**や**病原菌密度**の測定が行なわれてきたが、煩雑さや結果が出るまでに時間を要するなどの理由で通常の土壌診断分析項目に取り入れられることはほとんどなかった。しかし、最近ではPCR分析など遺伝子を利用した迅速な分析が可能となり、分析メニューにセンチュウや病原菌密度測定

など組み込んだ土壌診断室が増えつつある。なお、PCR法と従来法とは原理が異なるため、両者間での比較ができない場合があるので注意を要する。

そのほかの土壌生物性分析として、土壌微生物多様性・活性値測定が実用化されている。95種類の有機物が入った試験用プレートに土壌抽出液を添加し、有機物の分解活性やその速度を調べることにより多様性・活性値を算定する。興味深い測定項目ではあるが、多様性・活性値と土壌肥沃度や作物生育との因果関係は十分に明らかにはなっていない。また、土壌中の総細菌数や全窒素・リン酸・カリ含有量、窒素とリン酸の無機化活性などの測定値から土壌肥沃度を判定する技術も開発されているが、土壌肥料分野の専門家による評価はなされていない。

土壌生物性のよい土とは、多様な土壌動物や微生物などが棲み分けをしながら生息できる環境に恵まれた土である。そのような土壌環境をもたらすには、土壌生物の住環境である土壌物理性と化学性を整えたうえで、有機物や肥料など土壌生物のえさを適切に補給することが大切である。

6 有機物と土づくり

(1) 有機物を施用する理由

地力増進法による農耕地の土壌改善目標値で、**腐植**（土壌有機物含有率）は2〜3％以上となっている。黒ボク土の表土をそのまま利用している農耕地では、その目標値をはるかに上まわるが、低地土や赤黄色

土の地域で腐植の分析を行なうと腐植欠乏と判定されることも多い。そのような場合には、土壌改良対策として堆肥を施用することが一般的である。しかし、どんなに完熟した堆肥であっても、それで腐植が増えることはない。なぜなら、土壌中の腐植が生成するには数百〜数千年を要するからである。ただし、大量の堆肥を施用したのちに土壌診断で腐植を分析すると、間違いなく腐植含有率は増加する。一見矛盾する話であるが、実は一般の土壌診断分析での腐植分析では土壌中の腐植そのものを測定するのではなく、そのなかに含まれる炭素量を測定し、それらに一定の係数を掛けて腐植含有量とする、あるいは土をピロリン酸ナトリウムと水酸化ナトリウムという試薬で処理して、抽出された有機物の色の黒さを測定する。そのなかには、堆肥中の黒色物質も溶け出すため、腐植含有量は増えるが、見せかけの腐植でしかない。

もし、堆肥や有機質肥料など有機物を一切施用せず、化学肥料だけで作物を栽培すると土壌中の腐植はどうなるだろうか。土壌中の腐植は長い時間をかけてつくられた高分子有機化合物であるため、土壌微生物による分解を受けにくい。わかりやすく表現すると、腐植は土壌微生物にとって「硬くて食べにくい食べ物」なのである。未耕地を切り開いて耕し、石灰資材を施用して酸性を改良すると土壌微生物の活動が活発になり、それなりの「エサ」が必要になる。その「エサ」が農耕地に施用する有機物である。土壌微生物はそれらの有機物を分解してエネルギーと炭素を得て増殖するが、有機物が一切補給されなければ「飢餓状態」

に陥り、「硬くて食べにくい腐植」を「エサ」にせざるを得なくなる。すなわち、農耕地に有機物を施用しなければ、徐々にではあるが、腐植含有率は減少する。この現象が、いわゆる**「地力の消耗」**で、全国各地の水田で起こっている。

すなわち、農耕地に有機物を施用しなければならない理由は、腐植を増やすためではなく、減らさないためと考えるべきである。

(2) 有機物を堆肥にする理由

1) 有機物の炭素率の調整

家畜ふんなどの有機物を堆肥にするのはなぜだろう。それには2つの大きなわけがある。

土壌に施した有機物は、かびや細菌など土壌微生物の格好のエサとなる。微生物の体も有機物からできているので炭素を主成分とするが、タンパク質を構成する窒素が炭素の10分の1（炭素率：10）ほど含まれている。一方、有機物中の炭素と窒素の比率はさまざまで、たとえばナタネ油かすでは

7：1（炭素率：7）、稲わらでは70：1（炭素率：70）程度である。

微生物は有機物を分解してエネルギーを獲得し増殖するが、炭素率の低い油かすであれば、分解して余った窒素をアンモニアとして土壌中に放出する。つまり、油かすは堆肥にしなくてもそのまま窒素肥料として使えるわけである。一方、炭素率が10以上の稲わらのような有機物を分解すると、微生物が増殖するための窒素が足りなくなる。そこで、土壌中に残っている窒素を微生物の体内に取り込んでしまう（図4-8）。つまり、**炭素率**が高い有機物を堆肥にしないでそのまま土壌に施用して作物を栽培すると、土壌中の窒素が微生物に横取りされてしまい作物が育たなくなる。このような現象を**窒素飢餓**という。そこで、土壌に施用する前にあらかじめ微生物に有機物を分解させ、炭素を二酸化炭素として取り除くことにより炭素率を下げた資材が堆肥である。

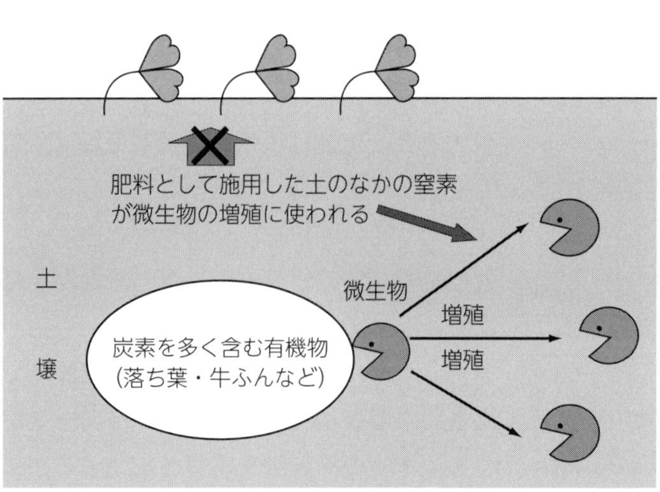

2) 有機物施用直後のガス害防止

炭素率が10以下の有機物であれば、堆肥にしなくても窒素飢餓を起こすことはないが、土壌施用直後から数日の間に易分解性有機物の**微生物分解**により多量の二酸化炭素ガスが発生する。そのため、すぐに種をまけば酸素欠乏により発芽が阻害されるので、施用後1週間程度放置してから播種することが必要であり、それが一般的な有機質肥料の使い方である。しかし有機物をあらかじ

肥料として施用した土のなかの窒素が微生物の増殖に使われる

土壌

微生物

増殖

増殖

炭素を多く含む有機物（落ち葉・牛ふんなど）

図4-8　土壌中での窒素飢餓

め堆肥にすれば、その過程で
有機物の多くが分解されるの
で、施用直後のガスはあまり
発生しない。つまり、有機物
を堆肥にすれば、施用直後の
ガス害を回避できる（図4-9）。

ただし、炭素率が10以下
で堆肥にしなくてもそのまま
有機質肥料として使える油か
すや魚かす、あるいは鶏ふん
のような有機物を堆肥化する
と、その過程で大量のアンモ
ニアガスが揮散する。その結
果、悪臭の原因と窒素の損失になるばかり
でなく、大気中に揮散したアンモニアガス
が酸性雨の原因物質となる。そこで、堆肥
化期間を1～2週間として、窒素の損失を減
らす資材がぼかし肥である。その原料とし
ては、油かす、魚かす、米ぬかなどの有機
物のほかに、有機物から揮散するアンモニ
アを吸着させる目的で土壌やゼオライトを
混合する。

（3）堆肥の種類・性質と使い方

堆肥とは、本来土壌の性質を改善するた
めの土壌改良資材で、堆肥を施せば土が膨
軟になり、水はけや水もちがよくなる（土
壌物理性の改善）。また、堆肥が土壌微生
物の「エサ」となり、微生物が土のなかで活
発に働くようになる（土壌生物性の改善）。
バーク堆肥や腐葉土などの木質を原料とす
る木質堆肥にはおもにこれらの施用効果が
ある。**牛ふん堆肥**や**豚ぷん堆肥**、**鶏ふん堆
肥**のような**家畜ふん堆肥**では、それらの効
果に加えて、窒素・リン酸・カリ、そのほ

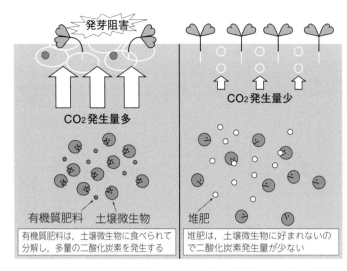

図4-9 土のなかでの有機質肥料と堆肥の分解性の違い

かの肥料成分の補給効果が付加される。す
なわち、家畜ふん堆肥は土壌改良資材と肥
料の効果を兼ね備えた堆肥ということであ
る。

施用量も堆肥の種類により変える必要が
ある。木質堆肥では、2～5t/10a、家畜ふ
ん堆肥では0.5～1t/10aが一般的な施用量で
ある。肥料成分をほとんど含まない木質堆
肥の場合には肥料との併用が不可欠である
が、牛ふん堆肥には3%程度のカリ、鶏ふ
ん堆肥には5%程度のリン酸と3%程度のカ
リが含まれている。これらの家畜ふん堆肥
をたとえば1t/10a程度施用すると、一般の
作物の基肥として必要なリン酸やカリは十
分賄える。ただし、完熟した良質の堆肥で
は、堆肥化過程でアンモニアガスとして揮
散しているので、窒素の補給効果は期待で
きない（図4-10）。ほとんど臭わない家畜ふ
ん堆肥を使う場合には、硫安や尿素あるい
は油かすなどの窒素肥料を併用する必要が
ある。家畜ふん堆肥だけで窒素を賄うため
にはたくさん施用しなければならず、それ

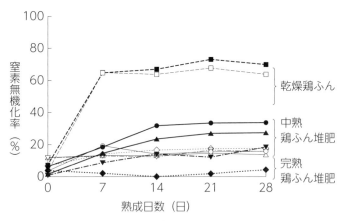

図4-10　熟度が異なる鶏ふん堆肥の窒素無機化率

グラフ内ラベル：乾燥鶏ふん／中熟鶏ふん堆肥／完熟鶏ふん堆肥

縦軸：窒素無機化率（％）　横軸：熟成日数（日）

が土の養分過剰をもたらす大きな原因となる。

(4) 有機物の種類と堆肥化の必要性

　土壌に施用する有機物には、堆肥にしたほうがよい有機物、堆肥にしなくてもよい有機物、堆肥にしないほうがよい有機物がある。堆肥にしたほうがよい有機物とは、稲わらや麦わらあるいはそれらを含んだ牛ふんなどのように炭素率が20〜30より高いもので、窒素飢餓を起こさないようにするために堆肥にしたほうがよい。堆肥にしな

写真4-21　レタス収穫後に作付けたライムギ
　　　　　（緑肥）

くてもよい有機物とは、炭素率が15程度のもので、生ごみ（厨芥）などである。生ごみの場合には、乾燥したあと搾油して炭素を取り除くと炭素率が10程度まで低下するので、堆肥化することなく窒素主体の有機質肥料（食品残さ加工肥料）として利用できる。堆肥にしないほうがよい有機物とは、炭素率が10以下の油かす、魚かすなどの有機質肥料や豚ぷん、鶏ふんなどで、そのわけは前記のとおりである。ただし、豚ぷんや鶏ふんの場合には乾燥処理と悪臭抑制のために堆肥化することが多い。

　堆肥にしたほうがよい有機物でも、土壌に施用後十分な分解時間さえ確保できれば、かならずしも堆肥にする必要はない。たとえば、水田では秋の収穫後に生わらをすき込んでおけば、手間のかかる堆肥をつくらなくても土壌に有機物を還元できる。また、畑やハウスでは糸状菌による旺盛な有機物分解が起こるので、春から秋の時期であれば炭素率が高い有機物でも1か月程度の分解期間を取れば、後作には支障ない。連作を続けがちな野菜畑やハウスに緑肥を作付けしてすき込めば、有機物補給だけでなく連作回避と土壌に蓄積した養分のリサイクル、地下水への硝酸イオン溶脱防止に役立つ（写真4-21）。

7 土壌改良資材とその使い方

(1) 土壌改良資材とは

　肥料が窒素・リン酸・カリなどのように植物の根あるいは葉面から直接吸収され、植物を生長させる資材であるのに対して、**土壌改良資材**とは、土壌の性質を改善することにより間接的に植物の生育をよくするための資材で、いわば「土のサプリメント」である。

　肥料については肥料法に基づいて、種類や名称が定められ、成分含有量も保証されているが、土壌改良資材はその適用を受けない。そのため、1970年代まではまさに人のサプリメントのようにさまざまな効能をうたった多種多様な土壌改良資材が出まわり、なかには明らかな「いんちき・いかさま資材」が見受けられた。そこで、1984（昭和59）年に**「地力増進法」**が制定され、そのなかで土壌改良効果が科学的に認められた資材を政令で指定することになった。現在では、表4-4のような12種類の資材が指定されている。

　なお、土壌の酸性改良に使われる苦土石灰は、れっきとした土壌改良資材であるが、肥料法では**石灰質肥料**に属する。このように、肥料のなかにも土壌改良資材として利用されるものも多い。

(2) 土壌酸性改良資材とその使い方

1）緩衝能曲線を利用した石灰施用量の決め方

　地力増進法では、地目（水田、普通畑、樹園地）ごとに土壌の改善目標値が設定さ

表4-4　土壌改良資材の種類（地力増進法による政令指定資材）

資材の種類	おもな効果
泥炭	土壌の膨軟化・保水性・保肥力の改善
バーク堆肥	土壌の膨軟化
腐植酸資材	土壌の保肥力の改善
木炭	土壌の透水性の改善
けい藻土焼成粒	土壌の透水性の改善
ゼオライト	土壌の保肥力の改善
バーミキュライト	土壌の透水性の改善
パーライト	土壌の保水性の改善
ベントナイト	水田の漏水防止
VA菌根菌資材	土壌のリン酸供給能の改善
ポリエチレンイミン系資材	土壌の団粒形成促進
ポリビニールアルコール系資材	土壌の団粒形成促進

れている（262頁、資料1）。土壌pH（H_2O）がそれらの適正域より低い場合には、**石灰資材**による土壌酸性改良が必要になる。ただし、ハウス土壌などでは塩基の溶脱ではなく、**硝酸態窒素の集積**による酸性化が起こるので、塩基飽和度や硝酸態窒素量、ECなどの測定値と照らし合わせたうえで石灰資材による酸性改良の要否を決定する。

　塩基の溶脱に起因する土壌酸性の改良の基本は、塩基の溶脱により土壌コロイドから離脱した石灰と苦土を土壌改良資材として補給することである。その施用量を決めるには少々面倒な手法であるが、図4-11のような**緩衝能曲線**を作成する必要がある。土壌診断分析用の風乾土壌10gを6個の容器に採取し、0、10、20、30、40、50mgの粉末苦土カルを添加する。それぞれの容器に純水50mLを加えて24時間放置したあと、5時間振とうし容器内の土壌懸濁液のpHを測定する。その測定値を図にプロットし、

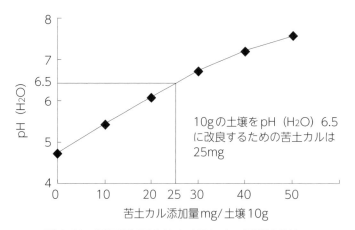

10gの土壌をpH（H₂O）6.5
に改良するための苦土カルは
25mg

図4-11　石灰資材量を決定するための緩衝能曲線

なめらかな線で結んで緩衝能曲線を作成する。その曲線から目標とするpH（H₂O）まで改良するのに要する苦土石灰量（mg/10g）を図より読み取る。その値から、演習3の事例のように農耕地10aあたりに施用すべき苦土石灰量を算出する。なお、通常では作土の改良深を15cm、土壌の密度を1g/cm³として計算する。同じ農耕地であれば、緩衝能曲線が大きく変わることはないので、一度だけ測定しておけば何度でも使うことができる。

演習3 土壌酸性改良資材の施用量算出法

図4-11の**緩衝能曲線**より、10gの土壌をpH（H₂O）6.5に改良するための苦土カル量は25mgであった。なお、この土壌の容積重は100g/100ccであった。

(1) この畑の作土15cmの土壌重量は10aあたり何tか、算出しなさい。

$10a = 1,000m^2$

$1,000m^2$、深さ$0.15m$の土壌の体積 $= 1,000m^2 \times 0.15m = 150m^3$

容積重$100g/100cc$の土壌$1m^3$の重量 $= 1t$

面積$10a$、深さ$15cm$の土壌重量 $= 1t \times 150 = 150t$

(2) この畑の作土15cmをpH（H₂O）6.5に改良するには、10aあたりどれだけの苦土石灰を施用すればよいか、算出しなさい。

土壌$10g = 10 \times 10^{-3} \times 10^{-3} = 10^{-5}t$

苦土カル$25mg = 25 \times 10^{-3} \times 10^{-3} = 25 \times 10^{-6}kg$

土壌$150t$あたりの苦土石灰施用量 $= 25 \times 10^{-6} \times 150 \times 10^5 = 375kg/10a$

畑$10a$あたりの苦土石灰施用量 $= 375kg/10a$

2) 土壌酸性改良資材の種類

　土壌酸性改良資材としてもっともよく使われる**苦土石灰（苦土カル）**とは、炭酸カルシウムと炭酸マグネシウムを主成分とする天然鉱物を粉砕した資材で、肥料取締法では**石灰質肥料**に属する。

　苦土石灰はわが国には多量に埋蔵されており、100％天然物・国内産であるにもかかわらず、最近では「有機石灰」と称するカキ殻や**貝化石**などが好まれる傾向にある。カキ殻や貝化石もけっして悪い資材ではないが、酸性矯正力が苦土石灰に劣る、主成分が石灰で苦土含有率が低い、苦土石灰より価格が高い、などの欠点がある。ただし、カキ殻や貝化石が産出される地域では運賃が軽減されるはずなので、安価であれば大いに利用すべき資材で、その際には施用量の10〜20％量の**水酸化マグネシウム**を併用するとよい。施用量が少なくてすむとの理由で消石灰を使いたがる農家もいるが、水溶性石灰資材であるため持続効果が劣る。また、苦土をまったく含まないので勧められない。なお市販苦土石灰には粉状品と粒状品がある。粉状品は施用時に飛散しやすいため敬遠されがちだが、粒状品より価格が安い。

　土壌酸性改良の度が過ぎて、pH（H_2O）が高くなりすぎると作物に微量要素欠乏が出やすいとの理由から、pH（H_2O）を6.5程度以上に高めないことが、わが国の農業技術の常識とされてきた。確かにそれは事実で、写真4-22のように苦土石灰を施用して、pH（H_2O）を7以上に高めるとおもにホウ素とマンガンの欠乏による深刻な生育阻害を引き起こす。

写真4-22　高pH条件で生じる微量要素欠乏

写真4-23　転炉スラグでは微量要素欠乏が起きない

　しかし、製鉄所から副産される**転炉スラグ（転炉さい）**を施用すると写真4-23のようにpH（H_2O）を7程度以上に高めても、微量要素欠乏を起こさない。その理由は、転炉スラグ中に含まれる鉄、マンガン、ホウ素などの微量要素が作物根からの接触吸収により吸収利用されるためである。全国各地で猛威を振るっているアブラナ科野菜**根こぶ病**、セルリー萎黄病やトルコギキョウ立枯病などのフザリウム病害、ウリ科ホモプシス根腐病、ネギ黒腐菌核病などの土壌病害対策には、土壌pH（H_2O）を7.5程度まで高めることが有効である。そこで、この転炉スラグが対策資材として認識され、全国各地で普及がすすめられている。また、転炉スラグ中には1〜2％のリン酸が含ま

れる。わが国における転炉スラグの副産量は年間約1,000万tにおよぶので、それらのなかに含まれるリン酸量は1年間に海外から輸入するリン鉱石中のリン酸量に匹敵する。そのため、転炉スラグが未利用リン酸資源としても注目されている。

(3) 政令指定土壌改良資材の種類とその特性

1) 膨軟化資材

土壌を膨軟にして物理性を改善するための資材で、有機物中の腐植酸含有率が70％未満の泥炭（ピートモス）とバーク堆肥（写真4-24）が該当する。**泥炭**とは、地質時代に堆積した水ごけが変化した資材、**バーク堆肥**とは樹皮を主原料とし、家畜ふん堆肥などの窒素源を加えて堆肥化させた資材である。両資材ともに、ハウス内の土壌改良などに使われる。

2) 保肥力改善資材

土壌の**CEC**を高めるための資材で、有機物中の腐植酸含有率が70％以上の泥炭（ピートモス）、腐植酸資材、ゼオライト（写真4-25）が該当する。この種の泥炭は通常ピートモスと称して、おもに育苗培土や園芸用土原料として大量に使われている。**腐

植酸資材とは、石炭や亜炭を硝酸や硫酸で分解し石灰資材で中和したもので、人造腐植酸資材として使われる。この資材自体のCECはゼオライト並みに大きいが、いずれもpH依存性陰電荷であるため吸着力は弱い。

ゼオライトとは、海底に堆積した火山灰が変質してできた天然鉱物で、150〜200meq/100gにも達する大きなCECを持っている。火山国である日本には良質なゼオライトの産地が多い。ゼオライトをCECを高める目的で施用する場合、10aあたり1t施用すれば、土壌のCECが約1meq/100g増加するので、とくに砂質の農耕地には大きな土壌改良効果をもたらす。一方、CECの大きな農耕地に10aあたり数百kg施用しても意味のないことが多い。しかし、後者の場合にはゼオライトを肥料効率を高める資材として使うと利用価値が高い。すなわち、ゼオライトには**アンモニウムイオン**と**カリウムイオン**を特異的に捕捉する性質があるので、肥料にゼオライトを混ぜて溝施用する。また、ぼかしや堆肥の材料（20％程度混合）としてゼオライトが使われることも多い。有機物の分解過程で発生するアンモニアガスがゼオライトに吸収されるので、悪臭を防止する効果もある。

さらには、ゼオライトを野菜などの育苗

写真4-24　バーク堆肥

写真4-25　ゼオライト

培土の原料とする利用方法もある。培土に多量の窒素肥料を入れても、ゼオライトがアンモニウムイオンを捕捉するので、ネギのように育苗期間が長い野菜には都合がよい。その苗を定植すれば、本圃にゼオライトが入り、徐々に**保肥力**を高める。ゼオライトは土づくりの力強い助っ人である。

3）保水性改善資材

　土壌の**保水性**を高めるための資材で、有機物中の腐植酸含有率が70％以上の泥炭（ピートモス）、パーライト（写真4-26）が該当する。**パーライト**とは、真珠岩や黒曜石を焼成した資材で、非常に軽い多孔質粒子からなる。おもに、花き類の鉢物用土や園芸用育苗培土の原料として利用される。

4）透水性改善資材

　土壌の**透水性**を高めるための資材で、木炭、けい藻土焼成粒、バーミキュライト（写真4-27）が該当する。**木炭**は木材やヤシ殻などを炭化したものの粉、**けい藻土焼成粒**とは、けい藻土を造粒して焼成した多孔質粒子、**バーミキュライト**とは、蛭石（雲母系鉱物）を焼成した非常に軽い多孔性構造物で、パーライトと同様に花き類の鉢物用土や園芸用育苗培土の原料に利用される。

5）団粒形成促進資材

　土壌粒子を接着して団粒化を促進する資材で、いずれも高分子有機化合物である。アクリル酸、メタクリル酸ジメチルアミノエチル共重合物のマグネシウム塩とポリエチレンイミンとの複合体であるポリエチレンイミン系資材と、ポリ酢酸ビニールの一部をけん化した資材であるポリビニールアルコール系資材が該当する。

6）水田の漏水防止資材

　水田の漏水を防止するための資材で、モンモリロナイトを主成分とする**ベントナイト**がある。モンモリロナイトが吸水すると膨潤する性質を利用する。ゼオライトと同じように大きなCECを有するが、土壌中ではベントナイトの層間にアルミニウムイオンが侵入して経時的にCECが低下する。

7）土壌のリン酸供給能の改善資材

　VA菌根菌をゼオライトなどの担体に保持させた資材で、世間に多く流通している微生物資材のなかで唯一政令指定された土壌改良資材である。未耕地やリン酸肥沃度が低い農耕地ではその効果が期待できるが、リン酸が蓄積した農耕地では判然としない。

写真4-26　パーライト

写真4-27　バーミキュライト

第5章

環境にやさしい施肥技術

1 農業と環境

　21世紀は「環境の時代」といわれて久しい。最近はいろいろなところで「環境」という言葉を目にし、耳にする。地球環境、自然環境、社会環境、生活環境など多々あり、何々環境あるいは環境何々という用語があふれている。農業環境に限ってみても、そのなかには地域環境、生産環境、土壌環境、栽培環境あるいは環境保全型農業などさまざまに使われている。

　「環境」とは一体何を意味し表現する言葉なのだろうか。一般的に**環境とは**「考えている主体に対し、それに接して主体と何らかのかかわりを持つ事物や現象」、簡単に

「人間や生物に何らかの作用や影響を与える周囲の世界」ということができる。その主体を地球上の**生物圏**にとると、環境とは大気圏、水圏、土壌圏（岩石圏）であり、人間を中心に考えると植物や動物が環境の一部に加わる。図5-1は、人間の活動による環境の汚染と環境が人間の健康に及ぼす影響を示したものである。

(1) 農業と環境問題のかかわり

　農業とのかかわりでわが国の環境問題をみると、古くは**足尾銅山鉱毒事件**がある。栃木県の足尾銅山から流出する鉱毒が、周辺の山を源流とする渡良瀬川流域の農業や漁業に被害を与えた事件である。

　日本経済が高度成長期に入る1960年ごろは、鉱工業の廃水や生活排水などによる農業用水の汚濁や、銅やカドミウムなどの重金属により土壌が汚染されるなどして農業が被害を受け、さらに大気汚染物質、酸性雨などによる植物被害が**公害問題**として顕在化した。

　1980年代に入ると、今まで1枚の畑、1枚の水田の点としてのかかわりから、環境汚染が面的な広がりをもって発生するようになった。閉鎖性水域における**富栄養化**や農村地域の地下水中の硝酸性窒素濃度の高ま

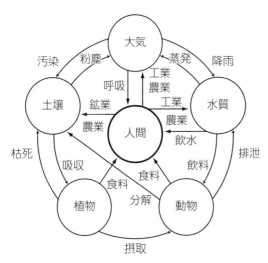

図5-1　人間と環境との関係

りは、集約型農業における化学肥料の多量施用や**畜産廃棄物**の投棄的な土壌還元が原因とされ、農業がその責任を問われる状況へと変化した。

2000年代は地球の温暖化や砂漠化など世界的な**地球環境問題**のなかで、農業の生産システムそのものが疑問視されるようになり、今までの農業生産方式への反省と農業の物質循環機能の回復が議論され、**環境保全型農業、持続型農業、循環型農業**の推進がもとめられるようになった。

2020年以降は、今までの多くの環境問題に加えてこれらに時間的なスケールが加わり、土壌、農作物の放射能汚染や海洋マイクロプラスティックをはじめ**残留性有機汚染物質 (POPs)** などの問題が深刻化している（図5-2）。

これらの環境問題は人間活動の影響によって自然の生態系に変化が生じ、その変化が人間生活や人間活動に負の影響を与えているといえる。

(2) 物質循環の破綻と農業

1) 生態系における物質循環

地球の生物圏は生物だけで成り立っているのではなく、大気、水、土壌、光、温度など**無機的環境**と密接につながり、かかわり合っている。

生態系とはある特定の環境を構成する生物・非生物が有機的なつながりを持ち、かつバランスのとれた系といえる。生態系における**物質循環**は、生物が生活するために摂取した元素が生態系の階層ごとに次から次へと利用され、ふたたび最初の階層に戻るサイクルである。炭素、窒素、リンなどのいわゆる生元素の循環では、階層ごとに物質の要求割合は異なり、その化学的動態も異なる。

物質循環の経路には生物の活動にしたがって移動する部分と、無生物の媒体（大気、水、土壌）間を無生物的に移動する部分がある。この両者をあわせて**生物地球化学的循環**という。

【**食物連鎖**】生物圏における移動部分には、無機物を同化して有機物を生産する階層の生物（**独立栄養生物：生産者**）と、みずからは有機物を生産できず、独立栄養生物が生産した有機物を餌として生活する生物（**従属栄養生物：消費者**）が介在する。生産者の主体は**光合成**によって有機物を生産する植物である。消費者は、独立栄養生物が生産した有機物を食べる一次消費者（草食動

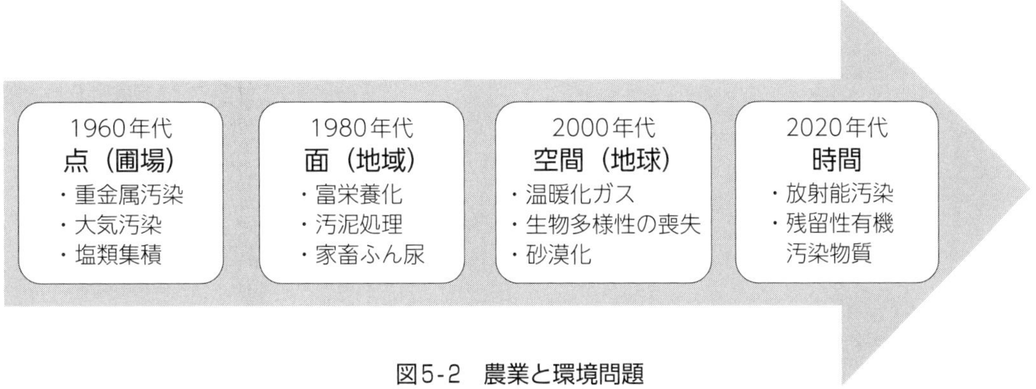

1960年代 点（圃場）	1980年代 面（地域）	2000年代 空間（地球）	2020年代 時間
・重金属汚染 ・大気汚染 ・塩類集積	・富栄養化 ・汚泥処理 ・家畜ふん尿	・温暖化ガス ・生物多様性の喪失 ・砂漠化	・放射能汚染 ・残留性有機 　汚染物質

図5-2 農業と環境問題

物）と一次消費者を餌とする二次消費者（肉食動物）、さらに高次の消費者（猛禽類など）と階層をつくり、こうした「**食物連鎖**」を通して物質循環が行なわれている。

消費者が栄養として摂取した物質は、排せつ物や遺体の形で消費者である微生物（**土壌微生物：分解者**）によって無機化され、ふたたび生産者である植物の栄養素となる。すなわち、生態系内では「食うか、食われるか」の関係を通して物質の循環とエネルギーの移動が行なわれており、その基軸を土壌が担っている（図5-3）。

【物質循環】地球の生物圏における物質循環は今から約1万～2万年前に定常化し、大気の組成、陸地の植生、海洋生物など、現在の地球生態系の原形がつくられた。人間は有史以前から農業の生産活動を通じてその原形に絶えず働きかけを行なってきた。農作業として食料生産に加担し、さらに品種改良や栽培方法の高度化により、自然の生態系で得られる生産性を人為的に高めた歪な生態系につくり上げた。その結果、生態

系のバランスが崩れ、不安定さが増大した。

とくに近代以降の開発による地球規模での生態系の変化は、物質循環にも大きく影響を与えるようになった。乱開発による**熱帯林の減少**や**砂漠化**は水の循環を狂わせ、化石燃料の大量消費は大気の二酸化炭素濃度を上昇させ、温室効果による地球全体の気温上昇を招いている。これらの**環境問題**はいずれも生態系へのかかわり方には、物質循環との兼ね合いで限界があることを示唆している。

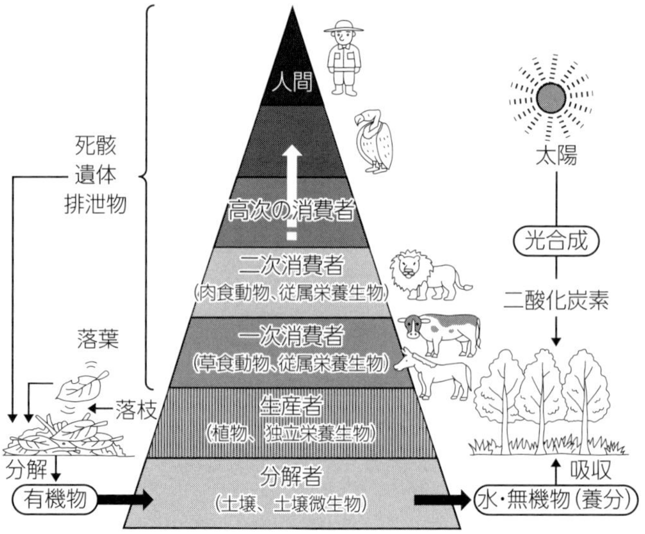

2) 循環型農業と物質移動型農業

近年、農業は大量生産、大量消費を効率よく実現するために、自然の物質循環系に化学肥料、化学農薬などの化学物質を新たに加え、生産から消費へと一方向への物質移動型に変えてきた。その結果、自然循環系のなかで物質を再利用する持続可能な循環型の農業から、つねに新たな物質の投入と過剰な物質の除去を必要とする物質移動型の農業へと変わり、壮大な資源の浪費が生じるようになった（図5-4）。また、世界的な大量輸送システムは物質の地域的な過剰蓄積と過剰消費を加速させ、**循環型農業の実現**を一層困難なものにしている。

【食飼料の輸入は肥料成分の輸入】世界的な食飼料の輸入国であるわが国は、国内の農耕地の2.4倍に相当する1,088万haの面積から生産される農産物を消費していることになる（図5-5）。これらは、海外の土、水、物

図5-3　人間を中心とした食物連鎖

質を日本国内での循環系に組み入れること
ができるかという大きな問題を提起してい
る。すなわち、それらを消費することによ
り、結果的にはわが国に家畜排せつ物、下
水汚泥、食品残さなどの**生物系廃棄物**が残
存する。69頁で示したように、生物系廃棄
物に含まれる肥料成分含量は化学肥料の生
産量をはるかに上まわる。

　言い換えれば、食飼料の輸入は海外で施
肥され、農産物が吸収した肥料成分を輸入
していることにほかならない。これらの生
物系廃棄物を輸出国に送り返すことができ
ない限り、それらに含まれる多くの肥料成
分はわが国に蓄積し、水系や土壌の汚染を

引き起こす要因になる。農村から都市へ農
産物として送られた養分も何らかの形で戻
すことができれば循環系はさらに完結する。

　解決しなければならない問題も多く含ま
れるが、生物系廃棄物を有機質資源として
位置づけて農耕地に還元し、土づくり資材
や肥料として再利用することが、持続可能
な農業をすすめるうえで喫緊の課題である。

❷ あふれる窒素をどうする

(1) 地球環境の限界指標

　産業革命以降、人間一人あたりの物質・

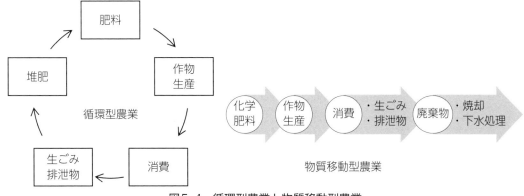

図5-4　循環型農業と物質移動型農業

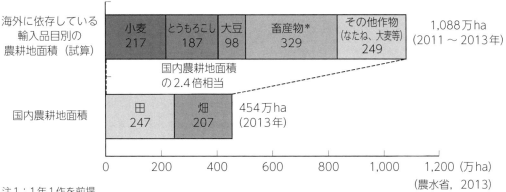

注1：1年1作を前提
注2：＊輸入している畜産物の生産に必要な牧草・とうもろこし等の量を面積に換算したもの
農林水産省「食料需給表」、「耕地及び作付面積統計」等を基に農林水産省で試算

図5-5　海外に依存している輸入品目別の農耕地面積

表5-1　地球環境の限界値（プラネタリーバウンダリー）

(ロックストロームら，2009，JST/CRDSを改変)

	変数	単位	限界と考えられる値	現在の値	産業革命前の値	限界に対する現在の値の比率
窒素の循環	人間利用のために大気から取り出された窒素の量	100万t/年	35	121	0.0	3.5
リンの循環	海洋に流出するリンの量	100万t/年	11	8.5〜9.5	約1.0	約0.8
気候変動	放射強制力	相対値	1.0	1.5	0.0	1.5
生物多様性の喪失	単位時間あたりの種の絶滅数	種数/(100万種・年)	10	100以上	0.1〜1.0	10以上

エネルギー利用量のみならず、人口も増加した。人間活動による環境改変の度合いがある水準を超えると、人間社会の持続可能性が脅かされる。地球環境を壊さず、すべての人がより良い生活を送ることを目指して、2015（平成27）年国連において「持続可能な開発のための2030アジェンダ（SDGs）」が採択された。SDGsは17のゴールと各ゴールに設定された合計169のターゲットから構成されている。ゴール2（飢餓）、6（水）、9（技術革新）、12（持続可能な生産・消費）、13（気候変動）、14（海洋）、15（生態系・森林）などは、とくに農業生産とのかかわりが深い（口絵iii頁）。

ロックストロームら（2009）は、地球にとっての安全域や程度を示す地球環境の限界値（Planetary Boundaries）を環境改変の9項目（気候変動、生物多様性の喪失、窒素・リンの循環、成層圏オゾン層破壊、海洋酸性化、淡水利用、土地利用の変化、大気エアゾル負荷、化学物質汚染）ごとに示し、それぞれの持続可能性の限界と現状の定量的評価を試みた。そのうち気候変動、土地利用、生物多様性の喪失、窒素・リンの循環の4項目はすでに限界を超えているとしている（口絵iii頁）。

これらの数値を抜き出して表5-1に示す。ここに示す限界値はかならずしも客観的に根拠づけられているものではないが、農業生産ときわめて深いつながりを持つ項目であり早急にその対応が迫られている。

生物にとって主要な元素として水素、酸素、炭素、窒素、リン、硫黄がある。ここでとくに窒素循環を取り上げる理由としては、炭素循環は気候変動の中心課題であり、2016（平成28）年にパリ協定が発効してその対策に世界が一丸となって取り組んでいる。リンはストックの資源であり3R（リデュース、リユース、リサイクル）での対処が適切であることが明らかであり、硫黄酸化物の環境負荷軽減は化石燃料の脱硫で対応が可能となっている。

(2) 農耕地における窒素の動態

1900年ごろまで、世界の農業はほとんどが有機農業で、山野の落葉枝、作物の残さ、焼却灰、さらには排せつ物などを土に戻して作物の生産を続けてきた。ところが、1913（大正2）年ハーバーとボッシュにより大気中の窒素ガスを固定してアンモニアが工業的につくられると、窒素肥料が大量に利用できるようになった。工業的窒素固定量は今では1.5億t/年を超え、生物的窒素固定量と同程度あるいはそれ以上と推定され

ている。現在、窒素化学肥料なしには世界の人口を支えるだけの食料を供給することはできない。さらに農耕地土壌の肥沃化、**食料安全保障**に大きく寄与している。しかし、生物窒素固定量の増大に加えて窒素化学肥料の大量消費は、これまでの生物による固定から分解・排出を中心とした循環バランスを崩し、窒素が環境中へ過剰に流出するようになった。その結果、水圏の窒素汚染、富栄養化、大気汚染、オゾン層破壊、地球の温暖化、生態系サービス、生物多様性の喪失、土壌の酸性化などさまざまな環境問題を起こしている。

1) 土壌のバイオリアクター機能

農業環境における窒素の循環を図5-6に示す。土壌は**窒素循環**に関しておもに**微生物活性**からみた**バイオリアクター機能**を有している。土壌中には多数の細菌、糸状菌、放線菌さらには原生動物、藻類、各種の**土壌動物**が生息し、酵素の存在も明らかにされている。土壌に投入された有機物は主として**有機栄養微生物**によって最終的には水と二酸化炭素に分解される。それに伴って窒素の一部は分解過程でアミノ酸を経てアンモニアに変化する。窒素肥料も施肥後土壌中の**無機栄養細菌**により**アンモニア態（性）窒素から硝酸態（性）窒素**へとすみやかに変化し、最終的には脱窒作用により窒素ガスとして大気中へ放出される。また、作物に吸収利用されなかった硝酸態窒

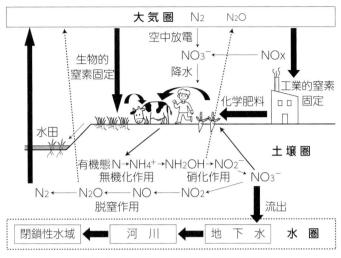

図5-6 農業環境における窒素の循環

素は陰イオンであるため土壌に吸着されることなく、土壌浸水とともに地下水まで流出する。

大気から固定された窒素がさまざまな窒素化合物の形で地上の土壌や植物をめぐり、ふたたび大気中に戻るまでの時間は平均で1200年とされている。炭素は約22年、水は約19日であることから、いかに遅いかがわかる。このため、農業の生産活動を通じて窒素循環の適正化に努めることが、**環境にやさしい農業**をすすめるうえでもっとも重要となる。

2) 環境基準としての硝酸性窒素

環境基準の要監視項目であった**硝酸性窒素**（NO_3-N）および**亜硝酸性窒素**（NO_2-N）の濃度（10mg/L以下）が、1999（平成11）年公共用水域および地下水水質汚濁にかかわる人の健康保護に関する環境基準の項目に追加された。それまでは水道水質基準（NO_3-N:10mg/L以下）があり飲用しなければ問題はなかった。しかし環境基準項

目になるとシアンやカドミウム、トリクロロエチレンなどと同類の物質として取り扱われることになり、極端な言い方をすれば10mg/L以上の硝酸性窒素、亜硝酸性窒素が環境中に存在すること自体問題であると明確に位置づけられたことになる。

農村地域の地下水中から検出される高濃度の硝酸性窒素は作物の吸収量に比べて、はるかに多い肥料窒素や家畜ふん堆肥の多量還元、生活排水などがその原因と指摘されている。

3) 硝酸態窒素の降下速度

黒ボク土に硫安［安定同位体元素$(^{15}NH_4)_2SO_4$］を施肥してグレインソルガムを栽培し、その栽培期間および跡地における肥料由来窒素と硝酸態窒素の土層中での垂直分布を図5-7に示す。肥料由来窒素と硝酸態窒素の垂直分布はそれぞれピークを

保ち、同様のパターンで対応していることから、作土層下へ溶脱する肥料窒素の大部分は硝酸態窒素の形態で降下していることがわかる。ちなみに、ここでの肥料窒素の土層（80cm間）残存量は出穂期（施肥後66日）では40.2%、収穫期（施肥後136日）は23.2%となり約1年後には7.2%であった。

このような肥料窒素の動態を数種類（トウモロコシ、ダイコン、ニンジン、ハクサイ）の野菜栽培で調査し、生育ステージごとの各ピークの出現位置と施肥後の**積算降水量**との関係を調査した。それぞれのピークは作物窒素吸収量、土面被覆率、土性あるいは孔隙特性などでその現れ方は異なると思われるが、基本的には土壌浸透水に伴う硝酸態窒素の下層への溶脱程度をあらわすものと考えられる。その最大ピークの出現位置と積算降水量との間には高い相関関係があり、表層から1mの土層間では積算降水量100mmでおよそ10cmの降下が認められた。さらに下層の地下水面（水位2.4m）まで同様な調査を行なった結果、それ以下の層では積算降水量1,000mmで約40cmと降下速度が遅くなっていた。このようなプロセスを経て硝酸態窒素は地下水まで流出する。

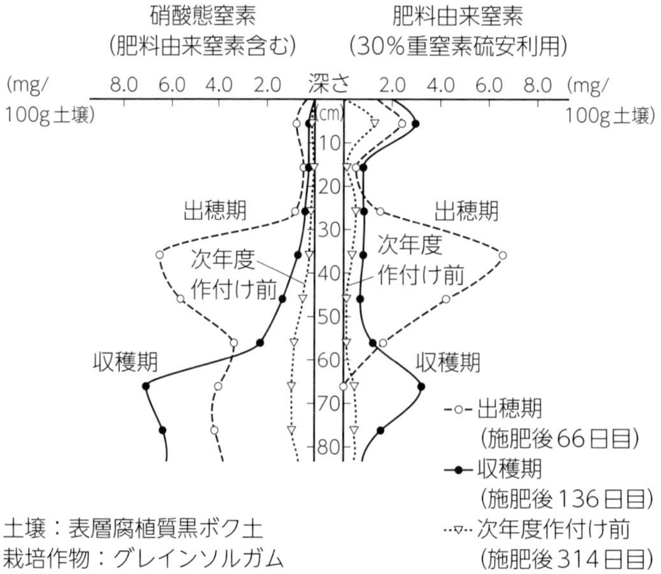

4) 窒素流出負荷量

今まで農耕地からの窒素の流出負荷量が調査・研究され、それらの文献データ（畑地218点、水田66点）か

硝酸態窒素（肥料由来窒素含む）　肥料由来窒素（30%重窒素硫安利用）

(mg/100g土壌)　8.0 6.0 4.0 2.0　深さ　2.0 4.0 6.0 8.0　(mg/100g土壌)

出穂期　次年度作付け前　収穫期
出穂期　次年度作付け前　収穫期

－○－出穂期（施肥後66日目）
－●－収穫期（施肥後136日目）
……次年度作付け前（施肥後314日目）

土壌：表層腐植質黒ボク土
栽培作物：グレインソルガム
施肥量：6月6日、硫安でNとして30kg/10a施用

(小川, 1979)

図5-7　土層中の生育時期別窒素肥料の垂直分布

ら地目別にデータベースが作成されている（図5-8）。これを見ても多量の窒素（大部分が硝酸態窒素）が農耕地から流出していることがわかる。**窒素流出負荷量**（kgN/年）を10a当たりに換算して多い順に地目で示すと、茶園（28.1）＞野菜畑（20.8）＞飼料畑（17.7）＞茶以外の樹園地（7.4）＞野菜以外の畑（6.1）＞ハス田（5.3）＞水田（0.2）である。とくに水田からの流出は、代かき、田植え時期に限られている。ちなみに、**水質総量削減計画**の面源原単位は27kgN/ha/年である。

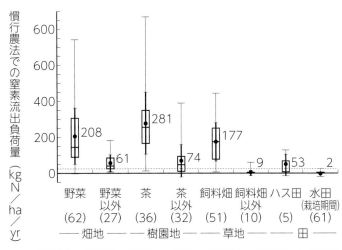

（江口ら，2012）を改変、水田は（箭田ら，2020）から計算

注1：図内の数値は算術平均値
注2：破線は第6次水質総量削減計画の面源原単位 27kgN/ha/年
注3：（　）内はサンプル数

図5-8　地目別の窒素流出負荷量

あわせて、地目ごとの改善対策についてもデータベース化されており、有機物代替や緩効性肥料の利用、カバークロップなどの対策技術を施すことで、おおよそ茶園では40％、野菜畑では20％の流出削減効果が示された。現在では種々の施肥改善技術（145頁）が提案され実施されており、窒素の流出削減に一定の効果が認められている。

5) 一酸化二窒素の排出

図5-6に示すように、農耕地からは二酸化炭素のおよそ300倍の温室効果を持つ**一酸化二窒素 (N_2O)** が発生する。このガスは温室効果ガスであると同時に**オゾン層破壊物質**としても知られている。一酸化二窒素はおもに土壌中における硝酸化成作用と脱窒作用の中間生成物として生成される。農耕地では施肥するので無機態窒素が多くなるため、一酸化二窒素の放出量は施肥窒素量の0.01〜2.0％と推定されている。発生を制御する方法としては、脱窒をスムーズにすすめることや**硝酸化成抑制剤**の利用などが考えられる。

6) 畑と水田の窒素収支

野菜類を中心に栽培を続けた畑の**窒素収支**を図5-9に示す。土壌へのインプットは降雨（0.66kg/10a）と肥料（34.25kg/10a）があり、アウトプットは収穫物の持ち出し（25.46kg/10a）、地表流出および溶脱による系外流出（7.63kg/10a）、脱窒など（1.68kg/10a）でほぼ釣り合っている。特徴的なことは、畑は酸素が十分に供給されているため酸化的であり、肥料窒素や有機物から無機化した窒素はすみやかに硝酸態窒素まで変化する。この意味で畑は窒素の無機化・硝化ゾーンといえる。

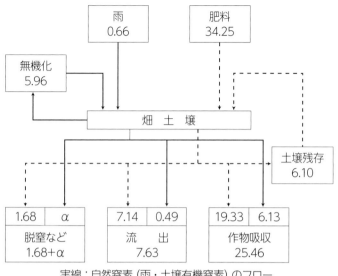

実線：自然窒素（雨・土壌有機窒素）のフロー
点線：肥料窒素（硫酸アンモニア）のフロー

(小川, 1979)

図5-9　畑における窒素収支(kg N/10a/年)

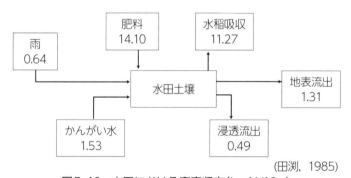

(田渕, 1985)

図5-10　水田における窒素収支(kg N/10a)

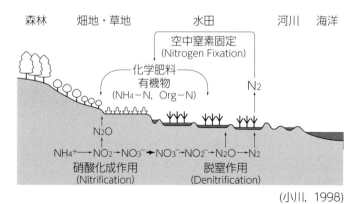

(小川, 1998)

図5-11　地形連鎖と窒素の循環

一方、水田は集水域内において、かんがい水を取り入れ排水するという水の流れのなかに存在している。そのため水田土壌は田面水によって大気と遮断されており嫌気的条件、すなわち還元的な系を有しているといえる。窒素の動態をみても、畑では**硝酸化成作用**が優先するのに対して、水田では**脱窒作用**が働く。

水田における窒素収支を図5-10に示す。インプットは降雨（0.64kg/10a）、かんがい水（1.53kg/10a）、肥料（14.10kg/10a）であり、アウトプットは水稲吸収（11.27kg/10a）、地表流出（1.31kg/10a）、浸透流出（0.49kg/10a）である。水の出入りに着目すれば、流入窒素量は降雨とかんがい水から2.17kg/10a、流出した窒素量は地表、浸透流出を合わせて1.80kg/10aであることから、差し引き0.37kg/10aが水田を通過する際に脱窒除去されたことになる。このように水田は貴重な**脱窒ゾーン**であり、農業生態系を循環する窒素化合物を大気へ戻す大きな経路になっている。

7) 地形連鎖と窒素の循環

ある地域を考えた場合、そのなかの窒素の移動は人為的

な運搬を除き水の移動に伴うものである。森林、畑・草地、水田をみると、それぞれ環境に対するインパクトは異なる。これらがうまく配置されることで、わが国の農耕地は**窒素循環**のバランスが保たれているといえる。すなわち、台地や丘陵地にある畑や草地は酸化的な系を有し、谷間や低地にある水田は湛水することから還元的な系を有している。そのため、山地の森林、台地の畑や草地から低地の水田にいたる水の流れに沿った**地形連鎖**や**土地利用連鎖**を通して、酸化と還元、そこにおける微生物のバイオリアクター機能などがさまざまに作用し、農業生態系のなかにダイナミックな窒素循環システムを構築している（図5-11）。

3 環境保全型農業における施肥管理

農業はもともと物質循環を基本システム

話題3　窒素フットプリントから考える食の選択

カーボンフットプリントは「炭素の足跡」のことで、ライフサイクル全体を通して排出される温室効果ガスの排出量をCO_2に換算し、「見える化」によってそれぞれの立場におけるCO_2削減目標が明確になった。**窒素フットプリント**も同様で「人間の消費活動に伴い環境中に排出される窒素ロスの総量を定量化した新たな指標」ということができる。

私たちが口にする食品中のタンパク質には窒素が16％含まれている。この『食べる窒素』を生産し消費するまでの過程で環境中に多くの窒素が排出され、地域や地球環境にさまざまな負の影響を及ぼしている。

近年、江口らは日本の食料消費に伴って国内外の環境中で生じている窒素負荷（食の窒素フットプリント）を明らかにした。国内消費者向けに供給される『食べる窒素』のうち、11％は食品ロス（可食部の廃棄）、22％は食べ過ぎ（食事摂取基準）であった。消費者側の対策としては食品ロス、食べ過ぎの削減、さらに現在と同程度のタンパク質が供給されていた1970年ごろの日本食を組み合わせることにより、食の窒素フットプリントを最大46％削減できると推定している。このことは**「食育」**などを通じて窒素負荷による環境問題の原因や解決策を、私たち一人ひとりが身近な問題として考えるための科学的な根拠となる。

消費行動を通じて食の窒素フットプリントの低減を図るには、どの食品が環境保全的な食料生産方式によって生産・供給されたかをラベルなどで表示し、消費者の商品選択基準のひとつとして利用できるようにすることが必要であると提言している。

1）農研機構生研支援センター（2020）イノベーション創出研究推進事業　研究紹介2019：9〜10
2）江口定夫・平野七恵（2019）日本の消費者の食生活改善による反応性窒素排出削減ポテンシャルと国連SDGsシナリオに沿った将来予測、日本土壌肥料学会雑誌90（1）：32〜46

として成立し、環境ともっとも調和した産業である。今まで行なわれてきた**多肥集約型農業**と**低投入・環境保全型農業（環境にやさしい農業）**の基本的な**肥培管理**の違いを整理して図5-12に示す。

　今まで農業は高品質、安定多収を目的に、化学肥料や農薬に依存した多肥集約型の農業を展開してきた。このような農業を続けることにより土壌中の養分は増加し、バランスを失うとともに、さまざまな生育障害、生理障害が発生するようになった。その結果、土壌消毒、湛水除塩、深耕、客土などの対症療法によって土壌環境の適正化に努めてきた。さらに消費者ニーズに応えるため、このような土壌環境でも安定栽培が可能な耐塩性、耐病性の品種へと替えてきた。しかし、これらが長い期間にわたり繰り返し行なわれたことにより、化学肥料、農薬などの生産資材や化石エネルギーはますます多投入となり、土壌養分の富化や偏在を引き起こし、ひいては地下水の硝酸汚染や湖沼の富栄養化などの環境汚染が顕在化する要因を招いた。

　一方、物質循環を考慮し、環境への負荷を最小限にとどめる低投入・環境保全型農業は、土壌が本来持っている多くの機能を最大限に利用する農業である。そのためには合理的な**輪作体系**を基礎として、**有機物還元**による**土づくり**と**土壌診断**および**栄養診断**に基づいた**施肥管理**により、できるだけ

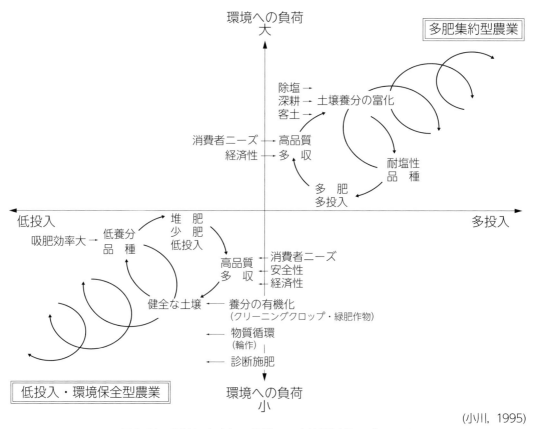

(小川, 1995)

図5-12　環境にやさしい農業への土壌肥料的アプローチ

少ない施肥量での栽培が基本となる。

　すなわち低投入・環境保全型農業とは、農耕地において物質循環が再生するような肥培管理をすすめることにより、健全な土壌環境を持続的に維持し、そこで生産される農作物に対する安全性と品質面での信用を高めるものである。

(1) 有機物還元による物質循環の再生と土づくり

　物質循環の視点に立てば、作物残さや畜産からの廃棄物などを堆肥化して農耕地へ還元することは、**環境にやさしい農業**をすすめるうえで基本的な肥培管理技術である。

1) 有機物資材の土壌中での分解速度

　ひとくちに有機物といっても、**有機質肥料**として販売されている油かすや骨粉をはじめ、わらや山野草を堆積したもの、家畜ふん尿や生ごみを原料にしたもの、剪定枝や樹皮などさまざまである。有機物だからといってむやみに土壌に還元しても、逆効果になる場合もある。

　有機物の土壌中での**分解速度**は**炭素率（C/N比）**でほぼ決まる。炭素率が10より小さい場合は炭素より**窒素の無機化率**が大きく、炭素率が10付近であれば炭素と窒素の無機化率はほとんど同じである。10より大きくなると両者の無機化率の差が大きくなり、60以上になると有機物自体が周辺土壌より窒素を取り込み、100、200ではその取り込みが何年も続く。

　また、**炭素の無機化率**からみた有機物の分解速度は、炭素率と関係なく初期の有機物に含まれる**リグニン**含量に支配される。

すなわち、堆肥のように発酵過程を経ている有機物は、炭素率が小さくても易分解性の部分が少ないため分解は遅い。炭素率が大きくても**セルロース**、**ヘミセルロース**が多く、リグニン含量の少ないわら類は分解が速い。木質類はセルロース、ヘミセルロースが多く、リグニン含量も多いため分解はおさえられる。

　このように、有機物の分解に伴う窒素の放出は、炭素率とリグニン含量の2つの組み合わせによって決まる。有機物には分解率を含めて種々の特性があるので、表5-2に示すように、利用目的に応じて適正に使い分けることが肝心である。

2) 有機物資材の使い方

　茨城県内で流通している各種**堆肥**（合計161点）の成分含量の平均値を、1960年代に農家で使用されていた**堆きゅう肥**（105点の平均）と比較して図5-13に示す。

　堆肥中の成分が栽培期間中にすべて無機化して化学肥料と同等の効果を現すとは限らないが、畜種により差こそあれ、現在使用されている堆肥がいかに多量の肥料成分を含んでいるかがわかる。1999（平成11）年**家畜排せつ物法**が施行され、雨にあたらない状態で堆積するようになり**家畜ふん尿**や副資材の成分がそのまま残存した形で堆肥化されるためである。

　1960年代の堆きゅう肥は炭素率が高く低成分であり、1tの施用で高度化成肥料（オール14：20kg袋）に換算すると1〜2袋程度であるが、現在流通している牛ふん堆肥では4袋、豚ぷん堆肥や鶏ふん堆肥の場合は6〜10袋施用した量に相当する。とくに突出

表5-2 各種有機物の特性と施用上の注意

(藤原，1986)

有機物の種類	原材料	施用効果			使用上の注意
		肥料的	化学性改良	物理性改良	
堆肥	稲わら，麦稈および野菜くずなど	中	小	中	もっとも安心して施用できる
きゅう肥（牛ふん尿） （豚ぷん尿） （鶏ふん）	牛ふん尿と敷料 豚ぷん尿と敷料 鶏ふんとわらなど	中 大 大	中 大 大	中 小 小	肥料効果を考えて施用量を決定する
木質混合堆肥（牛ふん尿） （豚ぷん尿） （鶏ふん）	牛ふん尿とオガクズ 豚ぷん尿とオガクズ 鶏ふんとオガクズ	中 中 中	中 中 中	大 大 大	未熟木質があると虫害が発生しやすい
バーク堆肥	バークやオガクズを主体にしたもの	小	小	大	同上
モミガラ堆肥	モミガラを主体としたもの	小	小	大	物理性の改良効果を中心に考える
食品産業廃棄物	米ぬか、油かす、オカラなど	大	中	小	肥料効果を考えて施用量を決定する

している鶏ふん堆肥に含まれる石灰含量は炭カル（20kg袋）6袋分に相当する。

　各種の堆肥は畜種をはじめとして堆積時期、堆積期間、副資材の種類や混合割合などでバラツキが大きく、投入成分量の把握が困難である。また、それぞれ土壌中での分解時間が的確に把握できないことなどから、施用量や利用法に苦慮しているのが現状である。2020（令和2）年の法改正により「指定混合肥料」「混合特殊肥料」が新設され、堆肥と化学肥料の混合施用や堆肥の成分を化学肥料で補うこと、さらに特殊肥料同士を混合することが可能になった（91頁）。これにより堆肥の多様な利用法が考えられるので、今まで以上に有機物の土壌還元がすすむものと期待されている。

　有機物の施用にあたっては図5-14に示すように、土づくりなのか肥料代替なのか、利用目的を明確にしたうえで堆肥の種類を選び農耕地に還元することが肝心である。土づくりのために施用した堆肥といえども、いつかは分解して化学肥料と同じ動態を示すので、くれぐれも投棄的な施用は慎むべきである。

3）堆肥を利用した場合の肥料の削減方法

　家畜ふん堆肥中には窒素をはじめとして多くの肥料成分が含まれている（図5-13）。とくに連用している場合は土壌診断を行ない蓄積している成分については、化学肥料の削減を考慮する必要がある。

　家畜ふん堆肥の品質表示基準で、窒素、リン酸、カリの全量を表示することが義務づけられている。しかし、この値は有機態と無機態成分の合量なので化学肥料のように速効性ではない。これらを施用した場合堆肥から投入される肥料成分量を算出し、その量だけ化学肥料の施肥量を削減する。目標としては窒素の削減量、すなわち堆肥による窒素代替率は30％以下とする。代替率を高くすると家畜ふん堆肥から供給され

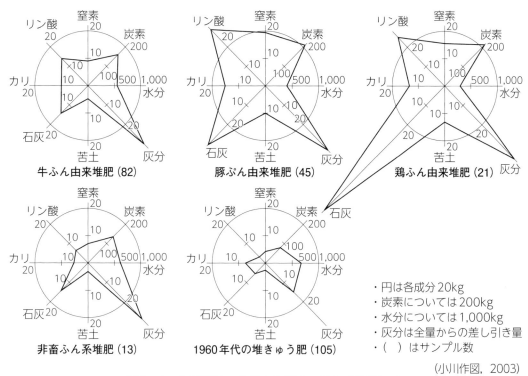

牛ふん由来堆肥 (82)　　豚ぷん由来堆肥 (45)　　鶏ふん由来堆肥 (21)

非畜ふん系堆肥 (13)　　1960年代の堆きゅう肥 (105)

・円は各成分20kg
・炭素については200kg
・水分については1,000kg
・灰分は全量からの差し引き量
・（ ）はサンプル数

(小川作図，2003)

図5-13　各種堆肥1t施用した場合の投入成分量(kg)

るリン酸、カリが過剰になる
ためである。

【家畜ふん堆肥の肥効率】

家畜ふん堆肥からの投入量
は**肥効率**を用いて算出し、化
学肥料と同等の速効性の部分
を評価して肥料の削減を行な
う。**肥効率**とは、化学肥料の
成分量の**利用率**を100％とし
た場合の家畜ふん堆肥に含
まれる成分量の利用率の割合
で、化学肥料と同等ならば肥
効率100％、化学肥料の半分
であれば50％となる。家畜
ふん堆肥の全窒素含有率と
肥効率との間には相関がある
ので、表5-3に示すように窒

どのようなねらい・目的で有機物を施用するのか

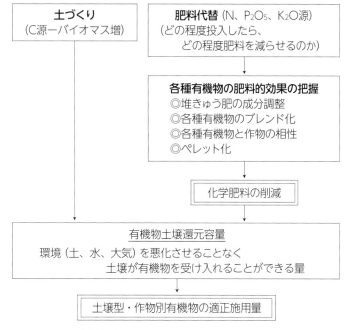

図5-14　有機物(家畜ふん尿を含む)施用に関する考え方

表5-3　家畜ふん堆肥の肥効率の一例(%)

(千葉県, 2009)

堆肥の種類	堆肥の窒素含有率 (現物あたり)	肥効率		
		窒素	リン酸	カリ
鶏ふん堆肥	0 ～ 1.6	20	80	90
	1.6 ～ 3.2	50	80	90
	3.2以上	60	80	90
豚ぷん堆肥 牛ふん堆肥	0 ～ 1	10	80	90
	1 ～ 2	30	80	90
	2以上	40	80	90

注：水分は鶏ふん堆肥で20%、豚ぷん・牛ふん堆肥で50%とした

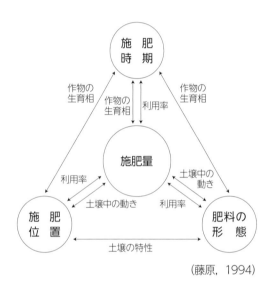

(藤原, 1994)

図5-15　施肥技術を構成する4要因

素の肥効率は窒素含有率によって区別できる。窒素の肥効率がわかれば家畜ふん堆肥から作物に吸収利用される窒素量が計算できるので、堆肥からの供給窒素量を化学肥料から削減する。

また、リン酸とカリについては堆肥の種類や窒素含有率とは無関係に肥効率は80 ～ 90%であるため、ほぼ100%に近い量の化学肥料が削減できる計算になる。最近は窒素の肥効率から堆肥の施用量を算出するとリン酸やカリが多投入になり、土壌診断結果からも可給態リン酸、交換性カリが蓄積している土壌が多く認められている。そのため、堆肥の投入量をリン酸やカリ含量から代替量を算出し、不足する窒素量を化学肥料で補う施肥設計が提案されている。

(2) 適正な施肥量とは

施肥の目的は作物が必要とする養分を効率よく吸収させ、高品質な農産物を安定的にたくさん生産することである。また、同時に省力・低コストで環境に配慮した環境にやさしい**施肥技術**でなくてはならない。

施肥技術は作物の種類、地域、土壌の種類あるいは作期などにより異なる。作物の施肥を考えるに際しては、①どのような肥料成分を、②どのくらいの量で、③どのような形態のものを、④どの時期に、⑤どのような方法で施用するかが問題になる (図5-15)。

1) 施用すべき肥料成分

肥料としてどのような成分を施用するかは、栽培する作物の各養分の吸収量と土壌からの養分の供給量によって決まる。土壌からの養分の供給量は、土壌の種類とその管理来歴により左右される。わが国の畑では開墾当初はリン酸の欠乏が激しく、さらに強酸性であり、石灰、苦土、カリなどの交換性塩基が不足していたため、それらの施用がもっとも必要であった。しかし、熟畑化するにしたがってこれらの**肥料成分**は土壌中に蓄積するようになり、不足する程度は著しく緩和され、可給態リン酸や交換性石灰に至ってはわが国耕地土壌の50%以上が過剰域に達している。その一方で塩基

含量の過不足によってバランスが崩れた土壌が増えている。そのため、熟畑化した現在の土壌では、ほとんど窒素が**最小養分**となっていて、その供給量の多少が地力を決定する要因にもなっている。

2）作物の養分吸収量

施肥量は、作物が収奪した養分量を補給することが基本となる。作物の単位収量を得るための養分の吸収量を、地上部養分吸収量と収穫物の養分吸収量に分けて表5-4に示す。

単位収量あたりの三要素の吸収量はマメ類が突出して多く、吸収した窒素の大部分は**根粒菌**による空中窒素の固定である。そのため、窒素施肥に際してはこれを考慮しなければならない。多くの作物では窒素の吸収量よりもカリの方が多い。また、吸収された全養分が圃場から完全に持ち出されるものと、残さとして圃場に還元されるものとがあり、これらの割合によって肥料として補給する養分量は変わり、さらに地力維持にも影響する

3）土壌からの養分供給量

土壌からの養分供給量とは、無肥料で栽培したときの作物が吸収した養分量のことで、雨やかんがい水からの供給量を含む。また、このなかには**可給態窒素**のように栽培期間中に無機化して作物に吸収利用される土壌養分も含まれる。

これらの養分量を正確にもとめることはきわめて困難であるため、通常は一定の抽出液で土壌を抽出した値を用いる。窒素に関してはこの値に保温静置培養法、熱水抽出・COD簡易測定法などでもとめた無機化窒素量を加える。

4）肥料の利用率

施肥した肥料が作物に吸収・利用される割合を**利用率**（対象作物による施肥した肥料の回収率）といい、これは施肥量を決めるうえで重要な要因となっている。

利用率は一般に次式に示す差し引き法によって算出する。

$$R = \frac{Ba - Bo}{A} \times 100$$

R ：利用率（%）　　A：養分の施肥量
Ba：A量の養分を施肥したときの養分の吸収量
Bo：養分を施肥しなかったときの養分の吸収量
　　（土壌からの吸収量）

水稲における肥料三要素の吸収量と利用率の例を表5-5に示す。養分の吸収量は三要素区および欠如区ともカリ＞窒素＞リン酸の順であり、それらの利用率はカリがもっとも高く68%であり、次いで窒素の57%、リン酸は37%である。

5）施肥量の推定法

作物の養分吸収量に基づいた施肥量の推定法を示す。

作物の養分含有量は特別な場合を除きほぼ一定しているので、収量が増大するにしたがって養分の吸収量も増えるのが普通である。したがって、施肥量は次式により推定する。

表5-4 作物の収穫物1tあたりの全地上部養分吸収量および収穫物吸収量(kg/t)

(尾和, 1996)

	作物名	全地上部養分吸収量			収穫物 (持ち出し分) 養分吸収量		
		N	P₂O₅	K₂O	N	P₂O₅	K₂O
米穀類 (乾燥子実)	水稲	18.70	9.25	26.36	11.65	6.10	4.32
	コムギ	25.18	9.50	31.08	18.97	7.73	5.05
	六条オオムギ	20.35	7.84	31.37	16.62	7.09	6.99
	二条オオムギ	14.50	6.17	10.02	13.27	5.91	5.18
マメ類 (乾燥子実)	ダイズ	69.17	16.32	32.10	63.70	14.84	21.73
	アズキ	40.68	15.31	35.44	34.72	8.95	18.20
	インゲン	50.13	15.71	55.58	34.23	10.77	19.29
イモ類	カンショ	4.21	1.27	5.93	2.1	0.78	3.01
	バレイショ	2.65	1.08	7.15	1.89	0.89	5.0
野菜	キュウリ	1.78	1.11	3.99	1.07	0.56	2.28
	トマト	1.52	0.64	3.57	0.92	0.44	2.47
	ナス	2.69	0.89	4.55	1.62	0.6	2.42
	ピーマン	5.83	1.13	7.33	1.4	0.5	2.4
	カボチャ	2.77	1.00	5.45	1.49	0.81	3.17
	イチゴ	3.14	1.54	6.44	2.15	0.92	3.77
	スイカ	1.81	0.73	8.28	1.29	0.49	5.94
	露地メロン	5.08	2.02	15.68	2.71	1.08	11.5
	エダマメ	9.57	2.02	17.20	2.68	1.46	5.72
	未熟トウモロコシ	10.72	4.43	17.30	4.26	1.61	3.3
	キャベツ	4.83	1.25	5.16	2.52	0.73	2.76
	ハクサイ	2.07	0.82	4.43	1.39	0.57	2.64
	ホウレンソウ	4.63	1.29	8.51	4.63	1.29	8.51
	ネギ	4.47	1.15	4.37	2.95	0.63	2.53
	タマネギ	1.91	0.94	2.45	1.72	0.87	2.15
	レタス	3.62	1.24	4.28	1.96	0.78	2.5
	ダイコン	2.15	0.93	4.28	1.05	0.57	2.65
	ニンジン	2.03	0.63	4.99	1.24	0.52	3.14
	ゴボウ	6.74	2.90	8.75	6.74	2.9	8.74
	サトイモ	3.07	1.11	6.12	2.23	0.94	4.56
	レンコン	8.00	1.80	9.13	3.4	1.4	5.6
果樹	ミカン	5.62	0.69	3.64	0.8	0.3	1.6
	リンゴ	3.10	0.82	3.20	0.3	0.2	1.3
	ブドウ	5.87	2.80	6.80	0.8	0.3	1.6
	日本ナシ	4.43	1.80	3.99	0.5		1.7
	モモ	5.38	2.17	7.65	1.0	0.3	2.0
	クリ	5.95	1.50	5.28	4.3	1.5	6.0

注:果樹の全地上部養分吸収量は文献から計算。果樹の収穫物養分吸収量は食品成分表から計算。そのほかの数字はすべて試験研究機関の調査した実測値 (平均値のみ表示)

表5-5 水稲の三要素吸収量とその利用率

(住田)

要素	養分吸収量 (kg/10a)		利用率 (%)
	三要素区	欠如区	
窒素	8.81	4.22	57
リン酸	5.22	2.23	37
カリ	11.84	6.44	68

注:施肥量は各要素とも8kg/10a

$$F = \frac{(Y \times n) - N}{a}$$

F：必要とする養分量（kg/10a）

Y：目標とする収量（kg/10a）

n：単位収量（100kg）あたりの養分吸収量（kg）

N：土壌からの養分供給量（kg/10a）

a：肥料養分の利用率（％）

　例として水稲の窒素の必要量を計算する。

Y：目標収量：500kg/10a

n：単位収量（100kg）あたりの

　　窒素吸収量：2.0kg

N：土壌からの窒素供給量：6.0kg/10a

a：肥料の利用率：50％

　以上のように仮定すると、必要量の式は次のとおりである。

F＝｛(5×2.0) － 6.0｝÷0.5 ＝ 8.0（kg/10a）

　窒素の必要量は約8.0kg/10aとなる。nの値はほぼ既知の値（表5-4）であるが、土壌からの養分供給量や利用率は変動しやすいので、Fの値は概数とならざるを得ない。

(3) さまざまな条件における施肥法の改善

1) 施肥時期と省力化

　作物は**生育ステージ**によって、必要とする養分の量が異なる。基肥として全量施用できれば省力になるが、一度に多量の施肥をする場合には**濃度障害**を考慮して施肥位置を決めなければならない。また、作物の養分吸収が少ない時期に多量の肥料を基肥として施用すると、溶脱、ガス化などで損失が多くなり環境への負荷が増加する。作

物の**吸肥特性**に対応した施肥ができれば環境への影響は少なくなるが、追肥のために作物が生育している圃場に入る時期は限られ、また労力が多くなるなど難点が多い。肥効調節型肥料や有機質肥料を適正に利用すると**全量基肥栽培**が可能になる。

2) 施肥位置と肥料の形態

　作物の種類、品種などによって根の分布は変わり、また養分の吸収時期も異なる。それぞれの作物の特性に合わせて**施肥位置**を工夫することにより、濃度障害を避けながら肥料の利用率を向上させることができる。**肥効調節型肥料**を利用すると濃度障害が出にくいので**接触施肥**が可能になり、速効性肥料と違った使い方ができる。さらに、**肥料の溶出パターン**を選ぶことにより養分を供給する時期を変えることもできる。

　窒素の形態と施肥位置により水稲の基肥窒素の利用率が向上した事例を図5-16に示す。施肥位置は移植直後に作土表面に施肥する**表面施肥**、苗の約3cm外側へ約4cmの深さに条施する**側条施肥**、苗と直接接触する**育苗箱施肥**を比較している。それぞれの窒素の利用率は硫安の表面施肥9％、側条施肥33％であるのに対し、肥効調節型肥料（被覆尿素肥料）の利用率は表面施肥61％、側条施肥78％と高い。接触施肥である育苗箱施肥では83％と著しく向上する。

3) 野菜類に施肥量が多い理由

　一般的に野菜類は普通作物に比べ窒素をはじめとして施肥量が多い。その理由として普通作物は、生育がほぼ終了した時点で収穫期を迎えるため、この時期は養分の吸

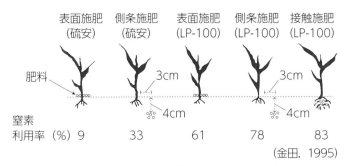

表面施肥　　側条施肥　　表面施肥　　側条施肥　　接触施肥
（硫安）　　（硫安）　　（LP-100）　（LP-100）　（LP-100）

肥料

3cm　　　　　　　3cm

4cm　　　　　　　4cm

窒素
利用率（%）9　　　33　　　61　　　78　　　83

(金田, 1995)

図5-16　基肥窒素の形態と施肥位置が水稲の窒素利用率に及ぼ
　　　　す影響
　　　　（品種：あきたこまち、1990〜1991年）

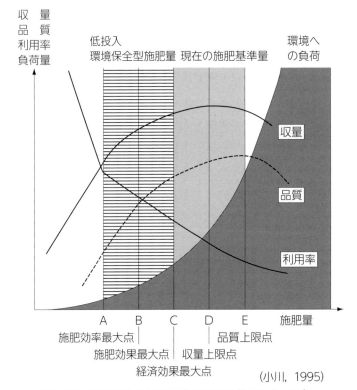

図5-17　環境にやさしい農業における施肥評価モデル

(小川, 1995)

る。さらに、地力の面から土壌から放出される養分量がこの時期多くなるように土壌は管理されている。

　これが普通作物に比べて野菜類の施肥量を多くしている理由である。このため、野菜類が収穫された跡地土壌には収穫直前まで生育を支えていた多くの肥料養分が残存する。これらの養分は次作物などに有効に利用されない限り土壌浸透水の発生に伴い溶脱し、地下水をはじめとして環境に負荷を与えることになる（135頁、図5-8）。環境保全ならびに省資源、低コスト栽培に向けた施肥技術においては、土壌診断に基づく適正な施肥管理が重要なポイントとなる。

4）普及されつつある施肥量低減技術

　各都道府県には作物の種類や作型に応じて**標準施肥量**が設定されている。それらは各作物の**養分吸収パターン**や吸収量から、基肥や追肥の量や時期、肥料の形態などを変えて、何年も試験を繰り返してつくられている。施肥量、施肥法はこのような公的な**耕種基準・施肥基準**に準拠する。

　肥料による環境への負荷を制御するには、個々の作物による肥料の利用率（回収

収も少なく、土壌中には肥料養分をほとんど必要としない。これに対して多くの野菜類は、栄養生長期や生殖生長期の養分吸収がもっとも盛んな時期に収穫時期を迎えるため、その生育を支える土壌中には窒素をはじめとして多量の肥料養分が必要にな

率）を高めることが肝心である。そのためには、作物の吸肥特性を把握したうえで必要最小限の施肥量で作物の要求量に応じられるようなきめ細かな施肥管理がもとめられる。

施肥量に関する考え方を**施肥評価モデル**として図5-17に示す。今までは高品質、安定多収を目標として多肥栽培に頼らざるを得なかった（D、E点）。このため作物による利用率は低下し、それに反比例して環境への負荷（土壌養分の富化、流出量の増大）が次第に大きくなった。

環境にやさしい農業では、**施肥効果**（施肥することによる増収率）が最大になる施肥量の範囲（A、B、C点）を適正施肥量の範囲とし、そのうえで現行の収量、品質を確保する手段として、全面全層施肥を局所施肥に変えたり、マルチ資材の利用を組み合わせるなどの施肥管理技術がある。

普及されつつある**施肥低減技術**については表5-6に示す。加えて、これからの肥培管理技術としては堆肥や土壌改良資材の特性を十分理解したうえで化学肥料との併用により、互いの肥料効果を補完し合う**指定混合肥料**（91頁）、**混合特殊肥料**（92頁）などの利用が考えられる。

表5-6　普及されつつある施肥低減技術

作物	施肥低減技術
水稲	L字型肥料、肥効調節型肥料、側条施肥、育苗箱全量施肥
畑作	作条施肥、BB肥料、緑肥作物の導入
露地野菜	L字型肥料、2作1回施肥、局所施肥、育苗ポット施肥
施設野菜	育苗ポット施肥、養液土耕
果樹	局所施肥、点滴かん水同時施肥、草生栽培
茶	樹冠下施肥、畝間マルチ、深層施肥

４ 輪作による肥料の効率的利用

(1) 圃場を裸地にしない

物質循環を考慮した施肥法としては、個々の作物に対する施肥管理ではなく、作物の**吸肥特性**を加味した、圃場に対する**施肥体系**および肥培管理を確立する方法がある。すなわち、一定の**輪作体系**のもとに前作作物の残存養分を次作物の基肥として利用する方法や、イネ科を中心とした普通作物を**クリーニングクロップ**として野菜栽培の作付け体系のなかに組み込むなどの方法である。多肥集約栽培が慣行化している野菜栽培では、できるだけ連作を避け一定の輪作体系のもとに栽培を行なうことが、**連作障害**を回避してより効率的な施肥法となる。輪作を行なうことは耕地生態系に多様性を持たせ、土壌の持つ種々の機能がリンクした形で高まり、病害虫への抵抗性も付与する。

現在のように産地間競争が激しく、さらに農家経営を考えた場合、輪作の必要性は理解できても実現不可能な状況にあることは否めない。そこで、それぞれの農家が輪作を行なうのではなく、図5-18に示すような地域内における栽培作物の異なる農家や畜産農家との間での**地域輪作**が考えられる。すなわち、経営の異なる農家間での**交換耕作**を、ひとつの輪作体系に基づき地域内でシステムとして管理する方法である。これにより野菜農家は野菜栽培に専念でき、普通作農家は規模拡大の道がひらけ、畜産農家は**畜産廃棄物**の局所的な土壌還元

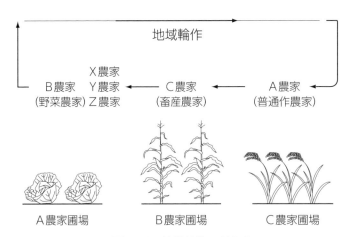

図5-18　地域輪作の考え方

表5-7　青刈り作物の養分吸収量（10aあたり）

青刈り作物	収量		N (kg)	P₂O₅ (kg)	K₂O (kg)
	生重 (t)	乾重 (t)			
トウモロコシ	5～7	0.8～1.4	20～30	3～4	50～90
ソルガム	5～7	1.0～1.3	20前後	3～5	30～70
シコクビエ	5～7	0.6～1.0	10～25	1～3	30～50
エンバク	3～6	0.4～0.7	10～20	2～4	20～50
ライムギ	3～4	0.5～0.6	10～20	2～4	30～40
イタリアンライグラス	3～6	0.4～0.6	10～20	1～4	20～40

が少なくなる。さらに、それぞれの農家は農業機械などの設備も省力でき、低コスト栽培が実現する。圃場サイドからみるとつねに栽培作物の異なる農家が耕作することになり、連作障害が起こることも少ない。

　今後このような地域輪作をシステムとして管理し実践するには、農業改良普及センターをはじめ地域農業の中心である農協や肥料商の役割は大きい。

（2）緑肥作物の積極的利用

　輪作体系の導入が困難な地域では、土壌残存養分や過剰養分の**クリーニングクロップ**や**カバークロップ**として**緑肥作物**の利用が考えられる。青刈りトウモロコシや

ソルガムなどの養分吸収量は表5-7に示すように、窒素で10～30kg/10a、リン酸で1～5kg/10a、カリで20～90kg/10aと多い。この値は年間に肥料成分が地下水まで流出する量をはるかに上まわっている。これらを堆肥化して利用することがベストであるが、**青刈りすき込み**を行なう場合でも土壌に蓄積した養分をいったん有機化して、それを作土に戻すことは養分の再利用につながるので物質循環の面からも重要な耕地管理技術といえる。

　土壌を適正に管理し肥料成分の地下水などへの流出を少なくするには、できるだけ**裸地期間**をつくらないことである。降水量の多いわが国では自ずと**土壌浸透水**も多くなり、とくに裸地期間は水量、流出養分量も多くなる。作物を収穫した後、次作物の作付けまでの短い期間であっても緑肥作物等を導入してつねに圃場を被覆しておくことが肝心である。このことは営農努力によってつくられた肥沃な土壌が水食や風食などによって失われないための資源管理技術でもある。

5 農産物の品質を高める施肥法

（1）農産物・食品の品質要素

　多様な食料品が売り場に氾濫し、飽食の

時代が長く続くと食物は単に栄養源としてのみ摂取するのではなく嗜好品として好む傾向が強くなり、農産物の高品質化へのニーズが高まっている。

品質は単に味のよさだけではなく、図5-19に示すように多くの要素が関与している。第一の要素に**栄養素**があげられる。人が必要とする栄養素は、タンパク質、炭水化物、脂質、ビタミン、ミネラルなど多種類にのぼっている。それらの摂取は食品の種類によって分化し、炭水化物は穀類から、繊維やミネラルはおもに野菜や果物から、タンパク質や脂質は畜産物や魚から取られている。

第二の要素は**機能的特性**とよばれるもので、なかでも"うまさ"と関係している**嗜好特性**が重視されている。これは、味をはじめとして香り、外観、色、歯ざわりなどの項目が総合されたものである。そして、食料品の種類によってどの項目が重視されるかは自ずと決まってくる。米では香りや歯ざわりが、果物では色、味、硬さなどが重視されている。食物の味はその化学的組成によって影響され、糖、有機酸あるいはアミノ酸の含量との関係が深い。

第三の要素としては新鮮さの問題がある。野菜や花きなどは**鮮度保持**がとくに重要である。貯蔵庫では温度、湿度や空気組成の調節によって鮮度が維持されているが、輸送中や売り場などの開放状態のもとでは農産物自体の活力に頼らざるを得ない。青物は収穫後も呼吸作用を続けており、そのエネルギー源として糖含量の多少が鮮度保持のうえから重要視されている。

(2) 品質向上のメカニズム

米の品質に関する消費者の関心は高い。米の品質には米粒の外観的な性質と米飯としての**食味**がある。食味を左右する外的な要因としては品種の特性がもっとも大きく関与し、つぎに登熟条件さらに栽培法となる。そのため、米の流通には品種と産地を組み合わせた**銘柄制度**が定着している。

米の食味は白米の理化学性との関係が大きい。まず、飯米の**熱糊化特性（粘り）**とデンプンゲルの老化性が直接的要因となる。デンプンは**アミロース**と**アミロペクチン**から構成されているが、後者の割合が多いものほど粘りが強く味がよいとされている。ちなみに、もち米のデンプンはアミロペクチンのみで構成されている。つぎに、**タンパク質含量**が高い米ほど食味が劣ることが認められており、出穂期ごろの窒素の追肥は米粒の窒素含量を高めるため、高品質化を狙う場合にはひかえる。

米の食味を評価する方法は従来、試験者（パネラー）が実際に試食して外観、香り、味、粘りなどの項目ならびに食味全体を総合的に評価していた。しかし、パネラーの能力や嗜好、地域性、年代により変化するため、最近は**近赤外分光法**による**食味計**（写真5-1）を用いた評価の技術がすすんでいる。食味計は波長800～2,500nmの近赤外領域の光の吸収度合いから、水分やタンパク質をはじめ、特定複数の成分を非破壊的に測定して**官能検査**に対する重回帰式から食味を評価する装置で、短時間に多くの点数を評価できるので広く利用されている。この近赤外分光法による**非破壊品質評価法**

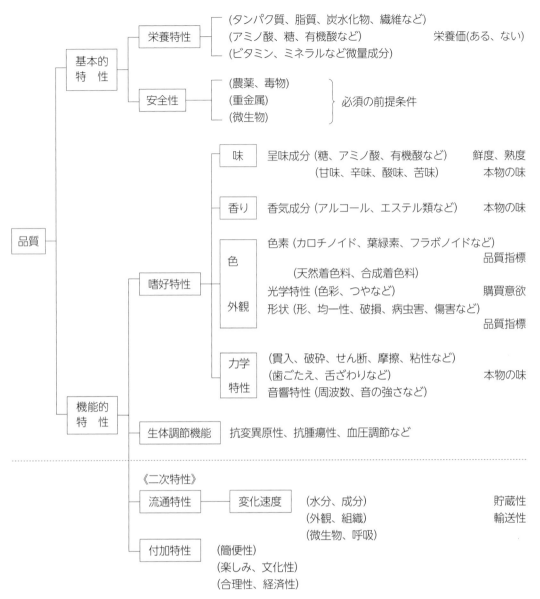

図5-19　農産物・食品の品質要素

は米だけでなく広く野菜や果物の成分分析に利用され、高品質化に貢献している。

　園芸作物とくに嗜好性の大きい果物や野菜類では、味を中心とした品質に対する関心がきわめて強く、それによる価格差は著しい。これらの品質を左右している主要因としては第一に品種があり、次いで産地、栽培法が関係している。

　農産物の品質に及ぼす化学組成および栽培条件の関連を図5-20に示す。品質に関与する栽培上の要因は第一に土壌水分であり、一般に収穫期を低水分の状態で経過させるほど作物体内の糖含量が増大し、高品質なものが生産される。これは作物体が低水分になるとデンプンから糖への生産が促進され、一方タンパク質の合成が抑制され

るためである。ハウスで栽培
される高糖度トマトなどは野
菜ではなく果物に近いと好評
を得ている。この主因は土壌
水分や根域を自由にコントロ
ールしてトマトの成熟期を低
水分状態で経過させることが
できるためである。

　品質に影響を与える第二の
要因は窒素の供給の仕方であ
る。窒素は一般に栄養生長を
旺盛にするが、生殖生長期に
入っても高濃度の窒素が存在
すると品質は明らかに低下す
る。生育の後期に窒素の供給
を抑制すると体内の糖含量が
増加し、タンパク質の生成は
減少する。これらが嗜好性、
とくに味に好影響をもたらすとされている。

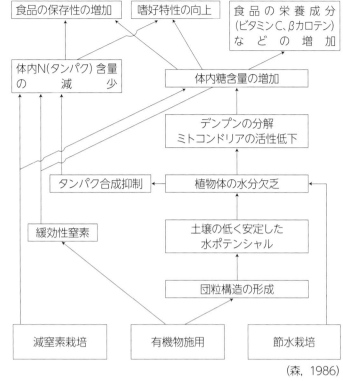

(森, 1986)

図5-20　農産物の品質に及ぼす栽培条件の影響

(3) 有機質肥料が品質に及ぼす影響

　最近、化学肥料・化学農薬をまったく使
用しないで栽培された**有機農産物**や、化学
肥料・化学農薬を慣行栽培より半分以下に
減らし**有機質肥料**などを利用して栽培した
特別栽培農産物などが高品質、高付加価値
農産物として流通している。そのため有機
質肥料が農産物の高品質化に有効であると
され、その消費は伸びている。有機質肥料
の特徴は含有している窒素が緩効的に作用
し、化学肥料のように急激に吸収されるこ
とがない点にある。さらに、有機質肥料は
土壌団粒の形成に関与して過剰な土壌水分
が排除されやすい。

　以上のように窒素と水分条件の改善によ

(写真：(株) サタケ)

写真5-1　米粒食味計(RLTA10C)

り、高品質なものが生産されやすいとされ
ている（図5-20）。ただし、有機質肥料は
万能であるわけではなく、緩効性というこ
とから多量に施用される場合があるので、
その種類や施用法、施用量については十分
注意を払わなくてはならない。

第6章

作物別特性と施肥法

1 水田土壌の特性と施肥法

(1) 水稲

1) 水田土壌の特徴

水田は低地に分布し、母材は水で運ばれ堆積した沖積土が主体である。その断面を見ると10～15cmの**作土層**の下にすき床層という硬くち密な耕盤があり、すき床層で透水が制限され、その発達程度により日減水深が大きく影響される。

おもな土壌群として灰色低地土、グライ土があり、この2つの土壌群で全水田面積の約70％を占める。灰色低地土は排水良好で非かんがい期間は全層が酸化層になり、ムギなどの裏作の作付けも可能である。グライ土は地下水位が高く排水不良であり、非かんがい期間においても下層は還元状態となり、Fe^{2+}に由来する青灰色の**グライ層**が出現する。

①土層の分化と脱窒作用

水田に入水し、代かき後に苗を移植ししばらく経過すると、表層の1cm前後の部分は大気中からの溶存酸素のほかに藻類などにより酸素が供給され、Fe^{3+}に由来する茶褐色の酸化層ができる。酸化層の下は酸素の供給よりも酸素の消耗が上まわるためFe^{3+}

が還元され、Fe^{2+}による青灰色の還元層となる。還元層では土壌中の成分の溶解度が増し、Fe^{2+}およびMn^{2+}は浸透水に溶解してすき床層直下の下層土に移行する。下層土が酸化的条件ではふたたびFe^{2+}はFe^{3+}にMn^{2+}はMn^{3+}となって土層に沈殿集積し、落水後の断面調査により斑鉄およびマンガン斑を観察できる。

酸化層のアンモニア態窒素は硝酸化成菌の作用によりNO_3^-に変化する。NO_3^-は土壌コロイドに吸着されないので田面水の浸透に伴って下層の還元層に移行し、脱窒菌の作用によって還元され、窒素ガス（N_2）となって大気中に失われる。この現象を**脱窒**

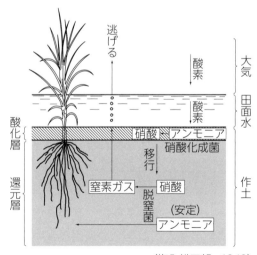

(塩入松三郎, 1943)

図6-1　水田作土の土層分化と脱窒現象

作用とよんでいる。

　土層の分化から脱窒作用が明らかにされ、その回避対策として全層施肥が提唱された。全層施肥とは施肥後、作土全層に混ざるように耕うんと代かきを行ない、肥料が酸化層に留まる割合を少なくする方法である。施肥位置が還元層にあるためアンモニア態窒素は硝酸化成を受けることなく、アンモニア態窒素のままで施肥位置に留まり、基肥窒素の利用率が向上する（図6-1）。

②水田の養分供給力が高い原因

　「イネは地力で、ムギは肥料で」とは古くから言い伝えられている言葉である。ムギでは施肥しないと収量が大幅に減収するが、イネでは無肥料・無窒素の条件でも三要素区の70〜80%の収量を維持できる。これは水田に入水して代かきを行ない、湛水条件でイネを育てるという栽培方式に負うところが非常に大きい。収量維持の要因としておもに以下の3つをあげることができる。

【還元条件下での養分供給】水田土壌は還元状態となるため畑土壌に比べ有機物が蓄積しやすい。非作付け期間の耕起により作土が乾燥し、入水して湿潤状態になると乾土効果による微生物由来のバイオマス窒素の発現、さらに夏季になると地温上昇効果により有機態窒素の無機化が促進される。無機化したアンモニア態窒素はそのままの形で土壌に留まり、土壌コロイドに吸着保持されてイネに吸収利用される。

　畑土壌ではリン酸はFe^{3+}と結びついてリン酸第二鉄として存在し、溶解度が低く不可給態である。還元状態になるとFe^{3+}はFe^{2+}のリン酸第一鉄になり、Fe^{2+}の溶解度が大きいため、不可給態であったリン酸も溶

け出し、リン酸が有効化する。

畑土壌：$FePO_4$→水田土壌：$Fe_3(PO_4)_2$

【ラン藻類による窒素の固定】水田では田面水があり、そのなかに光エネルギーを利用して繁殖する光合成的無機栄養生物であるラン藻がアカウキクサと共生している。ラン藻には窒素源として空中窒素の固定能を有する種も存在し、わが国の水田では*Anabaena*属のラン藻がおもにその働きを行ない、窒素固定量は3.0kg/10aに達する（図6-2）。

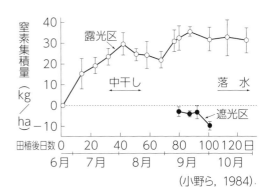

（小野ら，1984）

図6-2　表層1cm土壌における窒素の集積過程

【かんがい水からの養分供給】水田では多量のかんがい水が用いられ、そのなかの養分濃度は低いが、水量が莫大なため供給される養分量も多くなる。カルシウム、ケイ酸が多く、三要素ではカリが2〜4kg/10aである。

　以上のように、湛水条件で栽培するイネは肥料に依存しなくても畑作物に比べ高い収量水準を維持することができ、連作が可能である。したがって、わが国ではヨーロッパで広く普及した輪作を行なう必然性は低かったと考えられる。

2）水田土壌の土づくりと改良

①有機物施用による地力の維持
－稲わら施用－

　水稲は地力依存性の作物であり、古来より堆肥、人ぷん尿などの有機物、草木灰を施用して、地力の維持・向上を図ってきた先人たちの努力がある。近年の水田における有機物施用の現状を見ると、年ごとに堆肥施用量は減少しているが、**稲わらすき込み**は増加している。その背景として、堆肥の確保が年々に難しくなるとともに、その散布に多くの労力を要するのに対し、稲わらすき込みではコンバイン収穫と同時にカッターで細断後、トラクターで耕起し土壌と混和する。稲わらすき込みの養分投入量（kg/10a）は窒素4kg、リン酸1kg、カリ11kg、ケイ酸80kgである。稲わらすき込みは機械化体系のなかで容易に組み入れることができ、現状では水田の地力維持・向上のための最善の対策である。

　埼玉県における稲わら秋すき込みの炭素、窒素の分解経過をみると、翌年の入水時までに窒素はまったく分解しないのに対し、炭素は50％以上分解し、大きな違いが見られる。稲作期間中になると炭素の分解とともに窒素も徐々に分解するようになり、収穫時には稲わら由来の窒素は30％分解する（図6-3）。作土深15cm前後の稲わら秋すき込みより非作付け期間に炭素の分解がすすむため苗移植時の還元障害は見られない。稲わら中の窒素もゆっくりではあるが地力窒素として発現し、すき込み連用による窒素発現の累積効果により安定した肥効を示す。

　滋賀県では半湿田のグライ土、乾田の褐色低地土で稲わら全量すき込みの連用試験を20年以上実施し、稲わら持ち出しに比べ玄米重（収量指数104〜105）が増加する（柴原ら、1999）。東北地方では冬季の地温低下、地域によっては翌春の作業性のため秋すき込みが実施できず、稲わらの分解が遅れ田植え後に稲わらが急激に分解する還元障害が問題である。対策として年内の浅耕の実施や稲わらの腐熟に役立つ**石灰窒素**の表層施用が上げられる（塩野ら、2012）。

　一方、水稲移植時に未熟有機物を施用すると、施用有機物の炭素の分解が急激に起こるため、酸素が消費され短期間に強還元

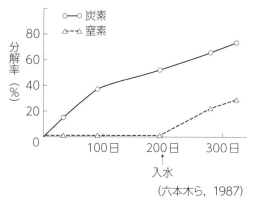

（六本木ら，1987）

図6-3　稲わら秋すき込みによる炭素・窒素の経時的分解率

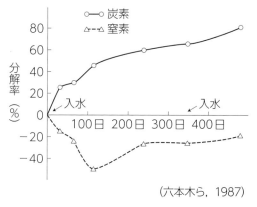

（六本木ら，1987）

図6-4　麦わら水稲移植前すき込みによる炭素・窒素の分解率

154

状態となり、水稲の生育抑制が起こる。二毛作田でコムギ収穫と同時に麦わらを細断してすき込んでも同様の現象が生じ、炭素の分解が進むのに対し、窒素については麦わらの炭素率が高いため土壌微生物により窒素が取り込まれ、炭素とはまったく異なった分解パターンを示す（図6-4）。生育抑制のおもな原因は有機酸の生成によるもので、阻害物質として芳香族カルボン酸である2-フェニルプロピオン酸が同定され、おもに水稲根の伸長、窒素吸収などに対する障害が起こるとされる（田中、2002）。このような条件では定期的な間断かんがいを行ない、作土を酸化的な条件に保っていくことが必要である。

②作土深の確保とケイ酸資材の施用

　作業能率向上のため作土が浅層化する傾向にあるが、作土深15cmを確保し根域拡大による稲体栄養の改善を図っていく必要がある。さらに、**深耕**による有害物質の希釈効果、高温障害に対する抵抗性も付与される。

　水稲はケイ酸の吸収量がもっとも多く、その吸収量は100kg/10a以上である。ケイ酸は水稲の葉と茎の表面に沈積し、病原菌や害虫を防ぐとともに、葉を直立させ受光態勢がよくなるため光合成が盛んになり、作土深確保による水稲根の活力維持も加わり、登熟歩合の向上につながる。土壌の可給態ケイ酸含量（リン酸緩衝液抽出法）の基準は30mg/100gであるが、最近の傾向としてケイ酸資材の施用量が大幅に削減している。これは土壌pH低下の一因ともなっており、100kg/10a前後の定期的なケイ酸資材の施用が必要である。

③不良水田土壌の改良

【老朽化水田】栄養生長期では良好な生育をしていた水稲が、生殖生長に入る秋ごろより急速に生育が悪化し、収量が落ちる現象があり、これを**秋落ち**といっている。秋落ち田は砂質土壌が多く、還元条件下で鉄分をはじめ各種の養分が溶脱し、灰色の漂白層となる。肥料の副成分である**硫酸根**は還元されて硫化物となるが、作土内に鉄が十分に存在するときは硫化鉄となり、無害となる。しかし、鉄分が欠乏していると硫化物は**硫化水素**となり、これが水稲の根腐れを誘発し、秋落ちの原因となる。その対策として、**転炉スラグ**などの含鉄資材の施用、硫酸根を含まない肥料の使用が必要である。

【湿田】非かんがい期間でも排水不良で、全層または作土直下の土層が還元状態を示す**グライ層**になっている。このため、水田の高度利用や大型機械の走行が困難となり、水稲も有害物質の生成により根腐れを起こすなど、生育が不安定になる。この対策としては、幹線や支線の排水路と暗渠を組み合わせた排水工事が必要で、集団で実施する。

　排水工事により湿田が乾田化すると、乾土効果により地力窒素の有効化が促進され、水稲は窒素過剰に陥りやすくなるため、3〜4年は窒素施用を控えめにする。

3）水稲の施肥
①生育パターン

　田植えして活着後、盛んに分げつをはじめ、30〜40日後に最高分げつに達すると、その後は弱小分げつが枯死して残りが有効

分げつとなる。穂首分化期を経て出穂25日前ごろになると幼穂が形成される。この時期を**幼穂形成期**とよんで、栄養生長から生殖生長への転換期になる。出穂前20日前後に行なう追肥は穂肥といわれ、一穂籾数の増加とともにその後の光合成を高める働きがある。

出穂14〜15日前になると花粉母細胞の減数分裂がはじまり、穂ばらみ期を経て出穂期を迎える。出穂後3〜5日で受精を終え、乳熟期、糊熟期を経て成熟期となる。

玄米100kgを生産するのに必要な養分量はN 2.0kg、P_2O_5 0.9kg、K_2O 2.9kg程度であり、500kg/10aの収量ではN 10.0kg、P_2O_5 4.5kg、K_2O 14.5kgが吸収されることになる。窒素吸収量の約65〜70％が地力由来であるので、過剰な施肥を避け、養分吸収

パターンに見合った施肥が必要である（図6-5）。

②施肥基準

25年間5年サイクルで行なった土壌環境基礎調査によると、水田土壌の可給態リン酸、交換性カリともに増加している。可給態リン酸が20mg/100gを超える場合ではリン酸施肥による増収効果が認められない事例が多く、20mg/100gを超えないように土壌改善を行なうことが望ましい。

近年は良食味への対応や環境に配慮した施肥を重視する**施肥基準**への転換がすすみ、新潟県の事例で見られるように実際の施肥量は削減傾向にある（表6-1）。全層施肥により基肥を施用し、出穂前20日前後に穂肥を施用するのが一般的である。各地域の施肥基準を表6-2に示す。

③省力・肥効率向上を目指した施肥技術

肥効調節型肥料の開発、施肥位置の改良により省力・効率的な施肥法が考案され、以下の施肥法が普及している。

【苗箱施肥】肥効調節型肥料を用いて育苗箱内に施肥して移植するもので、山形県、秋田県を中心に開発された施肥法である。山形県（品種：は

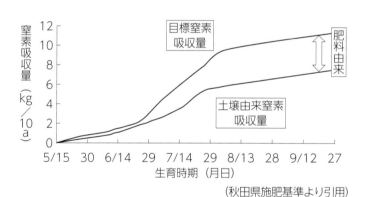

（秋田県施肥基準より引用）

図6-5 あきたこまちの目標収量を確保するための理想的窒素吸収パターン

表6-1 新潟県のコシヒカリ栽培における施肥基準の変遷（kg/10a）

（新潟県水稲栽培指針）

主要地帯	昭和62 (1987) 年					平成17 (2005) 年				
	N		P_2O_5	K_2O		N		P_2O_5	K_2O	
	基肥	追肥	基肥	基肥	追肥	基肥	追肥	基肥	基肥	追肥
下越北部 (壌質)	4	3〜6	10	8	3	3〜4	2〜3	8	8	3
平坦部 (粘質)	3	2〜5	7	6	2	2〜3	1〜3	7	6	2
佐渡 (粘質)	3〜4	2〜5	8	6	3	3	2〜3	8	6	3

えぬき）では育苗箱あたりスターターとして速効性窒素1g、シグモイド型被覆尿素100日タイプを750g、窒素成分で300gを施用と同時に培土で覆土して育苗する。根が肥料を包み込んだ状態で生育し、窒素濃度の高い健苗を育成できる。この方式で苗移植時に23箱/10a使用すれば本田には窒素6.9kg/10aが入り、被覆尿素が6月中旬から溶出しはじめ、本田の施肥を省略できる。窒素の吸収経過をみると、慣行区に比べ6月の吸収量は劣るものの、7月には慣行区の水準に回復し成熟期の窒素吸収量も同じになる。このときの被覆尿素の窒素利用率は70％以上と高く、秋田県における窒素量はグライ土では慣行施肥の60〜70％、灰色低地土では80〜90％である（図6-6、写真6-1）。

リン酸、カリは苗箱に施用できないので、本田に基肥施用する。地域によって品種および移植時期が異なること、育苗箱内の保水性、ルートマットの強度から施肥窒素量の調整が必要である。**苗箱施肥**は接触施肥の最たるもので、この技術は果菜類な

表6-2　各地域の窒素の施肥基準(kg/10a)

県	品種	基肥	穂肥
福島県 （会津地方）	コシヒカリ ひとめぼれ	4 6	2 2
茨城県	キヌヒカリ コシヒカリ	5〜6 3〜4	3 2〜3
埼玉県	彩のかがやき	5	3
福岡県・早植 （地力中程度）	コシヒカリ 夢つくし	3 4.5	1.0〜1.5 1.5

（写真：長崎県農林技術開発センター）

写真6-1　苗箱施肥時の育苗箱の内部（根元に見える白い玉が被覆肥料）

どの鉢内施肥にも活用されている。

【**側条施肥**】側条施肥田植機を用いて、苗の移植時に地表面から深さ3〜5cm、苗の横3〜4cmの位置にスジ状に施肥する方法であり、ペースト肥料、粒状化成肥料が用いられる。施肥窒素の利用率が向上するため基肥窒素量を10〜30％削減でき、施肥ムラが発生しないことから多収、高品質生産が期待できる。とくに、代かき水への肥料成分の流出を防止でき、湖沼への富栄養化対策を兼ねた水質汚染軽減技術として普及している。**側条施肥**では穂肥を別途散布する必要が

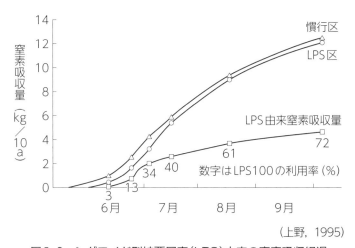

（上野, 1995）

図6-6　シグモイド型被覆尿素（LPS）由来の窒素吸収経過

写真6-2　側条施肥田植機

あったが、最近では肥効調節型肥料の使用により、穂肥を省く方法も広く普及している（写真6-2）。

【基肥一発施肥】穂肥を省略できるように速効性肥料40％、被覆肥料60％前後を配合してある。リニア型被覆肥料は田植え後から幼穂形成期にかけて、シグモイド型被覆肥料は穂肥施用時期に合わせて肥効を発揮できるようにしてあり、被覆肥料の混合割合はシグモイド型が多くなっている。問題として被覆肥料は地温、水温によって窒素の溶出が変わるため、低温年では溶出が遅

話題4　高温障害から稲作の基本を考える

　出穂後20日間の平均気温が27℃以上を超えると胚乳のデンプン粒の充実不足により玄米が白く濁って見える白未熟粒が発生し、外観品質が低下する。白未熟粒は基部未熟粒、背白粒、乳白粒に分けられ、デンプン蓄積低下の時期の違いによって生じる。直接の原因は出穂後の高温であるが、登熟期の窒素栄養の凋落もその一因である。低タンパクによる食味重視の結果、水稲が窒素不足に陥ると光合成能が低下するとともにデンプンの転流が阻害され登熟が緩慢となる。

乳白粒　背白粒　基部未熟粒

(森田，2005)

高温で発生しやすい白未熟粒の断面

　地球温暖化の影響でわが国でもさまざまな気象災害が多発している。正しく、水稲の高温障害もその例であり、助長する要因として生産基盤の脆弱化があると考える。大規模化して効率化を図ることは重要であるが、耕運速度が速く作土が浅層化していること、土壌改良剤の施用量が減少し土壌pHが徐々に低下していること、大型機械走行により土壌が圧密化し透水性が不良になるなどの弊害も指摘されている。山形大学の藤井先生はその著書「農業の未来を展望する」中で
①腐熟の進んだ有機物を施用して地力窒素の供給量の維持、向上を図ること
②アルカリ分を含むケイ酸資材を施用すること
③十分な作土深にするため適切な耕深を確保すること
④土壌の物理性を良好に保ち還元化をおさえること
をあげ、同時に苗質の向上、浅植えについても言及している。気象災害に打ち勝つためには基本技術を積み重ねていくことが大切である。

れ、高温年では早まり、水稲の生育も気象条件によって左右される。とくに最近では猛暑により肥効速度が速まり肥切れによる登熟期の窒素栄養も問題になっている。**基肥一発施肥**は慣行栽培の穂肥施用のように一気に稲体へ窒素が供給されるわけではないので、葉色の変化は少なく出穂期以降やや淡く推移する。

(2) ムギ

1) 湿害回避・pHの改良

関東以西の灰色低地土、褐色低地土の乾田地帯は、水稲－ムギの二毛作が行なわれ、生産性の高い土壌条件である。

ムギ生産において第一に大切なのは湿害対策である。かつては比較的冬期間の降水量が少なく、ムギの栽培に適していたが、最近は温暖化の影響で1回あたりの降水量が増加することが多く、播種後では湿害、播種前では播種期の大幅な遅れにより、生産が不安定になっている。排水良好な圃場を選定することが前提であり、排水溝設置、弾丸暗渠、団地化などを組み合わせ徹底した排水を図っていく必要がある。

つぎに大切なことは、ムギは酸性に弱いので、播種前にpH（H_2O）6.0～6.5を目標に苦土石灰などの改良資材を施用して酸性を矯正することである。とくにオオムギは酸性に弱く、pH（H_2O）が5.0～5.5以下になると2月ごろから下葉が枯れ上がり上位葉も黄化し、著しい生育不良となるため、pH（H_2O）6.5を改良目標値にする。

2) ムギの施肥

①加工適性から見た窒素施肥

ムギの子実は加工して用いるため望ましい品質基準があり、とくにタンパク含量により加工適性が左右される。ビール用二条オオムギの子実の粗タンパク含量は10～11％が最適とされる。タンパク含量が多すぎると麦芽エキスが少なく、ビール自体の品質を損ね、逆に少なすぎても香味や、泡立ちなどの品質を低下させる。国内産では全般に二条オオムギの子実は高タンパクの傾向があり、窒素は基肥のみとして、追肥を施用しない場合が多い。

コムギ子実の粗タンパク含量は10～11％以上がよいとされるが、二条オオムギとは逆に低タンパクになることが一般的であり、収量増と高タンパク化をねらって基肥－追肥の体系になっている。埼玉県での結果をみると、全量基肥に比べ、3月上旬に全施肥量の2割、4割を追肥で施用したほうが多収となり、成熟期における子実の全窒素含量も高く、窒素利用率も向上している。追肥として基肥量に上乗せすると倒伏の危険性が増大するため、全施肥量は同じとし、基肥窒素量を少なくし、残りを茎立ち前の3月上旬までに施肥することにより、子実のタンパクの増加と収量増に結びつく（表6-3）。

表6-3　窒素分施の効果(kg/10a)

（六本木ら, 1985）

試験区	基肥N	追肥N	子実収量	収量指数	N利用率 (%)
全量基肥	10	0	50.7	100	49
無窒素	0	0	21.4	42	－
3月分肥 (8－2)	8	2	51.1	101	55
3月分肥 (6－4)	6	4	53.9	106	60

表6-4　ムギの施肥基準(kg/10a)

県	品　種	N		P₂O₅	K₂O	備　考
		基肥	追肥	基肥	基肥	
埼玉県	コムギ (さとのそら)	6	4	6	6	追肥は2月下旬〜3月上旬
	コムギ (あやひかり)	8	2	8	8	追肥は2月下旬〜3月上旬
	二条オオムギ (彩の星)	7	2	7	7	
栃木県	コムギ (さとのそら)	10〜11	0	13	11	追肥は2月下旬〜3月上旬
	二条オオムギ (サチホゴールデン)	6.5〜8.0	0	13	11	
福岡県	コムギ (シロガネコムギ)	6	6+2	5〜8	13〜14	追肥は1〜3月に2回実施
北海道	生育期別窒素施肥量、コムギ・ゆめちから 基肥：4kg/10a　起生期：9kg/10a　止葉期：6kg/10a					

②施肥基準

　北海道、埼玉県、佐賀県の**施肥基準**をみると、地域によって大きな違いがみられる。北海道では栽培期間が長く、冬期間の降水量も多いため追肥主体の体系となっている。関東以西の二毛作田の麦作も年内の降水量が年ごとに多くなっており、基肥窒素の流亡も多いので、基肥量を少なくして、削減した基肥窒素を追肥に回す、追肥を重視した施肥法となる（表6-4）。

② 畑土壌の特性と施肥法

(1) 露地野菜の施肥

　ホウレンソウ、コマツナなど葉物類は、肥沃で排水良好な土壌条件を好み、とくにホウレンソウでは酸性になると著しく生育不良となるため、土壌pH (H₂O) を6.5前後とする。養分吸収は収穫まで直線的に増加し、生育期間も短いため基肥主体の施肥体系となる。

　キャベツ、ハクサイなどの結球葉菜類では、生育初期の養分吸収量は少ないが、結球開始初期から急激に増加し、収穫期に向かってゆるやかになる。栽培期間も70〜80日前後と長いため基肥−追肥の体系になり、追肥は養分吸収が増大する結球開始初期に行なう。

　ダイコン、ニンジンなどの根菜類は、地下部を収穫するため**深耕**により土壌の物理性を良好にする。有機物が局在すると岐根が発生しやすくなるため、播種直前の有機物の施用は避ける。生育中期に養分吸収のピークがきて、その後は葉部から根部への養分の移行が行なわれる。基肥−追肥体系であるが、結球葉菜類に比べ根域が広いため追肥への依存度は少ない。

　群馬県における主要な露地野菜の**施肥基準**を表6-5に示す。

1) 施用有機物と施肥量の調節

　堆肥などの有機物を施用したときは、肥効率から施肥量の削減を図ることが必要である。埼玉県における沖積野菜畑の稲わら堆肥連用試験 (2t/10a) では、堆肥無施用の肥料利用率は窒素60％、カリ75％、リン酸20％に対し、堆肥施用では窒素46％、カリ58％、リン酸16％となり、肥沃度の高い堆肥連用土壌では利用率が低い。これは稲わ

表6-5　群馬県における露地野菜の施肥基準(kg/10a)

作物名	作型	目標収量	基肥			追肥			備考
			N	P₂O₅	K₂O	N	P₂O₅	K₂O	
ホウレンソウ	秋まき	2,000	15	20	15	3	0	3	平坦地
	夏まき	700〜1,200	8	10	8				雨よけ・中山間地
コマツナ	春まき	1,500	15	20	15				中山間地
チンゲンサイ	周年	3,000	12	20	12				
キャベツ	春〜夏まき	6,300	16	20	15	4	1	5	高冷地
	夏まき	5,000	15	30	15	6	0	6	平坦地・追肥は2回
	秋まき	6,000	15	25	15	8	0	6	平坦地・追肥は2回
ハクサイ	春〜夏まき	8,000	12	30	12	5	0	5	中山間地、高冷地
	秋まき	7,000〜8,000	23	30	25	3	0	3	平坦地
ブロッコリー	夏まき	1,000	15	30	15	3	0	3	平坦地
レタス	春〜夏まき	4,000	15	20	15				中山間地、高冷地
ネギ	秋まき・夏どり	3,500	12	30	14	9	0	9	追肥は3回
	春まき・秋冬どり	4,000	14	30	14	9	0	9	追肥は3回
ダイコン	秋まき	4,000	12	20	12				平坦地
	春〜夏まき	4,000	8	12	12				中山間地、高冷地
ニンジン	夏まき	4,000	12	18	12	9	3	7	追肥は2回

表6-6　各種有機物資材の性状および施用効果

(安西, 1996)

資材の種類	素材 (原材料)	水分(%)	1tあたり成分量 (kg)					1tあたり有効成分量 (kg)			施用効果		
			窒素	リン酸	カリ	カルシウム	マグネシウム	窒素	リン酸	カリ	肥料的	化学性改善	物理性改善
植物素材堆肥	稲わら、麦わら、山野草など	75	4	2	4	5	1	1	1	4	中〜小	小	中
モミガラ堆肥	モミガラ	55	5	6	5	7	1	1	3	4	小	小	大
木質系素材堆肥	バーク、オガクズ、チップなど	61	5	3	3	11	2	0	2	2	小	小	大
家畜ふん堆肥	牛ふん尿と敷料	66	7	7	7	8	3	2	4	7	中	中	中
〃	豚ぷん尿と敷料	53	14	20	11	19	6	10	14	10	大	大	小
〃	鶏ふんとわらなど	39	18	32	16	69	8	12	22	15	大	大	小
家畜ふん木質混合堆肥	牛ふん尿とオガクズ	65	6	6	6	6	3	2	3	5	中	中	大
〃	豚ぷんとオガクズ	56	9	15	8	15	5	3	9	7	中	中	大
〃	鶏ふんとオガクズ	52	9	19	10	43	5	3	12	9	中	中	大

注1：有効成分量は施用後1年以内に有効化すると推定される成分量
注2：藤原 (1988)、松崎 (1992) のデータから作表した

ら堆肥由来の養分が吸収されているからであり、稲わら堆肥連用土壌の養分供給量、野菜の養分吸収量などから判断すると、堆肥連用の条件では施肥量は窒素20％、リン酸とカリで50％削減できる。

最近は養分含量が高い家畜ふん入りの堆肥が主体であり、堆肥を施用したときは表6-6の**有効成分量**を参考に施肥量の削減を図る。また窒素は施用後1年経過しても肥効が継続するため、連用した場合は施肥量

を徐々に削減していく必要がある。

2) 効率的な施肥技術
－全面施肥から局所施肥へ－

　従来の施肥では野菜畑に肥料を全面表層施用し、耕うん後にうね立てを行ない、播種または苗を移植するのが一般的な方法である。この方法では肥料が根域から離れた場所にもあるために施肥効率が低下し、より効率的な施肥方法として**局所施肥**技術が開発されている。

①二作1回施肥

　二作1回施肥は施肥・うね立て・マルチ

写真6-3　二作1回施肥（レタス収穫後にハクサイ苗を定植）

（写真：井関農機（株））

写真6-4　うね内部分施用機（エコうねまぜくん）

同時作業機で全面マルチによりリニア型70日タイプの肥効調節型肥料をうね内の株直下で深さ6cmの位置に直線上に局所施肥し、レタス、ハクサイなどを二作続けて栽培する方法である。長野県で開発・確立され、夏野菜の大産地に広く普及している（高橋、2001）。レタス－ハクサイの作型では一作目のレタス収穫後にレタスとレタスの株間に孔を開け、ハクサイ苗を定植する（写真6-3）。

　肥効調節型肥料が株直下に施肥されているため肥効が持続し、レタス収穫後もハクサイの生育に必要な養分が供給される。このため、二作1回施肥では一作ずつ二作栽培した合計の施肥量に比べ、施肥量を20〜30%節減した条件でも十分な生育収量を確保でき、作業性も改善できる。

②うね内部分施用

　キャベツ、ハクサイなどの土地利用型の葉菜類を対象に、トラクター装着型の**うね内部分施用機**により、うね中央部の作物根が吸収できる範囲だけに肥料など資材を土壌と混合して施用する方法である。肥料などの資材の施用とうね立ての2工程かかる作業を1工程で行なうことができ、うね幅、うね高さも一定の範囲で調整でき、省力的で施用する資材の量を削減できる作業機である（屋代、2010）。

　キャベツ、ハクサイでは施肥量を30〜50%削減しても、従来の**全面全層施肥**に比べ同等以上の生育収量を示す。同時に肥料成分が全面にないためうね側面、うね間の雑草抑制、降雨などによる養分流出防止にも役立ち、今後土地利用型の露地野菜を中心に普及・拡大することが期待される（写真

（写真：日本甜菜製糖（株））

写真6-5　ネギ苗移植用定植機
（ひっぱりくん）

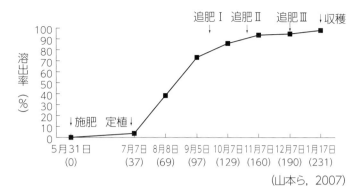

（山本ら，2007）

注1：追肥Ⅰ～Ⅲは、標準施肥区における時期を示す
注2：（　）は施肥後の日数を示す

図6-7　冬どりネギにおける被覆燐硝安140日タイプの無機態窒素溶出率の推移

6-4）。

③チェーンポット内施肥－ネギ－

　従来のネギの育苗は地床育苗であったが、労力軽減のためチェーンポット育苗が開発され普及している。チェーンポット育苗とは、水稲育苗箱に鎖状につながったペーパーポットを敷き、そこに培養土を詰めて播種し、短期間で定植用の幼苗を育成する方法である。移植用の専用定植機（商品名：ひっぱりくん、写真6-5）を用い、溝部に沿ってこの機械を引くことでチェーン状に連結している苗を簡単に定植できる。

　チェーンポット内施肥は、シグモイド型の肥効調節型肥料（被覆燐硝安140日タイプ）を培養土5L/箱と混合して育苗箱に詰め、40日前後育苗して定植する。慣行の標準施肥は基肥窒素12kg/10a、追肥窒素12kg/10aを3～4回に分けて施肥するのに対し、チェーンポット内施肥は標準施肥の50％減である12kg/10aになる。ただし、リン酸とカリは育苗箱には施用しないため、

基準量を基肥施用する（図6-7）。

　チェーンポット内施肥の育苗期間中の窒素溶出率は夏どりネギが1.6％、冬どりネギが3.4％であり、いずれもネギ苗に濃度障害の発生はなく、定植後の生育も順調に経過し、標準施肥と同等の収量が得られ、省力・減肥に結びつく。

　以上のように、二作1回施肥、うね内部分施用など肥料を局所施肥することにより省力・施肥量の削減に結びつき、これからは、面から線、点に施肥する考え方が必要である。露地のマルチ栽培についても通路部分の施肥は不要であり、マルチ内施肥により効率的な施肥に結びつくと判断される。

（2）畑作物の施肥

　畑作物はダイズなどのマメ類、バレイショ、サツマイモのイモ類、トウモロコシなど多種多様で、養分吸収パターンも大きく異なる。基本的には、養分吸収パターンに対応した施肥が大切である。

163

1）マメ類

　ダイズは、窒素吸収を**根粒菌**に依存している。根粒が着生する土壌表層に無機態窒素、とくに硝酸態窒素が存在する場合、根粒の着生や窒素固定の活性が阻害されるため、基肥窒素を少なくする。一方、子実100kg収穫に対し7〜9kgの窒素を要求するため、多収生産にはいかにして多量の窒素を吸収させるかがポイントである（図6-8）。子実肥大盛期になると根粒菌の活性が低下して窒素吸収が少なくなるため、この時期に中耕・培土を兼ねた追肥を行なうことにより、栄養状態が改善される。管理作業のなかで中耕・培土は必須であり、倒伏防止、湿害回避、雑草抑制に大きな効果がある。

　ダイズ栽培の多くは水田の転換畑である。水田は還元状態にあるため有機物の分解がおさえられ地力窒素が高く維持される。転換畑にすると酸素が供給されるため有機物の分解が進み地力窒素が徐々に消耗

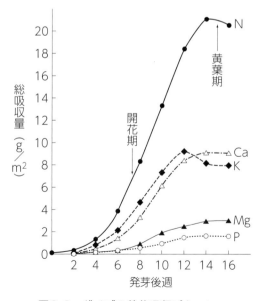

図6-8　ダイズの養分吸収パターン

してくる。ダイズの作付け頻度が増えるほど可給態窒素量が少なくなり収量が減収する。転換畑の安定生産には家畜ふん堆肥施用、ヘアリーベッチなどの**緑肥作物**のすき込みにより地力窒素を高めると同時に物理性の改善を図ることが大切である（図6-9）。

　アズキも根粒菌の働きにより窒素が供給されるので、ダイズと同じように基肥窒素を少なく、リン酸とカリを多くする。野菜跡で肥料分が残っているときは無肥料とする。窒素は開花期以降の生育に大きく影響するのに対し、リン酸は開花期までの前期の生育に効果が高い。したがって、初期生育増進のためにはリン酸を十分に与え、開花期以後は窒素の供給を行なう。中耕・培土はダイズと同じく大切な管理作業であり、連作障害が出やすいため輪作を行なうこと、さらに湿害にも弱いので排水良好な土地条件を選ぶことが必要である。

　ラッカセイの施肥はダイズ、アズキと同じく基肥窒素を少なく、リン酸、カリを多くする。栄養生長と生殖生長が同時に進行し、受精後に子房柄が伸びて地中に入り、地下数cmのところで子房柄の先端がふくらんで、種子を含む莢が形成される。この時期にカルシウムが欠乏すると稔実障害により空莢が発生するため、中耕・培土を兼ねて石灰を施用する場合もある。

　マメ類は窒素供給の多くを根粒菌に依存しているため、苦土石灰などの改良資材を施用して土壌pH（H_2O）を6.0以上にし、根粒菌の活性を高めることが大切である。同時に、連作障害が発生しやすいため、輪作による作付け体系を考えていく必要がある。

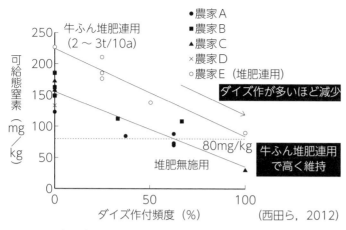

牛ふん堆肥連用
(2～3t/10a)

農家A ●
農家B ■
農家C ▲
農家D ×
農家E（堆肥連用） ○

ダイズ作が多いほど減少

80mg/kg

牛ふん堆肥連用で高く維持

堆肥無施用

可給態窒素（mg/kg）

ダイズ作付頻度（%）　（西田ら，2012）

注：ダイズの作付頻度とは田畑輪換開始後ダイズを作付けした
　　頻度のこと。たとえば、ダイズ作付頻度が50%の場合、
　　ダイズと水稲を1：1の割合で作付け

図6-9　田畑輪換におけるダイズの作付頻度と可給態窒素の関係

表6-7　マメ類の施肥基準(kg/10a)

作物名	県名	目標収量	基肥			追肥N		備考
			N	P2O5	K2O	培土期	開花期	
ダイズ	宮城	300	2~3	8~9	11~12	5~10	5	培土期は被覆尿素
	福島	250~300	2	8	8		6	
ラッカセイ	千葉	300	3	10	10	－	－	
アズキ	千葉	150	2	6	5	－	－	

表6-8　埼玉県におけるイモ類の施肥基準(kg/10a)

作物名	目標収量	基肥			追肥N			備考
		N	P2O5	K2O	N	P2O5	K2O	
サツマイモ	2,500	2	7	10	－	－	－	
バレイショ	2,500	10	15	15	－	－	－	
サトイモ	2,500	15	20	15	8	－	10	追肥は2回

2）イモ類

　生育期間が比較的短いバレイショでは、窒素吸収は開花期までの増加が著しく、その後塊茎の肥大に伴って減少するため、基肥重点施肥とする。窒素過剰になると茎葉が繁茂して倒伏し、デンプンの蓄積が遅れて加工品質が低下するため、**施肥基準**に準じた施肥を行なう。

　サツマイモは窒素の吸肥力が強く、地力由来の可給態窒素に依存していることが多い。窒素が多くなると茎葉ばかりが繁茂する'つるぼけ'状態となり、収穫量が減少する。このため、窒素施肥量は1～3kg/10aと非常に少なくするが、カリの要求量が多いため、10kg/10a以上の施肥が必要である。

　サトイモは多肥性の作物で、窒素とカリは25～30kg/10aで、基肥のほかに追肥を2回程度行なう。高品質生産のためには、培土は大切な作業である。高温・多湿条件に適し、夏季の降水が少ない時期では乾燥害が発生しやすく、安定生産のためにはかん水設備が必要である。連作を嫌うため、かならず輪作体系のなかで作付けを行なう。

3）トウモロコシ

　トウモロコシは吸肥力の強い深根性作物である。黄熟期に刈り取るサイレージ用がほとんどであり、養分収奪量も多いことから、きゅう肥、家畜ふん尿も併用して、養分供給を図っていく。スイートコーンは乳熟後期から糊熟期の登熟中途に収穫する。そのため、収穫期まで肥料切れを起こさないようにし、本葉6枚ごろに最初の追肥、雄穂出穂

表6-9　サイレージ用トウモロコシの施肥基準(kg/10a)

道県名	N	P₂O₅	K₂O	備考
北海道 (道央)・沖積土	14	16	10	堆きゅう肥を施用したときは有効成分相当量を減肥する
北海道 (道央)・泥炭土	11	18	12	
熊本県	16〜18	8〜12	16〜18	堆きゅう肥を用い、基準量に不足するときは化学肥料で補う

期に2回目の追肥を実施し、一定水準の土壌養分を保つようにする。

3 施設土壌の特性と施肥法

(1) 施設土壌の実態とその対策

　集約栽培される施設では施肥量が多く、長い間の連作により土壌中に過剰な養分が蓄積している。これをヒトの健康状態にたとえると、栄養過多となって肥満、糖尿病、動脈硬化などの生活習慣病が増加している状態といえる。

　ひとつの例として、埼玉県内の促成キュウリ産地の収穫期間中の土壌分析の結果を示す。これをみると、目標とする基準値に対して無機態窒素、石灰、カリ、苦土含量のすべてが過剰であり、塩基飽和度も100％以上となり、ヒトの胃袋に相当する陽イオン交換容量が満杯である。可給態リン酸については10〜20倍近くの含量があり、当分の間、無リン酸でも栽培が可能である（表6-10）。

1) pHを適正に保つ

　多くの作物の最適pH（H₂O）は6.0〜6.5である。しかし、連作している施設ではpH（H₂O）が5.0以下の強酸性になることがある。この原因は、**アンモニウムイオン**が**硝酸化成作用**によって硝酸イオンになる際に、水素イオンが同時に生成することによる。石灰などの改良資材の施用によりpHは矯正できるが、交換性塩基含量が増加し、塩基バランスの不均衡などの問題も生じてくる。pH低下の原因は窒素の多施肥によるものであり、その解決には基肥窒素の無施用または基肥および追肥窒素の削減などの対策が大切である。

$$NH_4^+ + 2O_2 \rightarrow NO_3^- + 2H^+ + H_2O$$

　施設はガラスやビニールで密閉されているため、pHの変動により葉焼けなどの**ガス障害**が発生する場合がある。pH（H₂O）が5.0以下の強酸性になると亜硝酸酸化細菌の

表6-10　促成キュウリ収穫初期の土壌養分の実態

	pH (H₂O)	無機態窒素 (mg/100g)	陽イオン交換容量 meq/100g	塩基飽和度 (%)	交換性塩基 (mg/100g)			可給態リン酸 (mg/100g)
					石灰	苦土	カリ	
現地園	5.7	25.4	26.7	107	532	116	159	580
目標値	6.0〜6.5	10〜12	25	75〜80	400〜450	60〜80	40〜50	30〜50

注1：目標値は陽イオン交換量が25meq/100gのときを仮定して表した
注2：10戸のハウス平均

働きが抑制され、土壌中に亜硝酸態窒素が蓄積し、その一部が亜硝酸ガスとして大気中に揮散する。一方、pH（H$_2$O）が7.0以上のアルカリ性になると、肥料由来のアンモニウム塩がアンモニアガスとして揮散するようになる（図6-10）。pHはもっとも重要な診断指標であり、安定生産のためには過剰な施肥を避け、pHを適正に維持していくことが大前提である。

（図の右上）
ガス障害

（pH5.0以下）　　　　　（pH7.0以上）

有機・無機肥料 → NH$_4^+$ → NO$_2^-$ → NO$_3^-$　　　有機・無機肥料 → NH$_4^+$
　　　　　　　アンモニア酸化　亜硝酸酸化
　　　　　　　細菌　　　　細菌（活性低下）

図6-10　土壌pHの違いによるガス障害

2) 塩類集積を回避する

　塩類とは、おもに肥料として施用された硝酸イオン、肥料の副成分である硫酸イオンが土壌中の石灰と中和反応して生成される**硝酸カルシウム、硫酸カルシウム**などの総称である。施設では降雨が遮断されるため、水が下層から表層へと動き、水の移動に伴って表層部分に塩類が集積し、pHの低下とともにECが上昇する。植物根は植物体内と土壌溶液の濃度差によって生じる浸透圧により水を吸収しており、土壌溶液中の塩類濃度が高くなると浸透圧が小さくなって十分な水吸収ができず、直射日光下では葉が萎れた状態になる。

　硫酸アンモニア、硫酸加里などの副成分を含む肥料を施用した試験区と、硝酸アンモニア、硝酸加里などの副成分を含まない肥料を施用した試験区で塩類集積や野菜の生育を比較した結果がある。作付け回数が多くなるにしたがって、副成分を含む試験

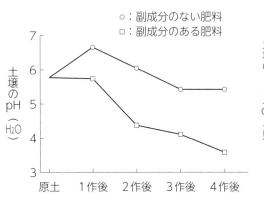
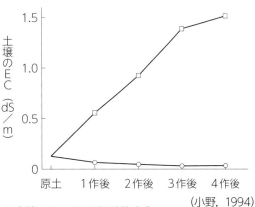

（小野, 1994）

図6-11　肥料の種類の違いによる土壌pH、ECの経時的変化

区はpHが低下し、ECが高くなるのに対し、副成分を含まない試験区は作付け前と変わらずに適正である（図6-11）。野菜の生育も副成分を含まない試験区で良好となり、**塩類集積**を防ぐには副成分を含まない肥料の施用が基本となる。実際の栽培では副成分を含まない尿素、硝酸アンモニアなどの**ノンストレス型**の肥料を選んで、徐々に塩類集積の軽減を図っていくことが必要である。

3）リン酸を削減する

　園芸作物の収穫期には、生育最盛期の栄養生長または栄養生長と生殖生長が同時進行しているときである。この時期は窒素、カリに比べてリン酸の吸収量が少なく、りん酸肥料の利用率は15〜20％である。利用率が低いにもかかわらず、リン酸は窒素、カリと同量施肥されるのが一般的であり、未利用のリン酸は土壌中のカルシウム、アルミニウムなどと結びつき土壌に残存する。さらに、土づくり資材として家畜ふん堆肥が施用されていたこともリン酸増加の一因である。

　可給態リン酸が過剰な土壌条件のとき、窒素と同量のリン酸を施肥する必要はなく、可給態リン酸が100〜200mg/100gのときは半量、200mg/100g以上のときは無リン酸にしても野菜の生育に悪影響を及ぼすことはない。

4）物理性の改良を主体に考える

　施設では過去に炭素率の低い家畜ふん主体の堆肥が施用されたことも加わり、露地畑に比べ養分含量が多い実態があり、土壌の化学性よりも物理性の改良を主体に考える。栽培期間中は定期的に追肥を兼ねてかん水を実施するため、かん水液をすみやかに根群域に浸潤させるには、団粒構造が発達した土壌構造がもとめられる。土壌に施用された有機物は分解される過程で土壌粒子を団粒化する働きがあり、物理性の改良に役立つ、わら類、バークなどの**粗大有機物**を主体とした堆肥を2〜3t/10a持続的に施用する。

5）対抗植物によりセンチュウ害を軽減する

　施設では単一作物を連作することが一般的であり、過剰養分の蓄積と同時に、キュウリ、トマトなどの果菜類ではネコブセンチュウによる被害が大きな問題である。感染すると根が異常に肥大し、養水分の吸収が妨げられ、株の枯死または萎れが発生する。ネコブセンチュウの被害を抑制する対抗植物としてギニアグラス、ソルゴーがある。休作する夏期期間に緑肥作物として導入し、**センチュウ**被害防除と同時に過剰な塩類を除去する**クリーニングクロップ**としての役割が期待される。ギニアグラス、ソルゴーは、ともに栽培期間が50〜60日で5t/10a前後の生重量となり、すき込むことにより有機物の補給にも役立つ。

（2）野菜類

1）施設野菜の施肥法・施肥基準

　キュウリ、トマト、ナスなどの果菜類は栽培期間が長く、栄養生長と生殖生長が同時進行するために養分吸収量が多く、土壌中の無機態窒素含量を10〜12mg/100g前

表6-11　千葉県における主要果菜類の施肥基準(kg/10a)

種類・作型	定植	収穫期間	基肥			追肥			備考
			N	P₂O₅	K₂O	N	P₂O₅	K₂O	
促成ナス 半促成ナス	8月中旬 1月下旬	9月下旬～6月下旬 3月上旬～6月下旬	40 30	45 35	40 30	20 12	10 8	20 12	追肥は10回に分施 追肥は3回に分施
促成キュウリ 抑制キュウリ	10月中旬 8月下旬	11月中旬～5月下旬 9月中旬～11月上旬	35 16	40 20	35 16	14.4 4	9 2	14.4 4	追肥は18回に分施 追肥は4回に分施
促成トマト 半促成トマト	9月下旬 11月下旬	1月中旬～7月中旬 2月下旬～7月上旬	24 15	29 26	24 15	16 16	8 8	16 16	追肥は8回に分施 追肥は8回に分施
促成ピーマン 半促成ピーマン	9月中旬 3月中旬	10月中旬～6月下旬 4月下旬～11月中旬	40 25	40 30	40 25	20 20	20 10	20 20	追肥は10回に分施 追肥は10回に分施
促成イチゴ	9月中旬	12月～5月下旬	15	20	20	5	－	5	追肥は5回に分施
半促成メロン	3月上旬	6月中旬	12	15	10	－	－	－	

注：千葉県の施肥基準より抜粋、ただしイチゴは栃木県の施肥基準より抜粋

後に維持する必要があり、追肥量、追肥回数が多く設定されている。一方、耐肥性が弱いイチゴは低い施肥水準であり、カボチャ、メロン、スイカでは窒素が多いとつるぼけし、着果が悪くなるので追肥量を少なくしている。土壌診断に基づき過剰養分を施肥しないことが原則である。栽培期間中は定期的にリアルタイム診断を行なって、追肥の要否を判断し、効率的な施肥管理に結びつける。

　千葉県における主要な果菜類の**施肥基準**を示す（表6-11、表6-12）。

2) 省力化、施肥量の削減につながる新技術

①養液土耕栽培（かん水同時施肥）

　養液土耕栽培は養液栽培と類似したものと思われやすいが実際には土の機能すなわち

表6-12　収量1tあたりの植物体全体の養分吸収量(kg)

作物名	窒素	リン酸	カリ
ナ　ス	3.1	1.0	5.2
キュウリ	1.9	1.2	4.2
ト マ ト	1.8	0.8	4.3
ピーマン	5.9	1.2	7.4
イ チ ゴ	3.2	1.6	6.5

注：千葉県の施肥基準より抜粋

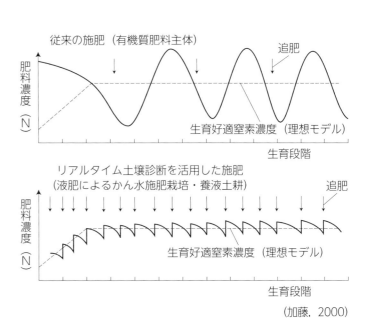

（加藤，2000）

図6-12　養液土耕栽培による施肥管理の特徴

養分供給力、養分保持力、緩衝能を生かした栽培法である。原則として基肥無施用とし、生育に合わせて副成分を含まない肥料を液肥として根圏に供給していく方式である。装置の導入に一定額の経費を要するため、付加価値や収益性の高い園芸作物、すなわち施設での果菜類、花きの栽培に適する。

養液土耕栽培は毎日必要な養水分を供給することから、養水分含量が大きく変動する従来の基肥－追肥の施肥体系に比べ、野菜、花きの栄養条件や土壌の養水分含量を好適条件に保つことが可能になる。養液土耕栽培の特色を整理すると、かん水・施肥の省力化、施肥量の削減、塩類集積防止、生育促進効果をあげることができる（図6-12）。

【栽培システムの概要】養液土耕栽培のシステムは**点滴チューブ**、液肥混入機、フィルター、小型ポンプ、給液時間や給液量を指示する制御盤から成り立つ（図6-13）。時間あたりの給液量は敷設した点滴チューブ長によって決まる。たとえば給液量が100L／分のとき、10aに毎日1,500Lの水（1.5mm相当）と窒素300gを供給したい場合、そのときの液肥の窒素濃度が

10,000ppm（1％）では、液肥の希釈倍率を50倍に設定し、事前にタイマーで月曜〜日曜までの作動時間として15分間および作動開始時間をそれぞれ入力しておけば、指示どおりに全自動で養水分が供給される。

養液土耕栽培では作物の生育に合わせて**かん水同時施肥**を行なうため、養水分を均一に供給することが絶対条件であり、これを可能にしたのが点滴チューブである。点滴チューブは硬質と軟質の2つのタイプがあり、選択にあたっては価格、耐用年数を考慮して決める。

【なぜ、土壌環境が改善されるのか】養液土耕栽培は従来の慣行栽培に比べ土壌環境が良好となる。なぜ、このような利点があるのか、キュウリでの試験結果を解析してその点を明らかにしたい。

半促成キュウリの慣行栽培の窒素施肥量を40kg／10aとし、基肥窒素を20kg／10a、追肥窒素20kg／10aを収穫開始以降、定期的に施用した。養液土耕栽培では窒素施肥量を慣行栽培の20％削減の32kg／10aとし、苗の活着後から収穫終了まで毎日窒素250〜300g／10aをかん水同時施肥した。また、かん水量はpFメータから目標のpF1.8を維持できるように調整を行なった。この作型では収穫後期になるにしたがって日射量が多く、外気温が高くなるため、かん水量を増加させる必要がある。

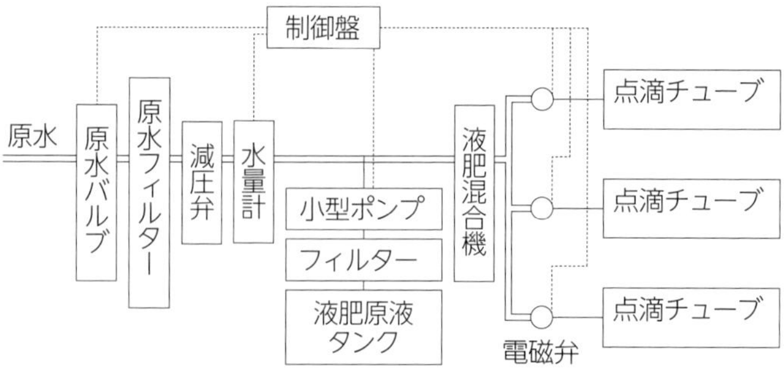

窒素栄養の指標となる葉柄汁液の硝酸イオン濃度は、慣行栽培、養液土耕栽培ともに後述する診断基準値内で経過させることができ、養液土耕

図6-13　養液土耕栽培システムの概要

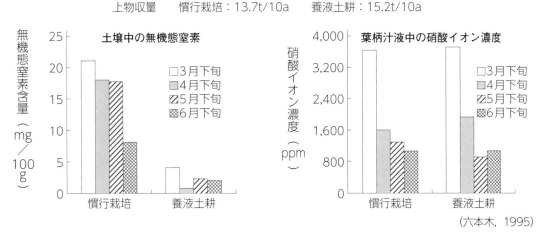

上物収量　　慣行栽培：13.7t/10a　　養液土耕：15.2t/10a

（六本木，1995）

図6-14　慣行栽培と養液土耕栽培の半促成キュウリの土壌中の無機態窒素、葉柄汁液中の硝酸イオン濃度

栽培では慣行栽培に比べ20％少ない窒素量で同等の栄養状態が維持できた。

　栽培期間中の土壌の無機態窒素含量をみると、慣行栽培が15mg/100g前後で経過するのに対し、養液土耕栽培では2〜3mg/100gである（図6-14）。通常の栽培では窒素欠乏になるが、毎日生育に必要な窒素が液肥の形で根圏に供給されるため、効率よく養分を吸収することができる。養液土耕栽培では肥料利用率が向上し、少ない窒素含量でも好適な栄養条件を保持でき、果実収量も慣行栽培に比べ10％増収する。

　土壌水分は、慣行栽培がかん水直後ではpF1.2前後、その後はかん水を開始するpF2.3前後まで徐々に高くなり、pF1.2〜2.3の範囲で大きく変動する。これに対し養液土耕栽培では、必要とするかん水量が液肥の形で供給されるためpF1.7〜2.0の一定した範囲で保つことができる。

　養液土耕栽培は慣行栽培に比べ低い土壌養分、一定した土壌水分で栽培が可能であり、さらに、副成分のない肥料により塩類

写真6-6　栽培終了時の細根の状況

集積も回避できる。こうした土壌環境の改善により、根に対するストレスを軽減できるため、慣行栽培に比べ細根量が明らかに多く、生育量も優るようになる（写真6-6）。

【養水分管理マニュアル】慣行栽培での施肥量は、利用率を50％程度に想定して決められている。しかし、養液土耕栽培では施肥効率が高く、土壌からの養分供給もあることから、養分吸収量と同等もしくはやや少ない含量を全栽培期間にわたって施用していけばよく、慣行栽培に比べ30〜40％の肥料の節減ができる。

春から夏に向かう作型では供給する養分量をほぼ一定にするが、気温上昇により作物の蒸散量が多くなるので、かん水量を徐々に増加させていく。秋から冬に向かう作型では気象条件がまったく逆になるため、段階的に供給する養分量、かん水量を減らしていく。また、土壌条件によって保水性が異なるので、かん水量は粘質土壌では少なく、砂質土壌では多くする。最近では日射センサーで取得した日射量と土壌センサーで取得した土壌水分量を元にかん水量およびEC値を参照しながら肥料濃度を調整するかん水施肥システムも検討されている。今まで行なわれた主要な果菜類の安定生産に結びつく養水分管理の目安を表6-13に示す。

【単肥配合の必要性】窒素は作物生育とのかかわりがもっとも強いため養液土耕栽培でも施肥管理の中心である。しかし、それと同時に施設土壌ではリン酸、カリが過剰に蓄積している実態があり、養液土耕の専用肥料ではリン酸、カリ過剰は改善できない。

不足養分は施肥によって補い、過剰養分は施肥しないことが原則であり、養液土耕栽培においてもリン酸、カリの富化防止、経費節減のため、硝酸加里、硝酸アンモニア（硝安）、尿素などの副成分を

表6-13(1)　果菜類の養水分管理の目安(10aあたり)

キュウリ　　　　　　　　　　　　　　　　　　(六本木)

作型	時期	かん水量 (L/日)	窒素施肥量 (g/日)	窒素施肥量 (kg/月)
半促成 (定植： 2月中旬)	2月	400〜800	180〜220	2.7〜3.3
	3月	600〜1,000	250〜300	7.5〜9.0
	4月	800〜1,200	250〜300	7.5〜9.0
	5月	1,000〜1,400	250〜300	7.5〜9.0
	6月	1,400〜1,800	250〜300	7.5〜9.0
抑制 (定植： 8月中旬)	8月	1,400〜1,800	250〜300	3.8〜4.5
	9月	1,400〜1,800	250〜300	7.5〜9.0
	10月	800〜1,200	200〜250	6.0〜7.5
	11月	400〜800	120〜180	3.6〜4.8

ナス　　　　　　　　　　　　　　　　　　(山﨑)

作型	時期	かん水量 (L/日)	窒素施肥量 (g/日)	窒素施肥量 (kg/月)
半促成 (定植： 1月中旬)	1月	400〜800	100〜150	1.5〜2.3
	2月	600〜1,000	100〜150	3.0〜4.5
	3月	600〜1,000	150〜200	3.0〜4.5
	4月	800〜1,200	150〜200	4.5〜6.0
	5月	1,200〜1,600	150〜200	4.5〜6.0
	6月	1,400〜1,800	150〜200	4.5〜6.0
	7月	1,600〜2,000	150〜200	4.5〜6.0

トマト

生育ステージ	かん水量 (L/日)	窒素施肥量 (g/日)
＜15段収穫＞(伊藤, 2005)		
〜第3花房開花期(6月上旬)	0〜800	0〜80
〜第5花房開花期(6月下旬)	1,000〜2,400	120〜240
〜第7花房開花期(7月上旬)	2,400〜4,000	240〜360
〜第9花房開花期(7月下旬)	4,000	320
〜第11花房開花期(8月上旬)	4,000	280
〜第13花房開花期(8月下旬)	3,400〜4,000	240
〜第15花房開花期(9月中旬)	2,400〜3,400	160
第15花房開花期〜 　　　　　(9月中旬以降)	400〜2,000	40〜120
＜6段収穫＞(上山ら, 2004)		基肥10kg/10a
定植〜第1花房開花期	240〜300	－
〜第3花房開花期	1,000〜1,250	60〜90
〜第5花房開花期	2,000〜2,500	140〜210
〜摘心期	2,600〜3,300	250〜380
摘心期〜	2,600〜3,300	0〜250

含まない肥料を用いて**単肥配合**に取り組む必要がある。

　単肥配合をする場合、表6-14のように組み合わせて配合すればよく、最初は多少の手間を要するが、慣れれば簡単に行なうことができる。

②肥効調節型肥料による全量基肥施用

　果菜類の従来の施肥は、肥料をベッド内に均一に施用して苗を定植し、その後液肥により追肥するのが一般的な方法である。しかし、肥料が苗の定植位置から離れた場所にも存在するために施肥効率が低下する。効率的な施肥のためには局所施用する必要があり、肥効調節型肥料の活用により局所施肥法が開発されている。

【ピーマンの鉢内全量施肥】

鉢内全量施肥は生育に必要な窒素を鉢上げ時にシグモイド型肥料を用いて鉢内施肥する方法である。岩手県における施設ピーマンでは基肥（N15kg/10a）－追肥（N2kg/10a×10回）の慣行施肥に比べ、鉢内施肥で窒素を30％削減しても同等の収量になり、施肥量の削減、省力化が同時に成り立つことを示している。

　この試験では180日タイプの肥効調節型肥料を用い、鉢上げ～定植の期間が35日で、肥料の溶出抑制期間が45日であるため、窒素過剰害の影響はなかったと判断で

表6-13(2)　果菜類の養水分管理の目安（10aあたり）

ピーマン　　　　　　（安岡ら，2002）

作型	時期	かん水量(L/日)	窒素施肥量(g/日)	窒素施肥量(kg/月)
促成	9月	1,000	180	5.4
	10月	1,200	220	6.8
	11月	1,200	220	6.6
	12月	1,100	200	6.2
	1月	1,100	200	6.2
	2月	1,600	190	5.3
	3月	2,000	190	5.9
	4月～	3,200	200	6.0

表6-14　窒素とカリを単肥配合するときの配合割合（kg）

窒素：カリ(濃度比)	硝酸加里：硝安(重量比)	N1.0%・100L作成		N1.5%・100L作成	
		硝酸加里	硝安	硝酸加里	硝安
1.0：1.0	1.00：0.94	2.16	2.03	3.25	3.06
1.0：0.5	1.00：2.29	1.08	2.47	1.61	3.71

注1：硝酸加里（大塚ハウス3号）は窒素13.9％、カリ46.5％、硝安（硝酸アンモニア）は窒素34.4％として計算
注2：硝酸加里、硝安を水100Lに溶解させることにより所定の濃度に設定できる

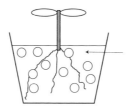

スーパーロング424：134g
（窒素18.7g、リン酸16g、カリ18.7g）
窒素施肥量/10a：18.7g/鉢×1,234株
/10a→23.1kg

（高橋ら，2001）

図6-15　ピーマンの鉢内施肥

きる（図6-15）。

　鉢内全量施肥では育苗期間、ポット内施肥する肥料の選択が大切であり、ポットの容量が小さくなればその割合に応じて用土内の無機態窒素含量が増加し、窒素過剰によって苗質が低下するおそれがある。健全な苗を育成するには、一定容量以上のポットを使用する必要がある。

　ピーマンと同様に、トマト、セルリー、

キュウリなどで技術開発されており、作物の養分吸収パターンと肥効調節型肥料からの溶出パターンが合致した肥料の選択により、新たな発展が期待される。

（3）花き類

1）施設花きの施肥法・施肥基準

　施設花きは種類が多く、キク、ストックなどでは**生育ステージ**が栄養生長から生殖生長へと移動するため、養分吸収が栄養生長期では多く、生殖生長期では少なくなるので基肥重点の施肥とする。カーネーション、バラなどでは栄養生長と生殖生長が同時に進行するため、土壌中に一定水準の養分含量を維持していく必要があり、追肥重点の施肥とする。窒素が不足すると葉色が淡くなり、開花が遅れて品質が劣る。逆に多すぎると葉は濃緑色となり生育は旺盛になるが、軟弱、徒長となり開花日が遅れて花と葉のバランスが悪くなり、品質の低下とともに日持ち性が劣る。安定生産のためには、生育ステージに合った施肥法が大切である。

　キク、カーネーションは浅根性であり、うわ根が張りやすいため過湿に弱く、排水良好な条件がもとめられる。これに対し、バラは深耕や客土により50〜60cm以上の有効土層を確保するとともに、保水力は大きいが、孔隙率が大で透水性が良好な土壌条件が必要である。花きの主産地である愛知県の**施肥基準**を表6-15に示す。

2）花きに適しているかん水同時施肥

　施設花きは果菜類に比べ土壌養分の変動に対する適応力が弱く、リン酸過剰による鉄欠乏、カリ欠乏、低pHによるマンガン過剰などの障害が発生しやすいため、より緻密な養水分管理がもとめられる。**かん水同時施肥**はこれに応えられる技術であり、今までに多くの切り花で検討されている。カーネーション、キクについて、養水分管理を紹介する。

①**カーネーション**

　カーネーションは6〜7月に定植し、10月下旬〜翌年5月の母の日まで採花する冬切りの作型と、3月に定植し7〜11月まで採花する夏切りの作型がある。冬切りでは採花期間が長く、慣行の窒素施肥量は50〜60kg/10aと非常に多くなっている。

　慣行栽培（窒素施肥量：60kg/10a）の60％減肥、40％減肥の窒素施肥量で比較した結果、慣行栽培に比べ60％減肥では切り花

表6-15　愛知県における主要切り花の施肥基準(kg/10a)

（愛知県の施肥基準より抜粋）

種類・作型	定植	採花期	基肥			追肥			備考
			N	P₂O₅	K₂O	N	P₂O₅	K₂O	
夏秋ギク 秋ギク	5月上旬 9月上旬	8月上旬〜 8月中旬 12月中旬〜12月下旬	12 15	12 15	12 15	8 10	− −	8 10	追肥は2回に分施
カーネーション	6月中旬	10月下旬〜 5月下旬	15	15	25	35	10	43	追肥は9回に分施
バラ1年目 　2年目	5月下旬	10月上旬〜 6月中旬	10 −	10 −	10 −	38 52	15 28	33 47	7月上旬以降、定期的に追肥
ストック	9月下旬	1月上旬〜 1月下旬	10	5	10	5	5	10	追肥は2回に分施

表6-16　花きの養水分管理の目安
(福田ら，2004)

カーネーション　　　　　(10aあたり)

作型	時期	かん水量 (L/日)	窒素施肥量 (g/日)	窒素施肥量 (kg/月)
冬切り栽培 (定植：6月下旬)	6月	3,000	0	0
	7月	1,500 (週1回)	80 (週1回)	0.4
	8月	1,800	108	3.3
	9月	2,000	120	3.6
	10月	2,000	132	4.1
	11月	1,500	132	4.0
	12月	1,500	138	4.3
	1月	1,500	138	4.3
	2月	2,000	135	3.8
	3月	2,200	126	3.9
	4月	2,200	120	3.6
	5月	2,200	60	0.9

キク　(上山・吉村，2004)

作型	時期	かん水量 (日/m²)	施肥量 (mg/株/日)
夏秋ギク	1週 (活着)		0
	2～3週 (生育初期)		4
	4～7週 (生育中期)	低温時、寡日照時は 1.5～3.0L	7
	8～9週 (～出蕾)	高温時、多日照時は 4.5～6.0L	7
	10～12週 (摘蕾)		4
	13週～ (開花)		0

本数、切り花重が低下するのに対し、40%減肥では同等の収量水準となる。植物体の硝酸イオン濃度も同水準で経過するため、かん水同時施肥の施肥量としては40kg/10a前後の範囲になる。定植から活着までは無施肥に、活着後からの栄養生長期間は窒素施肥量を徐々に増加させ、12月から翌年の2月は最大とし、2～3月の1番花の採花終了以降、徐々に減肥していく施肥管理である。

かん水量は定植後から活着までは毎日3,000L/10aとし、8月以降は1,500～2,200L/10aの範囲で、冬期間は少なくして、土壌pF1.8～2.0を維持できるようにする。佐賀県の重粘土壌における冬切りの作型の養水分管理を表6-16に示す。

②夏秋ギク、秋ギク

施設での輪ギクは、4月下旬から5月上旬に定植し、13週経過後に採花する夏秋ギク栽培、8月下旬から9月中旬に定植し、15週経過後に採花する秋ギク栽培が主要な作型である。慣行の窒素施肥量は30～40kg/10aで、養分吸収量が多くなる生育中期に1～2回追肥する方法である。

夏秋ギクでは定植後1週間は無施肥とし、生育初期から中期にかけて窒素量を増加させ、最大で1日あたり7mg/株とし、摘蕾期にかけて少なくする山型のパターンである。開花期以降は日持ち性を向上させるため、無施肥としている。秋ギクは1日あたりの施肥窒素量はやや少なくなるが、夏秋ギクと同様に山型の施肥パターンである。夏秋ギク、秋ギクともに慣行施肥の25%減肥となる25kg/10aで、切り花長、切り花重ともに慣行施肥より優る結果であり、宮城県の養水分管理の目安を表6-16に示す。

以上のように、かん水同時施肥は生育ステージに応じて施肥量、かん水量を調整することができ、根域が少なく、湿害に対して弱い施設の切り花に適した管理法である。

4 樹園地土壌の特性と施肥法

(1) 茶

一般に、上級茶ほどアミノ酸含量が多い。とくにうま味、甘みにかかわるのがテ

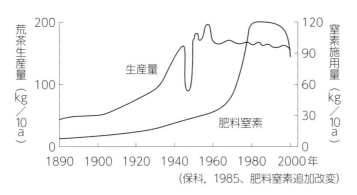

図6-16　窒素肥料使用量と茶生産量の変遷

アニンというアミノ酸の一種である。この
テアニンは、過剰に吸収された窒素の貯蔵
形態と考えられ、窒素多肥により、その含
量がある程度多くなる。茶園における窒素
施肥量をみると、昭和初期にかけては年間
10kg/10a程度であったが、上級茶としてう
ま味を追求するあまり、1960年代以降急激
に増加し、1990年代以降は削減傾向にある
ものの、茶園における窒素の多施用は今日
まで継続している（図6-16）。

1）窒素多肥の弊害

　茶は酸性に適した作物であり、適正なpH
（H_2O）は4.0～5.5とされる。しかし、その
作業性から茶園面積の6分の1にあたるうね
間に局所的に多量に窒素が施用されるため、
pH（H_2O）4.0以下の強酸性となっている。
この原因として肥料の副成分であるSO_4^{2-}、
硝酸化成作用およびAl^{3+}の**加水分解**により
生成されるH^+があり、同時に粘土粒子の
崩壊、保肥力の低下も起こる。このような
ことが加わり、うね間の健全根の割合が大
幅に減少し、肥料の利用率が著しく低下す
る。その結果、未利用の窒素が増大し、硝
酸イオンとして水系に流出し水質汚濁の原
因となる。

　亜酸化窒素（N_2O）は畑地に
窒素施肥をすると発生が見ら
れ、その温暖化能力は二酸化
炭素の310倍といわれる。そ
の発生には、畑地における硝
酸化成作用と脱窒作用がそれ
ぞれかかわっている。野菜畑
など、施肥窒素が20kg/10aレ
ベルではN_2Oの発生量は少な
いが、施肥窒素が80kg/10aレベルの茶園で
は相当量の発生が見られ、硝酸イオンの流
出とともに環境負荷の面から施肥量の是正
がもとめられる。

2）施肥基準・施肥配分

　茶葉の収穫は年間4回程度行なわれ、収
量は1,500～2,000kg/10a、摘葉により茶園
から持ち出される窒素量は22kg/10a程度と
される。窒素増肥を行なっても吸収量の増
加は少なく、窒素の残存量や流出量が増加
し、現行より少ない施肥量でいかに効率よ
く窒素吸収させるかが大きな改善点となる
（図6-17）。

　農家にとって一番茶の収益が大きいこと
から、春肥・芽出し肥が重視されるが、実
際には一番茶に対する春肥・芽出し肥の寄
与率は27％であり、73％が前年までに吸
収され体内に蓄積した窒素である（烏山、
1998）。このため、春肥・芽出し肥重視の施
肥配分を改め、年間を通して吸収量を高め
る施肥配分が必要である。静岡県における
現行の**施肥基準**は、窒素施肥量が54kg/10a
で、夏肥、秋肥に重点を置いた施肥配分に
なっており、肥効調節型肥料の使用および

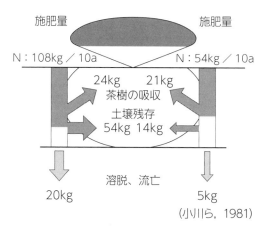

施肥量　　　　　　　　施肥量

N：108kg／10a　　　N：54kg／10a

24kg　　21kg
茶樹の吸収
土壌残存
54kg　14kg

溶脱、流亡

20kg　　　　　　　5kg

(小川ら，1981)

図6-17　施肥窒素の行方（ライシメーター試
　　　　験）

表6-17　成木園の施肥基準(kg/10a)

県		N	P_2O_5	K_2O
静岡	春肥	10	9	13
	芽出し肥	6	–	–
	夏肥Ⅰ	11	–	–
	夏肥Ⅱ	11	–	–
	秋肥	16	9	14
	合計	54	18	27
埼玉		45	22.5	22.5
三重		55	16	24
福岡		53	23	23
鹿児島		50	24	24

施肥法などの改善により、さらに削減することを目標にしている（表6-17）。

3) 施肥削減に向けた新技術
①被覆尿素、石灰窒素の利用

　硫酸アンモニアを主体とした肥料では、アンモニウム塩は硝酸化成作用によって硝酸塩となり、未利用の硝酸塩は降雨により地下浸透する。これに対し、**被覆尿素**は徐々に窒素の溶出が続くという利点を持つ。また**石灰窒素**は、硝酸化成抑制効果とともに酸性改良効果を持ち合わせている。茶樹はアンモニウム塩を好む作物であり、

これらの肥料は茶樹の根域内にアンモニウム塩として留まるため、有機質肥料などと組み合わせて施用することにより、施肥利用率の向上と硝酸塩の流亡をおさえる効果が期待できる。

②うね間施肥から樹冠下施肥へ

　うね間に局所施肥することが一般的であるが、うね間では濃度障害により健全根の割合が少ない。また、うね間に施肥された窒素は降雨によって移動するが、根量の多い樹冠下への横方向への移動はきわめて少ないため、利用率が大幅に低下する。茶樹の根の吸収活力分布を見ると、樹冠下で明らかに高く（小泉ら、1984）、従来のうね間施肥から樹冠下施肥への施肥位置の見直しが必要である。

【**樹冠下点滴施肥**】施設での点滴による**かん水同時施肥**は、施肥量の削減や、生育促進効果があり、永年性である茶樹にも適用できる。従来の装置では電源設備が必要であったが、水源があれば電源設備のない戸外でも使用可能な簡易な装置が開発されている。このシステムは水圧比例式混入器により、原水が流れはじめると設定した量の液肥を自動的に混入運転するもので、電源がなくても乾電池式タイマーコントローラーにより必要とする養水分を自動的に供給できる（図6-18）。

　抹茶の原料となるてん茶園において樹冠下の両側に点滴チューブを敷設。薄い窒素溶液のかん水施肥（2～11月：32ppm/日、ただし3～5月：95ppm/日）により、慣行施肥の35％、70％の窒素施肥量で慣行施肥（N69kg/10a）に比べ生葉収量、官能審査ともに優ることが明らかにされている（辻・

木下、2003）。玉露園、煎茶園においても同様な結果が得られ（表6-18）、茶園における点滴かん水施肥は、高品質生産かつ施肥量の節減につながる施肥法である。

　福岡県の事例を基準にして煎茶園のかん水施肥をみると、2〜10月の期間、10日間隔に3,000〜5,000L/10aのかん水量、窒素2.0〜2.5kg/10aを薄い液肥として施用することにより、高品質・安定生産に結びつくと判断される。

【広幅施肥】通常ではうね中央部の30cm幅（片側15cm）の場所に集中的に施肥されるが、**広幅施肥**とは、送風式肥料散布機を用いて、施肥幅を80cm（片側40cm）の樹冠下中ほどまで拡大する施肥法である（図6-19）。窒素量30kg/10aの広幅施肥と窒素量50kg/10aの慣行施肥の3か年の生葉収量、品質を比較しても、試験区による明らかな差は見られない。重窒素を用いた28年生茶樹の2か年の窒素吸収による持ち出し量をみると、うね間施肥に比べ広幅施肥では33〜38％吸収量が増加したことから、施肥位置を拡大する広幅施肥により施肥量の削減が可能になると判断される（野中ら、2007）。

　茶樹が1年間に吸収する窒素は約20kgであり、茶園から溶脱した施肥窒素由来の硝酸態窒素が環境基準（10mg/L以下）を超過しないためには、施肥窒素量を40kg/10a以下まで低減させる必要がある。上記の施肥管理技術によ

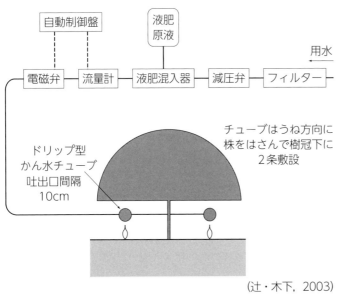

（辻・木下, 2003）

図6-18　自動点滴施肥装置の概念図

表6-18　樹冠下点滴かん水施肥

玉露園　　　　　　　　　　　　　　　　　　　　　　　　　　　　　　　　　　　　　　　（堺田ら, 2002）

慣行施肥	点滴かん水施肥
全施肥窒素量：73kg/10a（2〜9月に7回に分けて施肥） 3か年の平均生葉収量：507kg/10a	2月中旬〜10月：N 1,000〜1,500ppm　2,000L（3回/月） 全施肥窒素量：53kg/10a（複合液肥を使用） 3か年の平均収量：551kg/10a

煎茶園　　　　　　　　　　　　　　　　　　　　　　　　　　　　　　　　　　　　　　　（森山ら, 2002）

慣行施肥	点滴かん水施肥
全施肥窒素量：53kg/10a（2〜4月、8〜9月に5回に分けて施肥） 3か年の平均生葉収量 一番茶：482kg/10a　二番茶：461kg/10a	2月上旬〜10月上旬：N400〜900ppm　4,000L（3回/月） 全施肥窒素量：50kg/10a（複合液肥を使用） 3か年の平均生葉収量 一番茶：613kg/10a　二番茶：575kg/10a

って肥料の利用率を50%まで高めることができれば、窒素施肥量を40kg/10aレベルに削減しても茶樹の窒素吸収量を20kg/10aに維持でき、収量と品質を同時に確保できる。

(2) 果樹

1) 土壌養分

樹園地では、表層に施肥お
よび堆肥などの有機物施用が
行なわれるため、表層土に養分が蓄積しやすく、リン酸、カリが富化している現状にある。果樹では根域が広いため、全園的な深耕により養分を下層土に施用することは可能であるが、断根による樹勢低下の恐れがあるため、一律的には実施できない。土壌診断結果に基づき過剰養分を削減するという基本的な考えが必要である。

樹園地ではpHの変動により要素欠乏、過剰が発生しやすくなるため、土壌pH（H$_2$O）を5.5〜6.5に保つことが必要である。ナシ、ウメ、モモなどではpH（H$_2$O）が7.0近くまで上昇すると葉の葉脈間がまだら状に黄白化する**マンガン欠乏症**が見られる。これはpH上昇により可給態マンガンが不可給態になるためであり（図6-20）、対策としては石灰資材の施用を中断することである。

しかし、土壌pHは短期間には低下しないため、緊急的な対策としてマンガンの葉面散布が有効であり、ニホンナシでは5月下旬以降に0.2〜0.3%の硫酸マンガン液を10〜14日間隔に2回散布することにより症状の改善を図ることができる。

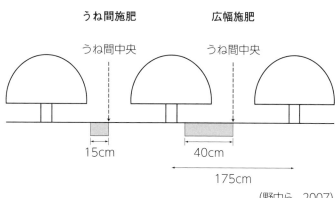

うね間施肥　　　　広幅施肥

うね間中央　　　　うね間中央

15cm

40cm

175cm

(野中ら, 2007)

図6-19　うね間施肥と広幅施肥の概略図

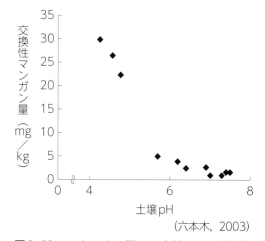

(六本木, 2003)

図6-20　ニホンナシ園での土壌pHと交換性マンガン含量の関係

2) 土壌管理

①草生栽培

果樹園の管理法として、地表面を裸地に保つ清耕栽培、敷わらなどの被覆資材を用いるマルチ栽培、イネ科やマメ科の牧草播種による草生栽培がある。

このなかで草生栽培は、樹園地管理にもっとも適した方法である。草生栽培の導入により有機物補給、草の根による深耕などの効果が期待できる。とくに樹園地は傾斜地にあることが多く、草で覆われることで雨滴が直接地表にあたることを防ぎ、土

(写真：神奈川県農業技術センター)

写真6-7　ナギナタガヤの草生栽培

壌浸食防止効果や、地耐力の増強による大型機械走行のスリップ防止効果が期待できる。さらに、肥料成分を牧草が吸収し、そののちに果樹に養分が供給されるため、清耕栽培に比べ流出養分も少なく、環境保全にも有効な管理法である。

　草生栽培にはこのような効果が期待できるが、反面、草の刈取りに多くの労力を要すること、果樹と牧草との間で養分の競合が生じやすいこともあり、清耕栽培と草生栽培の中間である雑草草生を取り入れている樹園地も多い。

　最近になって第三世代の草生栽培用草種として注目されているのがナギナタガヤ、ヘアリーベッチである。これらの草種は春から夏にかけて自然倒伏して地表面を被覆し、その後も自然に枯れた状態で地表面を覆うため、草の刈取りなどの管理作業が不要になるという大きな利点がある（写真6-7）。

②堆肥施用

　土壌物理性の改良、緩効的な養分供給の面からも持続的な有機物施用が必要であり、表層に堆肥を施用して、表層土と軽く混和する方法が簡便なため広く行なわれている。しかし、樹園地の場合、機械の走行によって表層土が硬くなり、根が発達しにくい状態である。また、多くの樹種の主要根群域は深さ10〜50cmの位置にあるので、堆肥施用効果をより高めるには、断根の影響を極力少なくしながら主要根群域に良質な有機質資材を施用することが必要である。これに合った方法として、堆肥を局所的に施用する「たこつぼ方式」が考えられる。

　25年生のニホンナシ「幸水」を対象として、トラクターに装着できるホールディガーという穴掘り機を用いて、主幹から2m離れた位置に直径30cm、深さ50cmの縦穴を掘り、牛ふんモミガラ入りの堆肥を土と混和せずに約20kg局所施用する方法を試みた（図6-21、写真6-8）。1年経過後の局所施用部は、新根の発達が良好となり、1穴あたりの総根長を調べると、無処理に比べ0.5mm以下の細根長が3〜4倍に増加し、4〜5年の持続効果が見られ、果実収量も優るよう

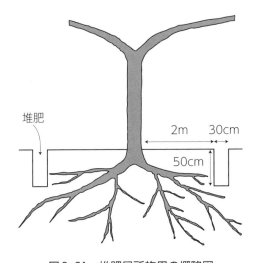

図6-21　堆肥局所施用の概略図

写真6-8 穴掘り機ホールディガー

（島田・六本木, 2003）

写真6-9 局所施用により増加したナシの細根

になる（写真6-9）。作業性などを考慮すると、初年目は樹幹の横方向の両側6か所、翌年は縦方向の両側6か所、合計12か所で局所施用すれば十分であり、樹齢、樹冠面積も考慮して決めていく必要がある。

柑橘園においても堆肥を土中に局所施用することは望ましいが、傾斜地であるため作業的には難しい状況にある。これに代わる方法として、樹幹の周囲2～3か所の表層部での堆肥のスポット施用が行なわれており、スポット施用部周囲の根の発達が良好になる利点がある。

3) 施肥法・施肥基準

永年性作物である果樹は、一年生作物と

は養分供給パターンが大きく異なり、1年の周期では下記のような養分供給となる。
・春先の初期生育→貯蔵性窒素
・新梢の生育・初期～中期の果実肥大→施肥窒素（初冬に施肥した養分が根域に到達）
・後期の果実肥大→地温上昇による有機態窒素の無機化（地力窒素）
・樹勢回復、貯蔵養分の蓄積→施肥窒素（果実収穫後の速効性窒素の施肥）

樹種によって施肥時期が大きく異なり、落葉果樹のナシは初冬の休眠期に基肥を施用し、玉肥を5～6月、礼肥を収穫後の9月に施用する体系であり、全体的には基肥重点施肥である（表6-19）。常緑果樹の温州ミカンでは春肥を3月に施用し、施肥窒素は4～5月ごろに吸収されて春枝の充実と幼果の肥大を促す。6～8月になると樹体全体に多くの養分を必要とするため、地力窒素だけでは不足し、これを補うため6月ごろ夏肥を施用する。秋肥は11月上旬までに施用して、着果負担で低下した樹勢の回復を図る施肥体系である（表6-20）。

果樹では、収穫直前まで窒素の肥効が高まると果実品質に影響することが多い。温州ミカンでは浮き皮の発生、リンゴでは着色不良、ナシでは糖度の低下や熟期の遅れなどが生じるため、収穫前の施肥窒素は中断し、窒素供給は地力窒素に依存することが高品質生産に結びつく。最近、果樹の施肥で重視されるようになったのは果実収穫後の施肥である。速効性肥料を用いて素早く吸収させ、樹勢の回復と同時に翌年の春先の初期生育に必要な貯蔵窒素を高めることが必要である。

表6-19　落葉果樹の施肥基準(kg/10a)

樹種	県名	基肥			追肥I			追肥II			備考
		N	P₂O₅	K₂O	N	P₂O₅	K₂O	N	P₂O₅	K₂O	
リンゴ	青森	9	5	5	6	−	−	−	−	−	基肥：4月下旬、追肥6月下旬
モモ (あかつき)	福島	5〜7	10	12	2	−	−	7	−	−	基肥：11〜12月、追肥：2月・9月
ナシ (幸水)	茨城	12	20	20	8	−	−	5	−	−	基肥：11〜12月、追肥I：5〜6月に2回、追肥II：9月
クリ	茨城	8	8	8	4	−	4	4	−	4	基肥：11〜2月、追肥：6月下旬〜8月上旬に2回
ブドウ (巨峰)	山梨	2	−	2	4	6	4	−	−	−	基肥：6月中旬、追肥：10月下旬
ブドウ (デラウェア)	山梨	−	−	−	3	4	3	10	6	6	追肥I：9月上旬、追肥II：10月上旬
カキ	岐阜	10	10	10	2	2	2	6	4	5	基肥：2月中旬、追肥I：6月下旬、追肥II：10月中旬

4) 効率的な施肥技術

　樹幹の近くが根の発達が良好なため、効率的な施肥のためには樹幹部を中心に施肥する考え方が必要である。しかし、樹園地の多くは栽植位置が列状ではないため、作業性の面から全面表層施肥が一般的である。リンゴのトレリス栽培、最近になって神奈川で開発されたナシのジョイント栽培では植栽位置が列状であり、樹幹部に局所的に施肥できるため、施肥量の削減に結びつくと判断される。

　温州ミカンは収穫前の気象条件によって品質が左右され、とくに降水量が多く、低日照のときに果実品質が低下しやすくなる。新しい管理法として、傾斜地の園を対象に点滴かん水チューブを樹冠下に配置し、その上を透湿性マルチで周年被覆してかん水施肥を行なう**マルドリ法**が開発されている。その概要は図6-22のとおりで、無電源でも作動できる液肥混入器を用いてかん水施肥を行なうもので、収穫前に軽度の乾燥ストレスを与えることにより、高品質生産が可能となる。極早生では窒素濃度150ppmの液肥で4月中旬〜7月に中旬かん

表6-20　常緑果樹の施肥基準(ka/10a)

樹種	県	春肥			夏肥			秋肥		
		N	P₂O₅	K₂O	N	P₂O₅	K₂O	N	P₂O₅	K₂O
温州ミカン	静岡	4	4	3	12	4	12	6	4	3
温州ミカン	愛媛	9	7	7	5	3	6	10	6	1
不知火	愛媛	12	8	10	8	6	7	15	12	12

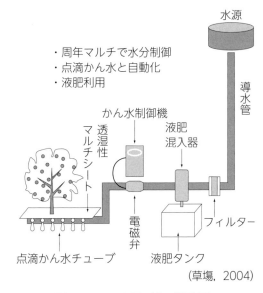

・周年マルチで水分制御
・点滴かん水と自動化
・液肥利用

水源
導水管
かん水制御機
液肥混入器
透湿性マルチシート
電磁弁
液肥タンク
フィルター
点滴かん水チューブ

(草場, 2004)

図6-22　マルドリ法の概略図

水施肥を行ない、7月下旬から9月上旬まではかん水のみとし、収穫後の10月上旬から11月下旬まで再度かん水施肥を行なう方法である。

第7章

作物の栄養と作用機作

1 多量要素

(1) 窒素

1) 窒素の根からの吸収と有機化

　土壌に施用した有機物に含まれる有機態窒素は、各種土壌微生物により無機態の**アンモニア態窒素**（$NH_4 - N$）に分解され、アンモニア酸化菌（亜硝酸生成菌）により亜硝酸態窒素（$NO_2 - N$）になり、それが亜硝酸酸化菌（硝化菌）により**硝酸態窒素**（$NO_3 - N$）に変化する。水稲など水田のような還元状態で生育する作物や、硝化菌が生息しにくい強酸性下で生育する茶樹などは、アンモニア態窒素を主として利用する。トマトなどの畑野菜は、硝酸態窒素を窒素源として利用する。しかし、畑作物もアンモニア態窒素を吸収しないのではなく、両者が共存すれば、アンモニア態窒素も吸収利用する。

　硝酸態窒素は、根の細胞膜に存在する**硝酸イオントランスポーター（NRT）** を通って植物体内に入る（図7-1）。そして、**硝酸還元酵素（NR）、亜硝酸還元酵素（NiR）** の働きでアンモニア態窒素に変換される。

　変換されたアンモニア態窒素は、**グルタミン合成酵素（GS）** の働きで**グルタミン（Gln）** に変換される。これが有機態窒素への最初のステップである。この反応は非常に重要で、図7-2に示すように、基質はひとつの窒素原子を持つグルタミン酸（Glu）で2つの窒素を持つグルタミンになる。そ

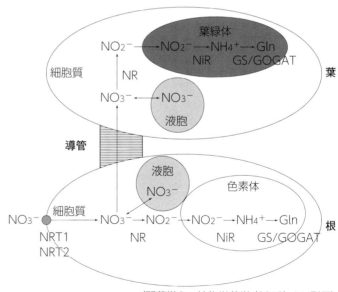

（間藤徹ら，植物栄養学（2010）より引用）

注1：NRTは硝酸イオントランスポーターで、2種類ある。NRは硝酸還元酵素、NiRは亜硝酸還元酵素、GSはグルタミン合成酵素、GOGATはグルタミン酸合成酵素、Glnはグルタミン

図7-1　植物における硝酸イオンの吸収と同化の概略図

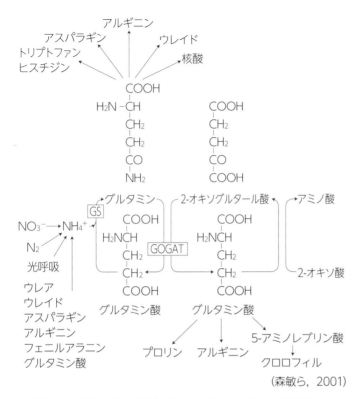

図7-2　植物におけるアンモニアの同化とアミノ酸代謝，
　　　　GS/GOGATサイクル

左は10mM NH₄⁺、中央は10mM NH₄⁺に0.1mM NO₃⁻を加えたもの
右は0.1mM NO₃⁻。水耕処理開始15日目

（写真：大塩哲視）

写真7-1　コマツナ水耕栽培における硝酸イオンのシグナル作用

して、**グルタミン酸合成酵素（GOGAT）**で2つのグルタミン酸に変換され、ひとつはGSの反応に使われ、もうひとつのグルタミン酸は各種アミノ酸に合成される。この反応はGS/GOGATサイクルとよばれる。

図7-1には記載されていないが、イネにおけるNH₄⁺の場合は**AMT（アンモニウムイオントランスポータ）**により細胞内に入り、細胞質にあるGS1[*1]の働きによりGlnになり、主としてグルタミンあるいはアスパラギンの形態で地上部に転流される。

なお、アンモニウムイオンは根から吸収されなくとも図7-2の左下に示すように生体内でも生成されている。とくに古葉の窒素は新葉で再利用されるが、古葉に存在するGS1によりグルタミンに変換され、新葉へと転流する。もちろん合成基質としてのグルタミン酸が必要でGOGAT[*2]の協力がいる。

　　*1：GSには2種類あり、GS1は細胞質基質に、GS2は葉緑体（根では色素体）に存在する。
　　*2：GOGATにも2種類あり、図7-1に示すのはフェレドキシン依存型のFd-GOGATである。イネの根でGS1とともに働くのはNADHを用いるNADH-GOGATであり、これも色素体に局在する。

2）硝酸イオンの酵素誘導作用

畑作物がアンモニウムイオンを窒素源として利用するには、微量であれ硝酸イオンが必要である。それを示すのが写真7-1である。写真左は通常の培地に窒素源として

アンモニア態窒素10mM（N：140ppm）、写真右は硝酸態窒素0.1mM（N：1.4ppm）で、中央はその両者が入っている。窒素源としてアンモニア態窒素だけでは、たとえN：140ppmでもコマツナは生育していない。微量の硝酸態窒素が入ることで、硝酸還元酵素、亜硝酸還元酵素だけでなく図7-1に示すグルタミン合成酵素（GS2）、グルタミン酸合成酵素（Fd-GOGAT）が即座に誘導、活性化され、アンモニア態窒素同化系が働く。生育初期のコマツナではアンモニウムイオンによって誘導されるGS1は存在しないことを示している。ホウレンソウ、トマト、タバコなどでもわずかにしかGS1タンパク質は検出されていない。

3）硝酸塩、亜硝酸塩はガンを抑制

　野菜に多くの硝酸態窒素（硝酸性イオン、硝酸塩などとも表現される）が含まれていると、口中微生物の作用により亜硝酸イオンに変わり、それが発ガン性物質をつくったり、血液中のヘモグロビンと結合し酸素運搬能力に支障が生じ（**メトヘモグロビン血症**[*1]）、3か月未満の乳幼児は体が酸素不足で青くなって死亡するなどと危険視されていた。

　野菜の高濃度硝酸塩を過剰に危険視することは、世界的規模での間違いであったことが、1996（平成8）年にフランス語で執筆されたリロンデルらの書籍で明らかにされ

た。同書は2001（平成13）年に英訳され、2006（平成18）年に越野正義が翻訳し、『硝酸塩は本当に危険か』という書名で農文協より販売されている。

　筆者は2000（平成12）年9月にイスラエルで、硝酸カリウムの製造会社であるファイファアケミカルの技術者から、同書の内容について聞いた。「硝酸イオンは害どころか胃のなかのピロリ菌を殺している」との説明に、当時は驚いたものである。

　信頼できるデータで説明する。表7-1～表7-3は、国立衛生試験所（現：国立医薬品食品衛生研究所）の発ガン性物質の専門家である前川昭彦の2年以上にわたる多くのラット（F-344系）を使った実験結果である。

　用いたラットは生後8週目で、各処理区とも雄雌各50頭を飼育し、死亡するごとに臓器を解剖して発ガン状況を調査している。試験終了時（28か月目）には、生きているラットも解剖し、発ガン部位を調査している。表7-1、表7-2の精巣、子宮は精巣ガン、子宮ガン、乳腺は乳ガン、造血器官は白血病などを示す。結果を見ると、明らかに亜硝酸塩や硝酸塩は発ガン性を抑制している。表7-3はこれらラットの累積死亡率である。硝酸ナトリウムでは雄雌ともに寿命が延びている。

　FAO/WHO合同食品添加物専門家会合（JECFA）の報告書でも「硝酸塩の摂取はお

---

　*1：メトヘモグロビン血症では、ヘモグロビン中の2価鉄が3価鉄に変化している。通常乳児で1.1％、成人男性で0.8％程度であるが、3価鉄への変化が10～20％になると皮膚や粘膜が青色に変色するチアノーゼが生じ、60～80％で死に至る。しかし治療法はあり、メチレンブルーやビタミンCで症状は急速に回復し、回復後の後遺症はない。なお、牛は人間と異なる。牛は多量の硝酸塩を摂取すると、反すう胃で多量の亜硝酸塩を生成しメトヘモグロビン血症を生じる。治療は人間と同様容易だが、注意を要する。

表7-1　ラットにおける亜硝酸ナトリウムの飲水投与と発ガン性の関係(頭)

(Maekawa *et al.*, 1982)

発ガン組織		精巣または子宮			乳腺			造血器官			脳下垂体			副腎			肝臓			甲状腺		
性別	月齢	C	L	H	C	L	H	C	L	H	C	L	H	C	L	H	C	L	H	C	L	H
雄	13−15																					
	16−18	2	1					1			1											
	19−21	3	4	3								1	1									
	22−24	11	7	3	3	1		4	1		1	1		4	1					1	1	
	25−27	13	8	10	3	2	5	6	3	4	1	2	1	4	1	2	1	1		1	1	
	28−	17	26	32	3	22	9	5	1	1	2	1	1	4	8	5	3	3	7	3	2	
雌	13−15																					
	16−18																					
	19−21	1	1		1		1	2	1		2		2									
	22−24	1	1	2		1	2	2	1	1	2	1				2				1		1
	25−27	5	2		10	3	1	6	3	3	3	4	4	1	2	2				1	1	
	28−	2	6	2	13	18	10	4	3		10	6	7	1	2	2	1			2	3	2

注1：C=コントロール、L=低量投与(飲水中0.125%)、H=多量投与(飲水中0.25%)
注2：N換算すると($NO_2 \times 0.3045 = N$)上記は0.038%(380mg/L)と0.076%(760mg/L)
注3：水道水水質基準項目と基準値は、硝酸性窒素および亜硝酸性窒素10mg/L以下
注4：水道水水質管理目標設定項目と目標値は、亜硝酸性窒素：0.05mg/L以下(暫定値)

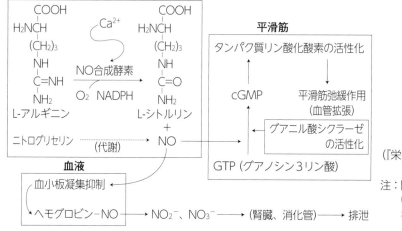

(『栄養機能化学』(朝倉書店)から引用)
注：図には狭心症の発作時に用いるニトログリセリンもNOを生じるため加筆されている

図7-3　人体におけるNO(一酸化窒素)の生成と代謝

＊2：1日許容摂取量(ADI)とは、人が一生涯にわたり毎日摂取しても健康上悪影響がないと推定される化学物質の最大摂取量。1995(平成7)年、FAO/WHO合同食品添加物専門家会合は、硝酸ナトリウムのADIを体重1kgあたり0〜5mg(硝酸イオンとしては0〜3.7mg)と推定した。硝酸ナトリウム摂取後の体内でのニトロソ化合物の生成のメカニズムについては、よくわかっていないことから、ADIの設定にあたっては、ラットに異なる濃度の硝酸ナトリウムを含む餌を2年間与え、生長がおさえられない濃度1%を換算した370mg/kg/体重/日(硝酸イオンとして)(Lehman, 1958)を100で割った3.7mg/kg/体重/日が用いられている。なお、この実験において、病理組織検査を行なったところ、ガンの発生などの異常はなんら認められていない。

表7-2　ラットにおける硝酸ナトリウムの食餌投与と発ガン性の関係（頭）

(Maekawa *et al.*, 1982)

発ガン組織		精巣または子宮			乳腺			造血器官			脳下垂体			副腎			肝臓			甲状腺		
性別	月齢	C	L	H	C	L	H	C	L	H	C	L	H	C	L	H	C	L	H	C	L	H
雄	13－15																					
	16－18	1						1												1		
	19－21	1	1		2			1	1				1									
	22－24	10	5	7	4		2	4				1	1	2		3		1				2
	25－27	13	12	5	3	3	1	9	1		1			3	6	3	1	1			2	4
	28－	19	31	27	8	6	8	3		1	2	2	2	4	8	7	5	6	3		4	4
雌	13－15																1					
	16－18	2	1		1		1	1				1		2								
	19－21					1		1			1	3	1		1		1					
	22－24	2		1	5	1	3	6			7	2	2	1							2	
	25－27		1		5	1	2	6			3	2	2	1								
	28－		8	5	8	18	6	3		1	6	10	6	1	5	4						1

注1：C＝コントロール、L＝低量投与（食餌中2.5%：経口投与量 200mgNO₃⁻/日相当）、
　　　H＝多量投与（食餌中5%：経口投与量：460mgNO₃⁻/日相当）

注2：N換算すると（NO₃×0.2259＝N）上記は45mgと104mg/日

注3：硝酸塩のADI＝3.7mg/日/kg体重（硝酸イオンとしてで、N換算だと0.836mg）

もに野菜に寄与している。しかしながら、野菜を摂取することの利点はよく知られており、（中略）野菜から摂取する硝酸塩の量を**ADI（1日許容摂取量*2）**と直接比較することや、野菜中の硝酸塩量を限定することは適切でない」とされている。農林水産省もこの報告書を引用し支持している。

4）硝酸塩の人体内での作用

・硝酸カリウムは、古くは浮腫（むくみ）に効く利尿剤として用いられていた。また、高貴な婦人のビール代わりの飲料とされていた。害作用は認められていない。

・3か月未満の乳幼児死亡原因は、主として細菌汚染による多量の亜硝酸塩の生成であったり、腐敗菌そのものの影響であった（ニンジンジュースの例など）。3か月未

表7-3　亜硝酸飲水、硝酸食餌と累積死亡率（%）

(Maekawa *et al.*, 1982)

亜硝酸ナトリウム飲水実験

性	濃度	80週	100週	120週
雄	0%	16	32	76
	0.125%	6	30	52*
	0.25%	4*	12*	42**
雌	0%	2	14	54
	0.125%	4	14	46
	0.25%	8	16	48

硝酸ナトリウム食餌実験

性	濃度	80週	100週	123週
雄	0%	6	20	80
	2.5%	0	8	52**
	5%	8	24	62*
雌	0%	12	38	72
	2.5%	6	20	46**
	5%	12	24	50*

*はP＜0.05、**はP＜0.01で有意差あり

注：投与濃度の詳細はそれぞれ表7-1、7-2の注記参照

満乳幼児以外は、メトヘモグロビンを正常なヘモグロビンに回復する能力を持っている。

- 1998（平成10）年にノーベル賞を受けたイグナロらの**一酸化窒素**の研究（話題5）で明確になったのだが、硝酸塩は人間の重要な代謝産物のひとつである。硝酸塩は経口摂取しなくとも一酸化窒素より体内で恒常的に生成されており（図7-3）、その生産量は食事摂取量に匹敵する。
- 前川昭彦らの実験（1982）によると、硝酸・亜硝酸塩摂取は、ガン発生を抑制し、ラットの寿命を長くしていた。
- 体液に入った硝酸塩は、口中バクテリアで亜硝酸塩になるが、亜硝酸塩は虫歯予防に役立つ。亜硝酸塩は胃酸のなかでは非酵素的に一酸化窒素に変化し、一酸化窒素は胃の平滑筋の弛緩に役立つ。すなわち、ストレスで緊張した胃をほぐす。そしてピロリ菌周辺に発生している**活性酸素**と反応し、**過酸化亜硝酸（$ONOO^-$）**を生成する。これが呼吸阻害作用があり、ピロリ菌などを殺す。
- 結論：2018（平成30）年9月に硝酸塩は機能性食品成分として認められている。

（2）リン

1）三要素試験と堆肥施用効果

農業試験場では**三要素試験**を継続しているところが多い。図7-4はその一例だが、1951（昭和26）年から実施しているもので、現在も継続されている。図は1985（昭和60）年までをまとめたものである。イネとムギを比較すると、麦作で堆肥施用効果が大きく現れている。麦作は野菜などの畑作と考えたらよいが、畑作には堆肥施用は必須であることがよくわかる。堆肥無施用の極端な収量低下の主要因は、土壌pHの低下であった。1977（昭和52）年以降に急速な収量増加が認められるが、そのころから石灰資材

話題5　一酸化窒素の人体での作用とバイアグラ

　一酸化窒素（NO）はイグナロ、ファーチゴット、ムラドの3名が1998（平成10）年、ノーベル賞を受けた研究で、急速に身近なものになった。NOは、人体内ではアミノ酸であるL-アルギニンから、一酸化窒素合成酵素の作用によって生成される。そして図7-3に示すように生体内で、**グアニル酸シクラーゼ**を活性化し、cGMP（環状グアノシン1リン酸）を生成する。生じたcGMPは血管内の平滑筋を弛緩し、血流が多く流れるようになる。NOは血管を広げるだけでなく、血小板凝血作用を防止する作用があり、血管閉塞を2とおりの方法で防止している。

　狭心症の薬、ニトログリセリンは生体内で徐々にNOを発生している。NOは、ヘモグロビンとも結合するが、人間はそれをNO_2、NO_3イオンに変換する。食事から摂取しなくても、生体内で硝酸イオンはNOから生成していたのである。

　なお、NOで生じたcGMPはホスホジエステラーゼ（PDE）によって短時間に分解されてしまうが、それを阻害するのがバイアグラである。

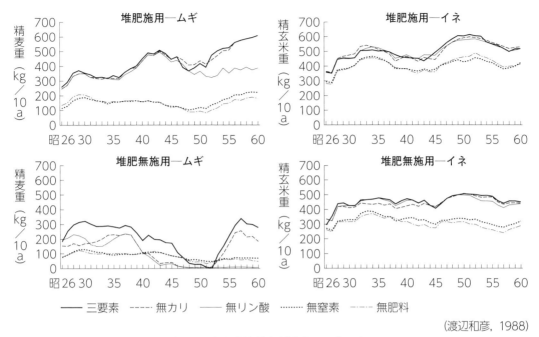

（渡辺和彦，1988）

注1：旧兵庫農試場内、明石川沖積層、灰褐色土壌粘土質構成マンガン型
注2：1区0.3a、コンクリート枠試験、複式1連制
注3：堆肥施用区は、イネ、ムギ各作ごとに稲わら促成堆肥を750kg/10a施用
注4：昭和38年度まで、堆肥施用区には消石灰75kg/10a加用、以後中止。ただし、昭和55年度麦作前に、
　　　pH低下のため消石灰（0～198kg）を施用し、各区pH6.5に調整
注5：三要素施肥は、硫安、過石、塩加を一貫して使用
注6：水稲は初期11年間は田植え、12年目より直播栽培に変更
注7：収量変化は5年間移動平均法にて作図
注8：なお、明石市での本試験は、試験場の加西市への転移のため、昭和60年作でいったん終了したが、各
　　　区試験土壌を加西市に運び試験は再開継続

図7-4　三要素試験（ムギ・水稲）35年間の収量推移

で土壌pHを矯正している。

　堆肥を施用しないで、化学肥料だけを施用すると、土壌pHが次第に低下する。堆肥は土壌pHを一定に保つ緩衝作用がある。

　堆肥を施用せず、窒素肥料として硫酸アンモニア、加里肥料として塩化加里、りん酸肥料として過りん酸石灰を用いていたが、とくに前者2つの施用区の土壌pHの低下が著しい。これらを**生理的酸性肥料**という。そのほか、**生理的中性肥料**、**生理的アルカリ性肥料**といわれる肥料もある。とくにアンモニア態窒素や尿素を含む肥料は、

硝化菌によって土壌中に硝酸イオンが生じ、土壌pHが低下しやすい。土壌施用直後は中性であっても、栽培期間中に、硝酸イオンを生じたり、塩化カリウムのように作物によるカリウム吸収が大きく、塩化物が残って土壌pHが低下する。逆に硝酸ナトリウムなどでは、作物に硝酸イオンが吸収されてナトリウムイオンが残り、土壌pHが次第にアルカリ化する。土壌pHはとくに土壌病害の増殖率に影響を与えるため、肥料は上手に使いたい。しかし、土壌pHの低下は悪いことばかりではない。硫安を条施して

土壌pHを低下させ、ジャガイモのそうか病発生を抑制している事例もある。

2) リン酸欠乏が出にくい水田土壌

異常に生育の悪かった堆肥無施用区のムギの試験結果以外を見ると、三要素試験開始後20年くらいまでの水稲作や麦作では、無窒素以外の収量低下が非常に小さい。ムギで20作目くらいから無リン酸区の収量低下が生じている。無リン酸区のムギは、写真7-2に見られるようにいつまでも葉色が緑で登熟が遅延している。しかし、同じ圃場で堆肥施用の水稲では収量低下は認められない。無堆肥無リン酸区で収量低下が25作目から少し認められる程度である。ここで重要なのは、三要素試験は、今までふつうに施肥をしていた農耕地ではじめていることである。したがって過去に施用していたリン酸の残効が、水稲では無堆肥でも25年もあることを示している。

近年農耕地におけるリン酸過剰蓄積が問題になっているが、兵庫のような西南暖地の水田では、20年くらいリン酸無施用でも収量低下が認められない可能性がある。

表7-4は35作目までのとりまとめだが、表7-5に50作目の土壌分析結果と、直近3年間の平均収量比を示した。35作まででは少ししか認められなかった無堆肥、無リン酸区水稲の収量低下が三要素区の70%程度の収量になっている。ここで、参考にしたいのは、土壌中可給態リン酸量であ

表7-4　35年間継続された三要素試験・全期間の平均収量比

処理区	水稲作				
	三要素区	無窒素区	無リン酸区	無カリ区	無肥料区
堆肥施用	100 (100)	80	100	100	81
堆肥無施用	100 (90)	71	97	97	66
	麦作				
堆肥施用	100 (100)	37	86	99	35
堆肥無施用	100 (49)	41	44	61	39

無リン酸区

奥の無リン酸区のムギが成熟遅延している
（写真：渡辺和彦）

写真7-2　ムギの三要素試験の様子

る。堆肥施用水稲では、トルオーグリン酸0.2mg/100g土壌、ブレイNo.2法3mg/100g土壌でも収量低下は認められない。

無リン酸栽培による収量低下が認められにくい理由のひとつは、還元条件下の水田では、鉄と結合していたリン酸が次式のように、3価鉄が2価鉄になると、無機リン酸が可溶化するためである。

$$3FePO_4 \xrightarrow{\text{還元}} Fe_3(PO_4)_2 + PO_4^{3-}$$

（リン酸第二鉄　酸化態、難溶性）（リン酸第一鉄　還元態、易溶性）（遊離リン酸）

なお、誤解をなくすために、表7-6に明

表7-5　三要素試験50年目の土壌の化学性と直近3年間の水稲・ムギ収量比

(小河甲ら，2004に収量比加筆)

区分		pH (H₂O)	EC (1:5)	T-N*1	T-C*1	腐植	C/N比*1	CEC	交換性塩基			可給態				直近3年間平均収量比	
									CaO	MgO	K₂O	N*2	SiO₂*2	P₂O₅*2	P₂O₅*2	水稲	ムギ
			μS/cm		%			meq/100g				mg/100g				水稲	ムギ
堆肥施用	三要素区	5.2	49	0.15	1.47	2.53	9.8	11	116	15	7	9	14	6.7	62	100	100
	無カリ区	5.3	46	0.16	1.54	2.65	9.9	11.5	138	16	4	9	14	6.8	57	107	98
	無リン酸区	5.1	37	0.15	1.45	2.49	9.4	10.2	79	16	9	5	11	0.2	3	113	60
	無窒素区	6.0	45	0.15	1.46	2.51	10.1	11.2	180	18	14	9	13	11.9	65	83	36
	無肥料区	5.8	29	0.13	1.24	2.13	9.9	9.9	163	23	5		15	0.9	8	88	29
堆肥無施用	三要素区	5.2	39	0.10	0.93	1.6	9.2	8.7	75	11	6	7	7	6.8	66	103	71
	無カリ区	5.2	31	0.10	1.00	1.72	9.8	8.7	83	12	4	7	6	6.8	70	87	57
	無リン酸区	5.1	28	0.09	0.90	1.55	9.6	7.8	44	11	10	6	7	0.0	3	71	13
	無窒素区	6.2	34	0.09	0.89	1.53	9.5	8.6	146	18	13	5	6	11.2	58	49	17
	無肥料区	6.6	24	0.07	0.75	1.29	10.1	8.6	161	27	5	3	8	0.0	3	36	13

*1：T-N　全窒素、T-C　全炭素、C/N　炭素率（CN比）
*2：Nは保温静置栽培法（30℃、4週間）、SiO₂はたん水保温静置法（40℃、1週間）、P₂O₅は順にトルオーグ法、ブレイNo.2法
注：土壌は水田跡採取、直近収量比は1999〜2001年の平均

表7-6　明治時代の米作肥料試験における三要素試験結果(1889年)

(熊沢喜久雄, 1987)

	わら重 (kg/10a)	玄米重 (kg/10a)	同修正値*1
無肥料区	212	95	131
無リン酸区	210	80	116
無窒素区	500	331	430
無カリ区	778	506	649

*1：修正値は台風被害による未成熟種子について補正したもの

治時代の米作肥料試験における三要素試験結果を示す。この試験では無リン酸区の収量が著しく悪い。黒ボク土をはじめとした日本の無施肥の土壌は、完全なリン酸欠乏土壌である。こうした明治初期の研究により、以後の日本の農耕地ではリン酸施用が広く行なわれている。繰り返しになるが、前記の話は過去にリン酸を施用していた圃場での結果である。

3) 低リン耐性

　イネは**低リン耐性**の強い作物の一種であるが、畑作のルーピンなども強い。低リン耐性作物を用いた研究から、作物がどのように低リン耐性を発揮しているのかをまとめたものが図7-5である。作物は低リン条件下では、濃度が低く少量のリン酸でも吸収できる高親和性リン酸吸収トランスポーターを発現する。また、根からは**クエン酸**などの**有機酸**を放出し（口絵iv頁）、アルミニウムなどと結合していたリン酸を可溶化する。また、土壌中に存在している有機態リン酸を無機化する酵素である酸性ホスファターゼを分泌する。一方、**菌根菌**が根に共生し、菌根の菌糸が難溶性のリンを吸収し、作物に与える。さらに、老化葉のリンを新葉に転流する体内リンの有効利用系が活性化する。

　最後の体内リンの有効利用系は、温度に

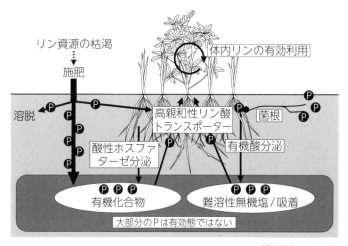

(和崎淳, 2008)

図7-5 植物の低リン(P)適応戦略

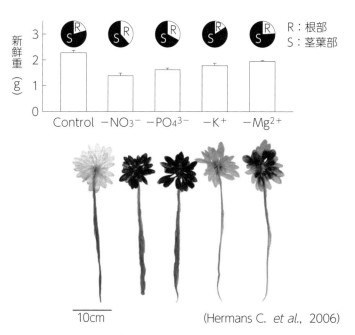

R：根部
S：茎葉部

10cm

(Hermans C. *et al.*, 2006)

図7-6 シロイヌナズナにおけるN、P、K、Mg欠如の糖転流などへの影響

よっても大きく影響を受ける。たとえば、北海道のイネのリン含有率は、関西のイネのリン含有率よりも高い。暖地のほうが少ないリンを有効利用する代謝活性が高い。

（3）カリウム

1）カリウムは根肥

　古くから「窒素は葉肥、リン酸は実肥、カリは根肥」といわれているが、実際の三要素試験の無カリ区の作物根はほかの区に比較してとくに劣ることはない。無カリ区の収量低下率もほかの区に比較して小さい。土壌中の粘土鉱物にカリウムを含むカリ長石（$KAlSi_3O_8$）が多いためである。とくに花崗岩質土壌には多い。

　「カリは根肥」の言葉は、土耕栽培では観察しにくいが、水耕栽培をすると理解できる（図7-6）。それでは、なぜカリウムが不足すると根の伸長が低下するのか。それは、細胞伸長に必要なエネルギー源、炭水化物を根が得られないためである（図7-7）。成熟葉は、光合成で炭水化物をつくることのできる独立栄養器官で、炭水化物のソースとして働くが、根、果実は（未熟葉も当初）従属栄養器官（シンク）で、成熟葉からの炭水化物供給がないと自分自身で生長肥大することができない。カリウムが不足すると、シンクである果実や、子実、イモ類の肥大も劣る。ショ糖*の転流が悪くなるためである。

2) 篩管液の特徴

はじめに**導管**と**篩管**の物質濃度の違いを示す（表7-7）。篩管中にはショ糖が10〜20％と高濃度含まれている。次いでアミノ酸類が1％程度含まれている。無機成分ではカリウム含有率が0.3〜0.5％とずば抜けて多く含まれている。

導管と異なり溶液のpHも高い。ウンカやアブラムシ、一部のカメムシなどは篩管液を吸汁し生活している。トビイロウンカが吸汁している針をレーザーで切断すると、切断された針から篩管液が出てくる。篩管は内圧も高い。その液を採取し、篩管内の成分が分析されている。篩管液中には栄養成分だけでなく、mRNA（m：メッセンジャー（伝令）、RNA：リボ核酸）など各種情報伝達物質も含まれていることが明らかになっている。

3) ショ糖転流における伴細胞の働き

葉の光合成でできたデンプンは、ショ糖の形で篩管柔細胞から細胞外に出て、ふたたび**伴細胞**に入り、篩管を通って植物体の各部に送られる。図7-7に示すように、**シンプラスト**（細胞内）経由でショ糖を篩管に輸送する植物はほとんどなく、多くの植物はいったん**アポプラスト**（細胞外）に出て、伴細胞から入る。篩管内のショ糖濃度が高く、**ポンプ***の力がないと、濃度勾配に逆らって篩管のなかに入

表7-7 高等植物における導管と師管中物質の濃度範囲例(mg/L)
（Epstein *et al.*, 2005、ただしpHはBuchanan *et al.*, 2005）

物質	濃度	
	導管	篩管
ショ糖	無	140,000〜210,000
アミノ酸類	200〜1,000	900〜10,000
P	70〜80	300〜550
K	200〜800	2,800〜4,400
Ca	150〜200	80〜150
Mg	30〜200	100〜400
Mn	0.2〜6.0	0.9〜3.4
Zn	1.5〜7.0	8〜23
Cu	0.1〜2.5	1〜5
B	3〜6	9〜11
NO_3^-	1,500〜2,000	無
NH_4^+	7〜60	45〜846
pH	5.0〜6.5	7.3〜8.0

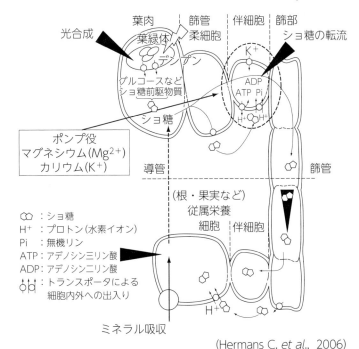

（Hermans C. *et al.*, 2006）

図7-7 作物体内でのデンプン（ショ糖）転流の仕組み

れないためである。篩管側の伴細胞が、井戸水を汲み上げるポンプのように細胞外にあるショ糖を伴細胞内に汲み入れ、それを篩管内に押し入れている。そのエネルギー

の元はプロトンポンプ（H⁺‐ATPase）である。**ATPを加水分解**してADPに分解して得られたエネルギーを利用して、**プロトン**（水素イオン、H⁺）を細胞内から細胞外に出す。そのために篩管液はpHが高いのだが、このことの持つ意味は大きい。**カリウムイオン**やショ糖は、このプロトン（水素イオン）勾配の差、すなわち電気化学ポテンシャルの勾配を利用して伴細胞内に入る。カリウムイオンは、伴細胞にあるカリウムチャンネル（AKT2/3）より、そしてショ糖は水素イオンと一緒に、ショ糖トランスポーター（SUT2）によって伴細胞内に入る。水素イオンの濃度勾配を駆動力としてショ糖の能動輸送が行なわれている。これを**共役輸送**（symport）という。水素イオンと反対方向に輸送する**対向輸送**（antiport）の様式もある。後者には液胞膜のNa⁺/H⁺対向輸送体（ナトリウム・プロトン・アンチポーター）などがある（56頁）。

＊ポンプ、トランスポーター、チャンネル：生体膜を横切って物質を一定方向に輸送するタンパク質は、その機能によりポンプ、トランスポーター、チャンネルに分類される。

ポンプは、エネルギーを直接消費し、電気化学ポテンシャル勾配に逆らって能動輸送を行なう輸送体である。代表例は図7-7の伴細胞のところに示すプロトンポンプで、ATPの分解エネルギーを利用してプロトン（H⁺）を細胞外に移動させる。ATPの1分子がADPに分解し、プロトンひとつが移動する。プロトンポンプの働きで細胞内と細胞外にプロトン勾配ができ、その勾配を利用して以下のショ糖やカリウムが細胞内に入れる。このことは非常に重要で、硝酸イオンが根細胞内に入るのも同様の仕組みを利用している（図7-8）。

トランスポーターの一例が同じく図7-7の、プロトンポンプの右に示すショ糖トランスポーター（SUT）（図ではショ糖とH⁺が伴細胞に入る矢印と○で示されている）である。SUTは能動輸送のエネル

ギーとして原形質膜内外のプロトン（H⁺）の濃度勾配を利用し、酸性条件のアポプラスト（細胞外）からアルカリ条件の篩部・伴細胞のシンプラスト（細胞内）へとショ糖とH⁺の共役輸送を行なう。

膜内外の電位差を利用して細胞内にカリウムを入れるのが、図7-7の伴細胞の上に示すカリウムチャンネル（AKT2やAKT2/3）（図ではK⁺と矢印と○）である。チャンネルの特徴は孔を開閉するゲートがあり、この部分の構造変化によってチャンネルは開閉する。ゲートの開閉は膜電位、pH、光、ホルモンなどによって制御されている。チャンネルの物質輸送速度は、ポンプが毎秒100個（10^2）、トランスポーターが1,000個（10^3）に対して、毎秒1億個（10^8）であり、輸送能力がきわめて高い。

ちょうど人間における心臓の役割を伴細胞が行ない、伴細胞に近いところはショ糖濃度も高く内圧も高い。シンク側は、ショ糖を取り込むので圧力も低くなっており、篩管内はその圧力差を利用して根や果実にショ糖が流れている（圧流説）。すなわちショ糖の転流は伴細胞におけるポンプ作用とショ糖の濃度勾配の2種により、篩管内を1時間に0.3～1.5m程度の速度で輸送されている。

カリウムが不足すると糖転流が低下するのは膨圧低下のためであり、伴細胞にあるカリウムチャンネル（AKT2/3）が欠失すると、篩管中ショ糖濃度が1/2以下になることが確認されている（Deekenら、2002）。

4) カリウムの生体内での働き

生体内におけるカリウムの働きを列記する。

【細胞のpHと浸透圧の調整】シュウ酸などを多く含む植物はカリウム吸収量が多く、有機酸の中和作用も知られている。

【酵素の活性化】60種以上の酵素を活性化する。細胞内では、100mM程度の高濃度で酵素の立体構造を安定化し、基質に対する親和力を増大させる。

【タンパク質合成】タンパク質合成の場であるリボゾームの立体構造を安定化する。

【光合成作用】葉緑体基質（**ストロマ**、198頁、図7-12）はpHが高くないと二酸化炭素

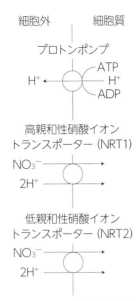

注１：NRT1は、0.5mM以下の硝酸イオン吸収
　　　に、NRT2は、0.5mM以上の高濃度の硝
　　　酸イオン吸収にたずさわる
注２：いずれの輸送系においても、細胞内外の
　　　pHの違いを利用して、1モルの硝酸イオ
　　　ンが2モルのプロトンと共輸送される

図7-8　　H⁺と共役したNO₃⁻の能動輸送

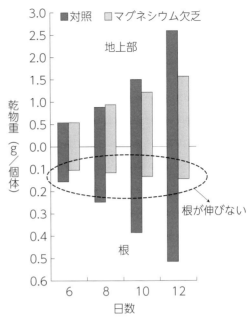

(カクマックら, 2008)

注：インゲンマメでの実験

図7-9　マグネシウム欠乏による地上部と根部
　　　　乾物重への影響

の固定ができない。マグネシウムとともに
高濃度のカリウムはストロマのpHを高く維
持する。

【気孔の開閉】カリウムが気孔の**孔辺細胞**
（guard cell）へ随伴イオンの塩素（植物によ
ってはリンゴ酸）とともに入り、浸透圧が高
まり、水が流入し細胞の膨圧が高まり気孔
が開く。

(4) マグネシウム

1) マグネシウムも根肥

　水耕栽培で完全培地によって6週間栽培
したあと、窒素、リン、カリウム、マグネ
シウムをおのおの欠如させた培地に移し、12
日後のシロイヌナズナの生育状況を図7-6
に示した。生体重がもっとも低下している

のは窒素欠如である。以下、リン欠如、カ
リウム欠如の順である。植物の生長には、
窒素がもっとも重要な元素であることを示
している。図下の葉や根の黒色はヨードデ
ンプン反応で染めたものである。窒素欠乏
やリン欠乏の生体重低下の主要因は、光合
成でできた炭水化物をタンパク質や細胞膜
をつくるリン脂質に合成できないためであ
る。そのためデンプンが多く残っている。
図上に示すR：根部と、S：茎葉部の比率で
は、カリウム欠如がもっとも根の割合が少
ない。次いでマグネシウム欠如である。

　このことを明確に示したのが、インゲン
マメを用いて図7-6と類似の実験をした図
7-9である。インゲンマメではマグネシウ
ム欠如により地上部はいくらか生育してい

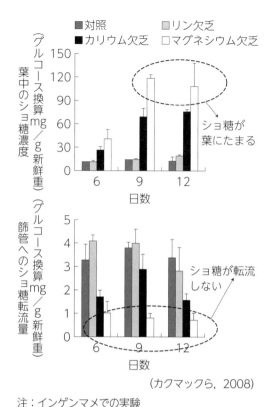

凡例：
- 対照
- カリウム欠乏
- リン欠乏
- マグネシウム欠乏

葉中のショ糖濃度（グルコース換算 mg/g 新鮮重）

ショ糖が葉にたまる

篩管へのショ糖転流量（グルコース換算 mg/g 新鮮重）

ショ糖が転流しない

日数

（カクマックら，2008）

注：インゲンマメでの実験

図7-10　各要素欠乏による葉中ショ糖濃度と篩管への転流量》

るが、とくに根の生育が悪い。そして、マグネシウム欠如の葉にはカリウム欠如の葉以上にショ糖が残留し、図7-10下に示すように篩管へのショ糖転流量も少ない。

先のカリウムの項で説明した伴細胞でのプロトンポンプ（H^+ - ATPase）は、マグネシウムと結びついたATPマグネシウムがないと働くことができない。したがって、インゲンマメでは、マグネシウム欠如はカリウム欠如以上にショ糖転流を悪くする。こうしたデータは、マグネシウムもカリウムと同様、ショ糖転流に大きく関与し、**根肥**であることを示している。

2) マグネシム欠乏による葉の黄化は活性酸素障害

マグネシウム欠乏症状では、下位葉や果実周辺の葉の葉脈間に**クロロシス (黄化)** が生じる（写真7-3）。このクロロシスは暗所

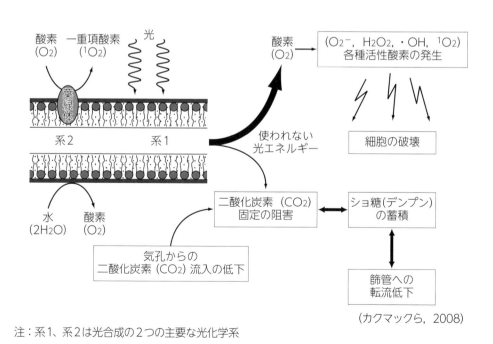

酸素（O_2）　一重項酸素（$^1O_2$）　光

葉緑体

系2　系1

水（$2H_2O$）　酸素（O_2）

酸素（O_2）　→　（O_2^-, H_2O_2, ・OH, $^1O_2$）各種活性酸素の発生

細胞の破壊

使われない光エネルギー

二酸化炭素（CO_2）固定の阻害

気孔からの二酸化炭素（CO_2）流入の低下

ショ糖(デンプン)の蓄積

篩管への転流低下

（カクマックら，2008）

注：系1、系2は光合成の2つの主要な光化学系

図7-11　マグネシウム欠乏で活性酸素が発生する仕組み

（写真：渡辺和彦）

写真7-3　トマトのマグネシウム欠乏

3Aは正常葉、他B、C、Dはマグネシウム欠乏葉での実験。
A、Bの左は弱光、右は強光処理7日後。Cの左、Dの下はろ
紙で被覆、C右は強光、Dは中程度の光照射7日後。
弱光　80、中程度　120、強光　480 $\mu molm^{-2}s^{-1}$

写真7-4　マグネシウム欠乏への光の影響

では生じにくい。光があたっているところ
で生じる（写真7-4）。その理由を図7-11
は端的に示している。マグネシウム欠乏に
なると、前述のようにショ糖転流が低下す
る。二酸化炭素固定もマグネシウムが欠乏
すると働かない。そのために気孔からの二
酸化炭素の流入も低下する。すると、葉
緑体が集めていた日射による光エネルギー
は、通常は二酸化炭素の固定に利用される
のが、豊富にある酸素へと流れる。この結
果、O_2は反応性に富む**活性酸素**へと変化す
る。代表的な活性酸素は図7-11の右上に
示す4種類である。もっとも危険なのは**水
酸化ラジカル**（・OH）であるが、反応性に
富み、葉はクロロシスを生じる。

　光による葉の黄化はカリウム欠乏や、亜
鉛欠乏でも生じる（214頁）。これらも活性
酸素による障害である。要素欠乏だけで
はない。植物ホルモンである**アブシジン酸
（ABA）**を葉面散布すると気孔が閉じる。

（写真：北村紀二）

写真7-5　アブシジン散布による気孔閉鎖
で起きる活性酸素障害

そこに日射があると、葉が黄化する（写真
7-5）。これも活性酸素障害である。農業生
産現場で葉の黄化はよく見かける。黄化は
活性酸素でも生じることを知っていれば、
生理障害の診断に役立つ。室内における低
日射に順応していた植物を、急に高日射下
に出すと葉が黄色くなり枯死するのも、活

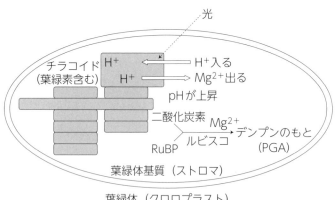

（マーシュナー，1995を元に作図）

注1：光照射により、葉緑体基質（ストロマ）からチラコイド内へプロトン（H⁺）が移動し、ストロマのpHが6.5〜7.5に上昇するとともに、マグネシウム（Mg²⁺）濃度が上昇する

注2：RuBP（リブロース1.5-ビスリン酸）に二酸化炭素が結合し、デンプンのもとであるPGA（3-ホスホグリセリン酸）が2分子できる。その酸素ルビスコは高pH（アルカリ性）とマグネシウムによって活性化される

図7-12　マグネシウムは光合成の二酸化炭素固定で重要な働きをする

性酸素障害である。植物が高日射に順応しきれないためである。除草剤には、活性酸素障害を利用しているものもある。

3）マグネシウムの生体内での作用

　マグネシウムはクロロフィルの構成元素であることはよく知られている。ここでは、細胞質中のATPの90％が、マグネシウムと複合体を形成していることを強調したい。先に194頁で説明したプロトンポンプの基質は、正確には遊離のATP⁴⁻ではなく、〔ATPMg〕²⁻複合体である。

話題6　日本人はマグネシウム不足

　精製食品、加工食品の普及で、マグネシウム不足の日本人が増加している。マグネシウム不足が循環器疾患の引き金になることは、河川水が酸性の東北地方に脳梗塞が多いとの研究（小林純、1957）をきっかけに、1973（昭和48）年ごろにはすでに明らかになっていた。現在では、糖尿病、高血圧などのメタボリックシンドロームの各種病気に、マグネシウムが効果のあることも確認されている。

　身近なところでは、こむら返りもマグネシウム不足のサインである。筋肉細胞中に入ったカルシウムが、細胞外に出ていかないと筋肉がつった状態のままになる。細胞外にカルシウムが出ていくのにエネルギーが必要である。じっとしていると、マグネシウムがATPとともに働き、やがておさまる。マグネシウム不足ではATPは働けないので、こむら返りになりやすい。また、マグネシウムを多く含むニガリは便秘に効果があるが、これはマグネシウムによる水の凝集力のためである。腸内の便が軟らかくなって、便秘が解消する。

　マグネシウムを過剰に経口摂取すると下痢をする。多量のニガリを一度に飲むのはよくない。日本人の食事摂取基準（36頁）によると、通常の食事からの摂取上限は弊害が認められないため定められていないが、サプリメントからの摂取上限量は成人の場合で350mg/日と示されている。

ATP合成酵素の基質も〔ADPMg〕⁻であり、マグネシウムを必須とする。したがって、前述のショ糖転流にもマグネシウムは大きく関与している。

　DNAの転写、RNAポリメラーゼの活性化、タンパク合成、光合成など、生体内の300種以上の酵素の役割をマグネシウムは助けている。非常に多岐にわたるが、それほど重要な元素である。ここでは一例として、葉緑体内での働きを図7-12に示す。

(5) カルシウム

1) 生体内でのカルシウムの作用

　日本での畑作物栽培に石灰施用は欠かすことができない。降雨の多いわが国では、カルシウムが土壌から次第に流失するためである。石灰施用の畑作への効果は以下の3点から考えたい。ひとつは土壌pHの中和作用、2つめは、中和に伴う窒素の無機化、3点目はカルシウムそのものの作用である。

　カルシウムそのものの作用も、構造的なものと機能的なものがある。構造的な作用として、植物生体内においてカルシウムは、**細胞壁**を構成する**ペクチン**をゲル構造にし安定化に寄与している。機能的な作用としては、シグナル伝達物質であるカルモジュリンとしての働きがある。

　カルシウムの吸収不足で生じる作物の多くの生理障害は、構造的な作用の欠如である。これについては、次項で説明する。外見的には、その作用は隠れているが、もっとも重要な働きは第二次メッセンジャーとしての機能である。細胞が何らかの作用をするのは、ホルモンの指令による。この指令を第一次メッセンジャーという。その指令を受けて、細胞内で目的を達成するための化学反応との間を結ぶのが第二次メッセンジャーである。第二次メッセンジャーには、188頁（話題5）で説明したサイクリックGMP（cGMP）などの有機化合物もある。

　カルシウムイオン（Ca²⁺）は炭酸イオンや硫酸イオン、リン酸基、それにカルボキシル基と結合する。Ca²⁺のイオン半径はほかの2価イオンと比べるとかなり大きいため、陰電荷を引きつける能力は強くない。結合力は強くないが、結合すると不溶性となるものが多く、結合力が強いようにみえる。もうひとつの特徴は、Ca²⁺が化合物についたり離れたりする速度が非常に速いことである。たとえば、水溶液中でCa²⁺に水分子がついたり離れたりする速度はMg²⁺の約100倍である。しかも、瞬時に100倍の濃度差ができるのはカルシウムだけである。細胞質内には通常Ca²⁺はほとんど含まれていない。植物では細胞壁や液胞中にある。何らかのシグナルで細胞膜にあるカルシウムチャンネルの門が開くと、Ca²⁺がどっと細胞質内に入る。この濃度が重要で、細胞質内のカルモジュリンのCa²⁺結合部位にまんべんなく結合できる濃度が必要である。すなわちCa²⁺は瞬時に通常の状態に対して100倍の濃度変化が可能で、瞬時に対象タンパク質に結合できる特徴がある。したがって、カルシウムは病害抵抗性発現や花粉形成などの情報伝達に関与している。

2) 窒素過多、水分不足で発生しやすいカルシウム欠乏症

　カルシウム欠乏症は、農作物ではもっとも一般的に生じる生理障害である。ハクサ

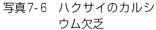
写真7-6　ハクサイのカルシウム欠乏

写真7-7　トマトの尻腐れ

イを切断して黒くあんこが入っていれば、商品にはならない（写真7-6）。解体して葉を観察すると、内葉の葉先が変色している。心腐れと一般にいわれている。ときには維管束も褐変している。ハクサイのカルシウム欠乏症は、窒素過剰と水分不足で発生しやすい。窒素施肥量を少なくすると障害発生は抑制される。もちろん品種により発生のしやすさは変わる。水分不足あるいは窒素過多に遭遇する時期の違いにより、ハクサイ内部の障害発生部位が異なる。

　トマトでも窒素過多や水分不足になると、尻腐れ（写真7-7）が多く発生する。シュンギクの心腐れは、新葉が黄色くなるが、窒素やリン酸過多でよく発生する。高温期には発生が多い。

　ピーマンもカルシウム欠乏症である尻腐れが窒素過多や水分不足で出やすい。ピーマンの尻腐れ対策には、うねの中央にモミガラあるいは稲わらを入れ、それに石灰資材を入れる。有機物と共存しているカルシウムは、根から吸収されやすい。圃場全面

に同量の石灰資材を散布してもほとんど効果がないが、こうするとピーマンの尻腐れ発生はうまく防止できる。もう一点は、尻腐れの発生しやすい品種「京みどり」などを圃場の端から2、3列目に植えておくことである。また石灰無施用区も圃場の隅でなく、端から2、3列目につくる。圃場の端では内部と条件が異なるためである。そして、「京みどり」や石灰無施用区で尻腐れが発生し出したら、うね間にかん水をする。うね中央の有機物部分は保水力も高く、尻腐れの発生を予防することができる。畑に足跡がつかなくなると、圃場が乾燥しているシグナルである。自記温湿度計で湿度も測定し、湿度が30～40％の日が続けばかん水を実行する。

3）カルシウムは病害抵抗性にも大きく関与

　トマトの水耕栽培でカルシウム濃度を高めると、青枯病や萎凋病に罹病しにくくなる（表7-8）。ダイズの**茎疫病**でもその効果は確認されているが、カルシウムの持つ種々の作用のうち、細胞壁構造の強化作用と、侵入微生物によるペクチン分解酵素活性がカルシウムが十分あると抑制されることが確認されている（表7-9）。

　B5培地で生育させたダイズにダイズ茎疫病菌を摂取すると、B5培地を入れずに生育させたダイズよりも発病率が低くなる。B5培地は、4成分（多量要素、微量要素、Fe-

EDTA、ビタミン等有機物）を混合して作成する。その4成分を別々に4段階の濃度でダイズを生育させ、菌を摂取すると、多量要素含有培地では発病率が抑制された（図7-13）。多量要素中の何かが発病を抑制している。多量要素は図7-14に示す5種試薬の混合物である。そのなかでは、硝酸カリウムと塩化カルシウムで発病率が抑制された。発病抑制効果は、カルシウム、塩素、カリウム、硝酸イオンのいずれかによるが、図7-15に示すように**硝酸カルシウム**の発病抑制効果が顕著であった。

　アブラナ科野菜の**根こぶ病**では、土壌pH（H_2O）を7.2に高めることが対策の第一であるが、硝酸カルシウム肥料は尿素や硫酸アンモニウム肥料より発病率をおさえる、との研究がカナダで報告されている。図7-16にカルシウムの細胞周辺の分布図を示す。植物根に多量に吸収されたカルシウムは、口絵iv頁の写真に示すように導管周辺の細胞間に結晶としても存在する。かならずしも細胞間とは限らない。これらの研究過程で発見したことだが、導管内外の死んだ細胞内にも結晶で存在している。多量に吸収されたカルシウムはこのように結晶としても体内で保存されている。

表7-8　フザリウムによるトマト萎凋病の被害と培地中Ca濃度の関係

(Corden, 1965)

培地中濃度 (ppm)	被害程度[1]	導管中濃度 (Cappm)
0	1.00	73
50	0.92	219
200	0.80	380
1,000	0.09	1,081

[1]：健全を0、被害甚を1とした指標
注：通常のCa濃度200ppmで栽培しているトマトに萎凋病菌を接種し、接種後培地濃度を変えてから12日後の被害程度と導管（溢液）中のCa濃度

表7-9　インゲンマメのCa濃度と *Erwinia carotovora*（細菌病の一種）接種の有無によるペクチン分解酵素活性

(Platero and Tejerina, 1976)

Ca含有率 (mg/g乾物)	ペクチン分解酵素の活性（相対値）[1]				被害程度[2]
	ポリガラクツロナーゼ		ペクチントランスエリミナーゼ		
	−	+	−	+	
6.8	0	62	0	7.2	4
16	0	48	0	4.5	4
34	0	21	0	0	0

[1]：−は菌無接種、+は菌接種
[2]：0は被害なし、4は接種6日以内に障害発生

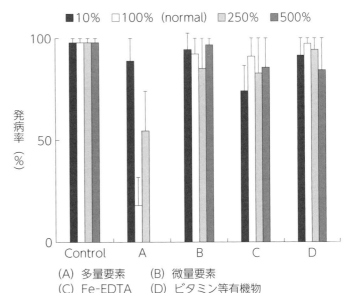

(A) 多量要素　(B) 微量要素
(C) Fe-EDTA　(D) ビタミン等有機物

(杉本琢真ら, 2007)

図7-13　B5培地4グループの発病への影響

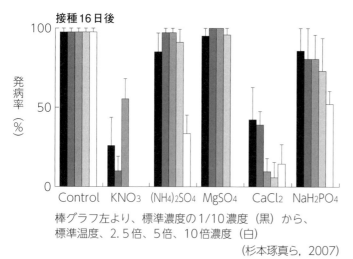

接種16日後

棒グラフ左より、標準濃度の1/10濃度（黒）から、
標準温度、2.5倍、5倍、10倍濃度（白）

(杉本琢真ら, 2007)

図7-14　各多量要素のダイズ茎疫病への影響

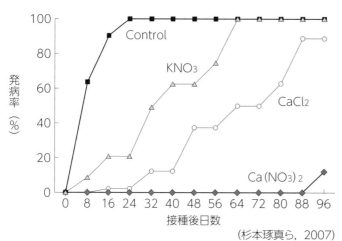

(杉本琢真ら, 2007)

図7-15　ダイズ茎疫病に対する硝酸カルシウムの劇的な効果

（6）硫黄

1）生物体は一定のN/S比が必要

　硫黄（S）は、作物における必須多量元素である。SはNとともに、生体タンパク質の主要構成成分である。農作物の最大生産のため、全N/全S比は重要で、作物種によりほぼ一定している。たとえば、トマト：12、オクラ：8〜9、ダイズ：20、トウモロコシ：15〜16である。したがって、貧栄養土壌に窒素施肥をすると作物生育は旺盛になるが、S不足による欠乏障害が発生する。欠乏障害が発生しなくとも潜在的にS不足状態となり、S含有肥料の施用効果が顕著に現れる。

　窒素施肥でも従来の硫酸アンモニウム肥料ではS不足は

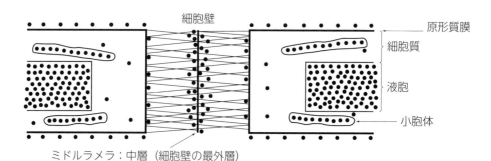

細胞の接合部位であるミドルラメラはペクチンのような多糖類からなっているが、Ca^{2+}の存在によりゲル構造を形成する
Ca^{2+}はペクチン酸のカルボキシル基の一部と結合し、ミドルラメラを安定化している

(マーシュナー, 1995)

図7-16　細胞内や隣接細胞間のカルシウム分布

生じない。**硫酸根**（硫酸イオン：SO_4^{2-}）を含まない尿素などを窒素源として使用した場合だけである。世界的にもS欠乏が問題になりはじめたのは、尿素の普及からである。1970（昭和45）年から1980年代初頭にかけて、インドネシアやバングラデッシュなどで、無硫酸根肥料を施用した場合に生育が劣ることが認められた。日本国内においては、水稲における側条施肥に用いるペースト状肥料や養液土耕栽培用液肥の普及で、S欠乏がにわかに注目された。液肥やペースト状肥料は、Sの入っていないものが多い。日本は火山国なので農耕地に本来はSが多いためと、硫酸イオンを肥料原液に入れると沈殿が生じるためである。

2) 硫黄の欠乏障害は生じても硫酸根の過剰障害は生じにくい

堆肥連用土壌には、電気伝導率（EC）測定では土壌中硝酸イオン量の推定ができないほど、硫酸イオンが多く存在する場合がある。しかし、窒素と異なり、硫酸イオンの過剰障害は生じにくい。作物体は余剰の硫酸イオンを積極的に吸収しない。また、生体内では余剰のSは液胞中に硫酸イオンの形態で貯蔵されたり、グルタチオンとしてたくわえることで過剰害を防いでいる。根からの硫酸イオン吸収は、S栄養が十分だと抑制される。硫酸イオンの吸収や同化に関与する各種酵素（ATPスルフリラーゼ、APS還元酵素など）は、生成物である硫化物イオンやシステインによってフィードバック阻害（自己の生成物で反応が抑制される）を受ける。硫酸イオンの還元同化も窒素代謝によって制御されている。

養液土耕栽培に通常用いられる液肥には、Sは入っていない。2液タイプのS入りの液肥は、1液タイプよりも価格が高い。また、2液別々のタンクも必要である。そこで、イチゴやトマトの隔離床栽培には、1液タイプの肥料を用い、定植前に隔離床に過りん酸石灰を散布する農家も多い。過りん酸石灰には硫酸カルシウム（$CaSO_4$）が約40％含まれている。**過りん酸石灰**は天然のリン鉱石に硫酸処理をして製造されているため、硫酸イオン以外にもモリブデンをはじめ各種微量元素が含まれている。

3) 世界における硫黄欠乏障害

ふくらみが十分でないパンがスライドで投影された。「ヨーロッパでは、今、硫黄欠乏障害が食卓にまで問題になっている」。1994（平成6）年ごろのSについての学会発表の一コマである。亜硫酸ガスによる大気汚染がなくなり、S欠乏地帯のコムギの種子貯蔵タンパク質中のチオール基含量の低下による製パン時の膨張率の低下が紹介さ

処理直後　　　　　　　　処理7日後

（浅川冨美雪と筆者実験）

[35]Sで標識した亜流酸ガス（SO_2）のトマト葉への処理。白いところが[35]S が存在する部位。処理直後では葉脈は黒く[35]Sはほとんど入っていないが、7日後は葉脈や茎も白くなり、[35]Sは明らかに同化され転流している。

写真7-8　亜硫酸ガスの気孔からの吸収と同化態

れた。作物は亜硫酸ガスであっても、低濃度であれば葉から吸収し作物体内に同化することができる（写真7-8）。当時、アメリカのワタを用いた測定例では、全S吸収量の約30%が大気から吸収されるとの結果が報告されているが、わが国でイネを用いた結果では3～10%程度だった。現在は硫黄酸化物による大気汚染もなくなり、硫黄施用の必要性が増えている。

　日本国内では肥料といえば三要素だが、世界的にはアフリカなどでS欠乏地帯が多い。地球造成時の初期にできた陸地ほど、S欠乏地帯が分布している。硫酸イオンが長年の降雨により流失しているためである。ザンビアでは、イネとトウモロコシでSの施用試験をしている。ともにS施用効果が明瞭にでている。とくに水稲では、S単体を23kg/ha追加施用した区の収量は、三要素のみの施用に比べて、明らかな収量効果が得られている。この地域の土壌はS欠乏である。

2 微量要素

（1）鉄

1）太陽熱消毒の雑草種子、土壌病原微生物の死滅は二価鉄の作用

　太陽熱消毒とは多くの病理研究者により古くからなされているもので、中熟堆肥と

表7-10　土壌還元消毒法の種類

(門間法明　原図)

有機物添加・湛水・被覆

有機物	施用量 (乾燥重orL/m^2)	処理期間	文献
小麦フスマ 米糠、糖蜜	0.9～1.8kg (小麦フスマ)	2～3週間	新村 (2000)
エタノール (0.25～0.5%)	50～100L	2～3週間	Kobara *et al.*(2007) Uematsu *et al.*(2007)
アブラナ科 植物・緑肥など	0.5kg (ブロッコリー)	15週間	Blok *et al.*(2000)

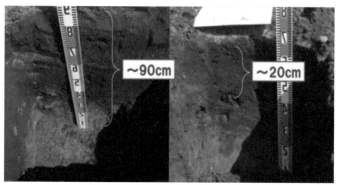

1%エタノール　　　　　フスマ還元

写真7-9　太陽熱消毒における有機物の種類と量による差異

土壌分析に基づいたN、P、K、微量要素を施用して、湛水条件で夏期高温期に透明ビニールでマルチをし、積算温度450～900℃を目安に養生処理する土壌消毒のひとつである。

　太陽熱消毒は有機農業だけでなく、慣行農法でも多くのメリットがあり、各地で活用されている。一般的な野菜栽培の難点は、土壌病害虫による**連作障害**と雑草対策である。一方で、水稲には連作障害はない。それには有機物施用と湛水下で生成される2価鉄が大きな働きをしていることが最近明らかになってきた。

　大量の低濃度エタノールを利用した新しい土壌消毒法（表7-10）に、日本アルコール産業、農環研、千葉県など6県の共同研

表7-11　金属イオンがトマト萎凋病菌の生存におよぼす影響

(農環研　興梠　取りまとめ)

処理区		% (W/W)	病原菌密度 [log CFU/ml (±SE)]					
			1日目		4日目		7日目	
蒸留水		—	—		—		4.8	(0.0)
MgSO₄	[SO₄²⁻]	1.0	—		—		4.8	(0.0)
FeSO₄	[Fe²⁺]	0.1	1.9	(0.1)	0		0	
		0.01	3.5	(0.0)	0		0	
		0.001	4.2	(0.0)	2.1	(0.1)	0	
Fe₂(SO₄)₃	[Fe³⁺]	0.1	3.6	(0.0)	1.6	(0.0)	0	
		0.01	4.0	(0.0)	3.8	(0.0)	3.8	(0.0)
		0.001	4.2	(0.0)	4.3	(0.0)	4.3	(0.0)
MnSO₄	[Mn²⁺]	0.1	2.5	(0.0)	0		0	
		0.01	2.6	(0.0)	0		0	
		0.001	3.5	(0.0)	2.6	(0.0)	1.9	(0.1)

注：還元消毒は二価鉄、二価マンガンの力が大きい

究に参画した門間（2011）が鉄、マンガンの重要性に日本でははじめて気づき、表7-11に示すような確認試験で、土壌中で生成した2価鉄が、有害土壌微生物の殺菌、雑草種子の死滅に役立っていることを示した。低濃度エタノールには殺菌作用はないが、アルコールが地下深くまで浸透して微生物の餌となるため土壌が還元状態になる（写真7-9）。その結果、鉄が2価となり、深層部に生息している有害土壌微生物をも死滅させる。従来の**太陽熱消毒**では積算温度を中心に効果を検討されていたが、鉄についての知見は、日本では門間（2011）が最初である。門間の論文によると、海外では、Foyら（1978）、Fakihら（2008）も、鉄やマンガンの重要性を指摘していた。もちろん土壌中の2価鉄が熱帯のイネに対しても毒性を示すことは30年も前に北大の田中明が「鉄毒性」として明らかにしており土壌肥料分野では周知の事実であった。

2) 太陽熱消毒の増収効果を理研、東大グループが解明

理化学研究所の各研究グループ、東京大学、ベジタリア（株）（筆者はここの関係者の一人）の共同研究として、湛水型太陽熱消毒に基づくコマツナの栽培試験を千葉県の有機農業実践農家の圃場で実施した。

堆肥施用の有無、太陽熱処理の有無の処理区を設置した結果、堆肥施用、太陽熱処理区では対照区に比較し、コマツナの乾物重生産量でおよそ1.7倍の収量が得られた。各種最新分析機器を用い、植物－微生物－土壌の複雑な組成と各項目の関連性についてマルチオミックス解析*を行なった。

そしてマルチオミックス解析の結果、無機窒素の存在下でも、特定の有機窒素が窒素源と生物活性化合物として作用することにより、植物バイオマスが直接増加していることを示唆した。その実験結果を写真7-10に示す。アミノ酸でもバリン、イソロイシン、ロイシン、多すぎる塩化コリンは

生育を阻害する。一方、1%濃度のコリンや
アラニンは、バイオスティミュラント（BS）
として生育促進効果を示した。

> *オミックス解析とは全代謝物質の網羅的解析、遺
> 伝子の発現、タンパク質の構造解析を行ない、情
> 報の差異と共通性に基づいて統計的に全体性を把
> 握する解析手法。

3）ムギネ酸の吸収トランスポーターの同定成功

　高等生物の**鉄吸収機構**は図7-17に示す
ようにStrategy-1とStrategy-2によって
いる。後者の**ムギネ酸類**とは1976（昭和51）
年、岩手大学名誉教授の髙城成一により鉄
欠乏オオムギ（品種：ミノリムギ）の根から
分泌される鉄溶解物質として発見されたム

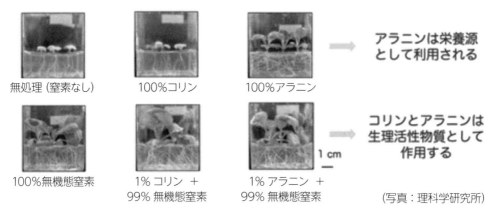

写真7-10　無菌栽培で有機態窒素の評価

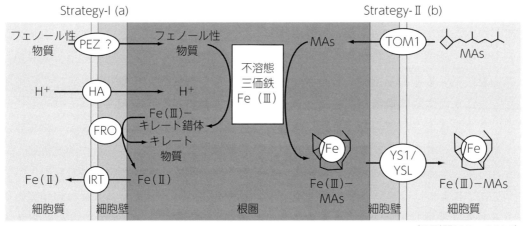

（野副朋子ら，2014）

注：イネ科以外の植物が持つStrategy-I（a）とイネ科植物が持つStrategy-II（b）に大別される。
　　楕円はこれらの鉄獲得戦略で中心的な役割を果たすトランスポーターや酵素である。
　　MAs＝ムギネ酸類、PEZ＝フェノール性酸分泌トランスポーター、HA＝H＋ATPase、FRO＝三価
　　鉄還元酵素、IRT＝二価鉄トランスポーター、TOM1＝ムギネ酸類分泌トランスポーター、YS1/YSL
　　＝「三価鉄–ムギネ酸類」錯体吸収トランスポーター

図7-17　高等植物の鉄獲得戦略

ギネ酸（MA）とその類縁体の総称である。この発見が契機となり、高等植物の鉄獲得機構として、双子葉植物を含む多くの植物が持つStrategy‐1と、イネ科植物のみが持つStrategy‐2が提唱された。図7‐17はその後の東大グループの研究結果を踏まえて記した植物の鉄獲得戦略モデルである。東大グループは、ムギネ酸類生合成酵素遺伝子の単離をはじめとして「鉄・ムギネ酸類」吸収トランスポーターの同定、鉄欠乏によって制御される遺伝子の発現機構など、イネ科植物の鉄獲得にかかわる分子を次々に明らかにした。しかし、ムギネ酸を根圏に分泌するトランスポーターの同定は永年なされておらず、残された最大の課題として国内外の多くの研究者がこのトランスポーターの発見にしのぎを削っていた。それを東大グループが2011（平成23）年に世界で最初に明らかにした。名前をTransportaer Of MAs1（TOM1）と名付けられた。ムギネ酸類の発見から35年を経過していた。

(2) マンガン

1) 有機物過剰連用圃場での マンガン欠乏の発生

　土づくりとして、畑作物には**家畜ふん堆肥**を施用することが多い。家畜ふん堆肥のなかには通常、表7‐12に示すように、ホウ素を除いてほかの微量要素は作物体による吸収量以上に十分含まれている。日本人の誰もが、堆肥を施用していれば、作物への微量要素補給は大丈夫と考えていた。

　ところが、有機物の多量施用で、作物体中のマンガンと銅含有率はむしろ低下することが多い。堆肥施用で**微生物活性**が高く

表7-12　作物による微量要素吸収量と堆肥の含有量（三浦半島の事例）

(岡本保, 1997)

元素	作物による吸収量 (g/10a)			堆肥中含有量 (現物1tあたりg)		
	冬ダイコン	春キャベツ	合計	最小	平均	最大
B	32.1	36.9	68.9	2.1	9.1	16.9
Mn	13.3	19.6	32.9	105	137	167
Fe	100.8	100.5	201	148	2,430	5,902
Co	0.136	0.129	0.265	1.31	2.01	3.37
Ni	0.776	1.89	2.66	2.28	4.5	7.48
Cu	6.68	6.88	13.6	9.9	25.1	69.5
Zn	14.8	21.3	36	52	110	199
Mo	0.397	0.335	0.732	0.44	0.93	1.67

注：堆肥は半島内で利用されている主要な7銘柄（おもに牛ふん堆肥）

（写真：永井耕介）

写真7-11　シュンギクのマンガン欠乏

なり、土壌pH（H₂O）が6.5以上になると、可溶性の二価マンガン（Mn^{2+}）を微生物が不溶性の四価マンガン（Mn^{4+}）に変えるため、作物がマンガンを吸収できない。銅は有機物と強く結合し、土壌中で不可給化する。

　実際に堆肥の多量施用により、シュンギクで**マンガン欠乏症**（写真7‐11）が発生した土壌や、試験場内の堆肥連用圃場の土壌で確認したデータが表7‐13である。乾燥し微生物が死滅した土壌では、水溶性（水

表7-13　牛ふん堆肥施用と湿潤、乾燥処理による微生物活性の変化と可溶性マンガン

(渡辺和彦, 2003)

土壌	処理区	水溶性Mn (mg/kg DW)			交換性Mn (mg/kg DW)		
		生土	生風乾	熱乾	生土	生風乾	熱乾
場内堆肥連用試験土壌	無堆肥	0.12	1.87	4.38	1.61	5.72	19.95
	堆肥1t	0.11	1.75	6.12	0.99	6.12	24.65
	堆肥3t	0.07	0.75	7.08	0.93	4.19	31.20
現地Mn欠乏発生堆肥連用土壌	乾燥前処理	1.57[*1] 同じ土	0.37	6.82	6.11[*1]	0.84	20.85
	湿潤	0.08	0.15	6.24	0.41	0.32	17.25

土壌	処理区	ATP (nmol/g soil DW)			水分 (%)		
		生土	生風乾	熱乾	生土	生風乾	熱乾
場内堆肥連用試験土壌	無堆肥	0.33	0.03	0.01	25.5	3.0	0
	堆肥1t	0.76	0.06	0.00	26.7	4.7	0
	堆肥3t	1.55	0.14	0.02	38.9	10.2	0
現地Mn欠乏発生堆肥連用土壌	乾燥前処理	0.07[*1]	0.67	0.02	5.3[*1] 同じ土	16.7	0
	湿潤	1.17	0.21	0.02	33.4	12.8	0

注：*1は長期間風乾していたものを測定。湿潤処理10日後を生土、その後室内で1週間放置乾燥したものを生風乾、105℃で乾燥したものを熱乾とした

抽出) マンガンも、交換性 (中性酢酸アンモニウム液抽出) マンガンも、毎年の堆肥施用量が多い土壌のほうが高い値を示している。ところが、生土では逆の結果になっている。微生物活性の指標としてATPを測定しているが、生土の堆肥施用量の多い土壌はその値が高い。すなわち、微生物活性が高い。二価マンガンを四価マンガンに酸化する微生物は多い。

土壌分析上、マンガンの過不足診断には生土で分析をする必要がある。また植物体のマンガン含有率を測定しないと、過不足は判定しがたい。

こうして、二価マンガンの作物への供給量が低下すると、作物体にマンガン欠乏症状が観察されなくとも、潜在的マンガン不足になる。表7-14に示すように、根のリグニン含有率が低下し、センチュウの被害を受けやすくなる。リグニン合成系にマンガ

表7-14　コムギ幼植物における Mn含有率とリグニン含有率

(ブラウン, 1984のデータよりマーシュナーが計算し作成)

	Mn含有率 (mg/kg乾物)			
	4.2	7.8	12.1	18.9
	リグニン含有率 (%乾物)			
茎葉	4.0	5.8	6.0	6.1
根	3.2	12.8	15.0	15.2

ンを必要とするためである。関連研究がすでに日本でなされている (図7-18)。

マンガンは脂質代謝にも影響する。たとえば図7-19に示すように、マンガン不足のダイズでは子実油収量が減り、**オレイン酸**が減り、**リノール酸**の割合が高くなる。オレイン酸はオリーブオイルなどの主成分で好ましいが、日本人の摂取するn-6系脂肪酸の98%はリノール酸であり、摂取しすぎて、アレルギー症状の悪化の原因などになっている。日本人の**食事摂取基準**でも、

n-6系脂肪酸の摂取目標量は1日総エネルギー摂取量の10％未満（18歳以上の男女）と上限量が定められている。一方、エゴマやシソ油に多く含まれるα-リノレン酸や、魚に多く含まれるエイコサペンタエン酸（EPA）、ドコサヘキサエン酸（DHA）などn-3系脂肪酸は、食生活上は望ましい油とされ、上限値でなく下限値が1日1.8〜2.4g以上（年齢層男女により異なる）と定めら

れ、より多くの摂取がすすめられている。

2）マンガンの生理作用

　植物は、人間などの動物よりも生体内マンガン含有率が高い。光合成系Ⅱの水を分解し酸素を発生する部位（PSⅡ複合体）でマンガンクラスターとして重要な働きをしているためである。4原子のマンガンがクラスター構造をとって2分子の水（$2H_2O$）から4電子を取り込むことにより、1分子の酸素（O_2）を生成している。

　光合成を行なう**葉緑体**（クロロプラスト）や呼吸をするミトコンドリアで発生する活性酸素種の除去に、**SOD（スーパーオキシドディスムターゼ）**が機能する。葉緑体では銅と亜鉛を含むSOD（Cu/ZnSOD）が、ミトコンドリアではマンガンを含むSOD（MnSOD）が存在し活動している。

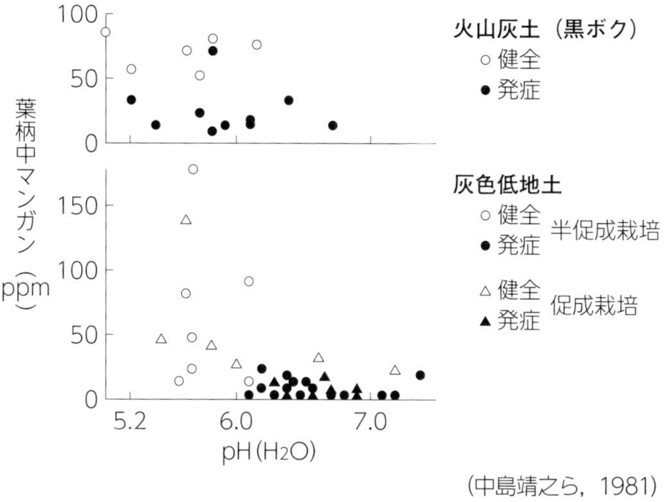

（中島靖之ら，1981）

図7-18　土壌pH・葉柄マンガン濃度とイチゴ根腐萎ちょう症

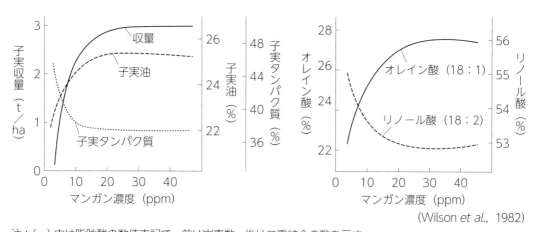

（Wilson *et al.*, 1982）

注：（　）内は脂肪酸の数値表記で、前は炭素数、後は二重結合の数を示す

図7-19　ダイズの葉のマンガン(Mn)濃度と、子実収量、子実油・子実タンパク質への影響(左図)と子実の脂肪酸組織への影響(右図)

飽和・一価不飽和脂肪酸系

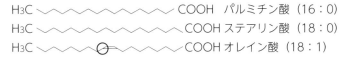

H3C 〜〜〜〜〜〜〜 COOH　パルミチン酸（16：0）
H3C 〜〜〜〜〜〜〜〜 COOH ステアリン酸（18：0）
H3C 〜〜〜〜〜〇〜〜〜 COOH オレイン酸（18：1）

n-6（ω6）系

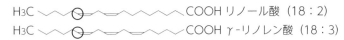

H3C 〜〇〜〜〜〜〜 COOH リノール酸（18：2）
H3C 〜〇〜〇〜〜〜 COOH γ-リノレン酸（18：3）

n-3（ω3）系

H3C 〜〇〜〜〜〜〜 COOH α-リノレン酸（18：3）

EPA（20：5）（エイコサペンタエン酸）、DHA（22：6）（ドコサヘキサエン酸）

注：リノール酸、α-リノレン酸は必須脂肪酸で、人体内では合成できない。n-3系は、メチル基から数えて最初に存在する二重結合が炭素の3番目、n-6系は6番目にある

図7-20　脂肪酸の分類

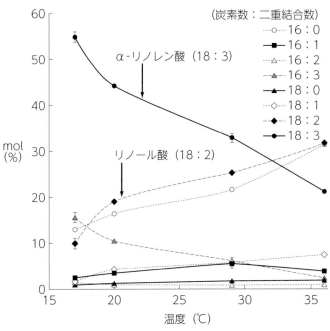

（ファルコンら，2004）

注：低温になるほど、α-リノレン酸が多く、病害虫に強い

図7-21　各種栽培温度によるシロイヌナズナの細胞膜の脂肪酸組織

　マンガン欠乏作物は、リグニン合成能が低下して病害虫に弱くなる。シキミ酸回路およびフェノール性化合物の代謝に関与するフェニール・アラニン・アンモニアリアーゼ（PAL）やペルオキシダーゼ酵素に、マンガンが必須である。

　前項のように、マンガン施用は油脂作物の油脂生産量を高める。これは、脂質代謝のキー酵素であるアセチル-CoAカルボキシラーゼの活性化に関与するためである。マグネシウムもある程度の代替効果があるが、マンガンには及ばない。アセチルCoAからオレイン酸を経て植物ではリノール酸、リノール酸からリノレン酸が合成される。人間はアセチル-CoAからリノール酸とα-リノレン酸を合成できない。そのため、これら2つの脂肪酸を人間は食事から摂取しなければならず、必須脂肪酸といわれている。マンガンが十分ある葉では、α-リノレン酸含有率が高い。低温栽培でも葉中のリノール酸が減り、α-リノレン酸が増える（図7-21）。植物が虫害を受けると、細胞膜脂質に存在するα-リノレン酸からシグナル伝達物質である**ジャスモン酸**が生成され、ス

トレス耐性を強化する。低温で栽培された作物は虫害にも強い。

(3) 銅

1) 有機物は銅と強く結合する

　豚の場合、銅の最低必要量は、飼料中に自然に含まれている4〜6ppmと考えられている。しかし、ほ乳期子豚育成用（体重30kg以下）の自主規制値（1998年5月改訂）である銅125ppm、亜鉛120ppmまで、飼料中に硫酸銅を添加して銅含有率を上げると、子豚の発育速度が5％程度上がる。

　豚ぷんを主成分とする**家畜ふん堆肥**や汚泥には、銅や亜鉛が多く含まれている。それらの圃場への施用による重金属元素類の蓄積が懸念されている。ところが、そこで生育した作物の可食部の銅、亜鉛含有率はそれほど増加しない（図7-22）。銅はむしろ作物体含有率が低下することが明らかになっている。

　このことは、土壌が銅欠乏である地帯への有機物施用は、銅欠乏を助長しかねない事実をも示している。ポット栽培ではピートモスを主成分とした培養土もある。ピートモスも銅と結合しやすい。作物種によっては、銅要求性の高い植物もある。写真7-12はエキザカムの事例であるが、微量の銅の添加が有効である。

　日本国内ではほとんど知られていない事実であるが、アメリカやフランスでは、有機物含有率の多い土壌にはこれら微量要素の施用必要量が多いことが一般的に知られている。とくに**有機農業**では、土壌中に多くの有機物が蓄積している。

　堆肥をはじめとした有機物にすでに多くの微量要素が含まれているため、土壌分析をすると十分量の微量要素が含まれていて、日本ではむしろ過剰が懸念されている。しかし、「有機物の多い土でも窒素、リ

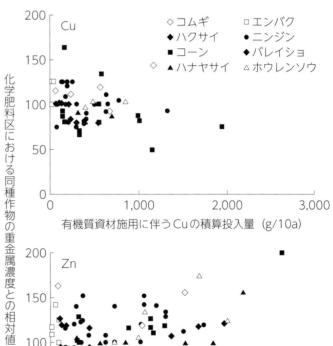

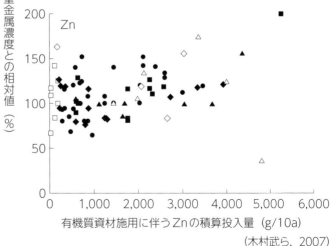

(木村武ら，2007)

図7-22　家畜ふん堆肥、汚泥などの運用に伴う Cu、Zn の積算投入量と野菜可食部の Cu、Zn 濃度

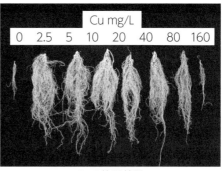

Cuの施用効果

（写真：池田幸弘）

写真7-12　エキザカムの鉢花試験、根の状況など

ン酸、カリに加えて銅、モリブデン、亜鉛などの微量要素を添加することによって生産力の高い水田に変わることが知られている」「いもち病菌の胞子に汚染されていても（中略）土壌のなかにマンガンが18ppm、銅が2ppm程度含まれていれば、イネは健康に成育することが認められた」（フランシス・シャブスー著、中村英司訳、『作物の健康』八坂書房、2003年発行）。前者は196頁、後者は199頁からの抜粋である。原著はフランス語の図書である。日本国内では、こうした考え方がまだ一部の農業者にしか浸透していない。

2）生体内の銅の働き

キュウリで水耕による銅欠如栽培を行なうと、明らかにほかの要素欠乏症状と異なる症状が現れる（写真7-13）。新葉の生育は悪く、上位葉は展開せず、内部に巻いた筒状になり、中位葉は張力がなく、しおれたように垂れ下がる。葉は葉脈の緑を幅広く残し、葉縁より黄化したり、まだらに緑を残す不規則な黄化症状を示す。下位葉にも同じ症状は生じるが、上位葉ほど激しい。

北海道や東北地方のムギ類の銅欠乏症状は、不稔として現れる。葉は黄熟せず、いつまでも緑色をしている。欠乏症の激しいところでは生育初期から伸長が悪く、葉は貴白化してよじれ、穂は止葉から抜けだせ

写真7-13　キュウリの銅欠乏症状

ないで包まれたままになる。果樹のモモ、リンゴ、ナシなどでは、若枝の樹皮にゴム状の液を含む水ぶくれ症状が、銅欠乏症状として現れる。

銅を含むほとんどの酵素は、生体内で分子状酸素の運搬や電子伝達系に関与している。モノフェノールオキシダーゼ、ポリフェノールオキシダーゼ、アスコルビン酸オキシダーゼなどが古くから知られている。

これらの酵素は通常細胞内の液胞中に存在しているが、植物組織が病害虫などに傷つけられると、細胞が破壊されるため基質と接触し活動をはじめる。そしてタンパク質変性作用、あるいは殺菌作用のあるフェノール類を生成し生体を防護する。

リンゴやナシの皮をむくと、しばらくして褐色になるのも、ポリフェノールオキシダーゼなどの銅酵素の働きによる。また、昆虫類の皮膚が脱皮後硬くなるのも、アミノ酸の一種であるチロシンに銅酵素であるチロシナーゼが作用し、ドーパキノンを生じるためである。このドーパキノンがタンパク質を硬化し、**クチクラ**を形成する。

呼吸の末端酸化酵素であるチトクロームオキシダーゼは、ヘム鉄と当量の銅を含み、生体内で一般的な呼吸作用に関与している。植物の銅欠乏でもっとも敏感に影響を受けるのが光合成能で、葉緑中には多量の銅が含まれている。とくに、葉緑体の2つの光学系Ⅰ、Ⅱの間の電子伝達に、銅を含むタンパク質プラストシアニンが関与している。プラストシアニンは、葉緑体中の銅の半ばを占め、ヘム鉄を含むチトクロームfからの電子を、クロロフィルaを持つ色素（P_{700}）へと伝達する。

銅が欠乏すると、新葉の黄化とともに生長停止、不稔が発生しやすいが、それは主として雄性不稔である。銅欠乏コムギでは葯も花粉も小さくなっているのに対し、胚は健全なことが多い。花粉母細胞の減数分裂に銅が関与している。なお、新葉の黄化や生長停止は、単に光合成能の低下によるだけでなく、植物ホルモンIAAへの銅の間接的な作用が指摘されている。

カタツムリやカニなどの血しょう中に存在するヘモシアニンは銅を含む血色素で、分子状酸素と可逆的に結合し、ヘモグロビンと同様、生体各組織への酸素運搬作用に関わっている。銅は古くから動物にとっても必須であることが知られている。生まれたての網状赤血球の成熟過程や、血管の膜などの組成となる硬タンパク質の一種であるエラスチン形成にも銅が必須である。豚の心臓血管性の病気は銅欠乏が原因であることが証明された。銅は生体内での関与部位が多いため、豚の飼料中に銅が添加されている。この効果は銅の殺菌作用ではないことも、多くの研究者によって解明されている。

(4) 亜鉛

1) 亜鉛欠乏で生じる黄化は活性酸素障害

スクリーン全面に、亜鉛欠乏土壌で生育したほぼ同じ大きさの2本の木が投影された。1本はクロロシスで葉全体が黄色くなっている。一方は板で部分的に覆われている。その板をはずすと、緑の葉が現れた。場内が少しざわめいた。

1997（平成9）年9月、東京農業大学で開

催された第14回国際植物栄養科学会議の夜に、ちょうど1年前に亡くなったマーシュナー教授の追悼シンポジウムがあった。マーシュナーの弟子たち5〜6人が講演したが、冒頭で紹介したのは、トルコのカクマックによる亜鉛欠乏に関する研究発表の一端である。関連写真を写真7-14に示す。元気のよい快活かつ明快な講演で、トルコにもすばらしい研究者がいることを知った。

水耕栽培で生育当初から亜鉛欠如栽培をすると、作物の生育は著しく劣る。しかし、土耕栽培では完全な亜鉛欠如にはならないため、作物はある程度大きく生育する。北海道の亜鉛欠乏地帯のトウモロコシでは、生育中期になると新葉の中央部が黄白化したり、症状の軽いものでは葉脈間にクロロシスを生じる。このクロロシスに光が関与していることをカクマックは示したのである。

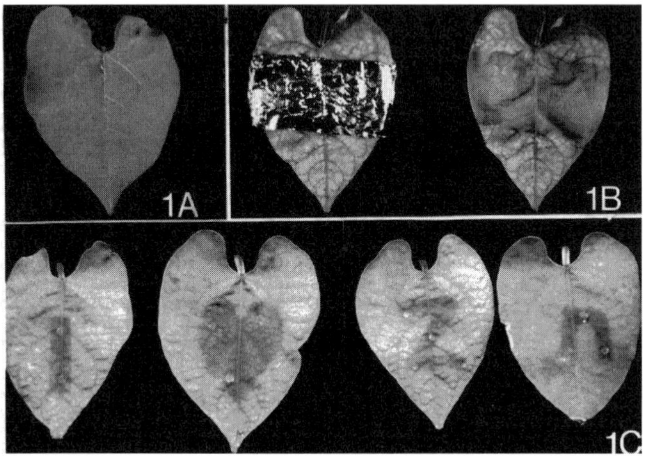

カクマックとマーシュナーの共著論文を基に、マーシュナーが作成したのが図7-23である。植物は光のエネルギーを利用し、光合成で二酸化炭素を固定するとともに水を分解し、酸素を発生する。このとき過剰の光エネルギーによって、酸素分子が還元され、反応性が高くなった酸素、スーパーオキシドアニオン（O_2^-）が生じる。正常な状態でも生成するが、SOD（スーパーオキシドディスムターゼ）とAPX（アスコルビン酸ペルオキシダーゼ）が働き水と酸素に分解する。しかし、亜鉛が欠乏しているとO_2^-の生成が多くなり、消去能も低下する。O_2^-が多くなると、微量の鉄の存在で活性酸素のなかでももっとも酸化力の強い・OH（水酸化ラジカル）が生成され

1Aと1Bは光強度480μmolm^{-2}S^{-1}で18日間生育。1Cは600μmol^{-2}S^{-1}で13日間生育。症状が現れる前に1Bは9日間、1Cは5日間部分的に遮光　　　　　　（Marschner and Cakmak, 1989）

写真7-14　インゲンマメ（1A：正常葉、1B、1C：亜鉛欠乏葉）

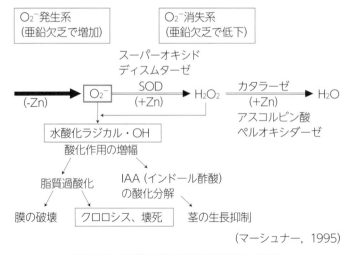

（マーシュナー，1995）

図7-23　亜鉛欠乏と活性酸素障害の関係

214

る。それが生体膜を構成する多価不飽和脂肪酸と反応して、連鎖的脂質過酸化反応が生じ、細胞膜が破壊されクロロシスやネクロシス（壊死）を生じる。

光合成系Ⅱで発生する活性酸素の一種、一重項酸素（$^1O_2$）によっても連続的脂質過酸化反応は開始される。

＊補因子（Cofactor）：酵素の触媒活性に必要なタンパク質以外の化学物質。補因子は大きく補酵素と補欠分子族の2つに大別される。後者は酵素の一部としてつねに結合している。

2）多岐にわたる亜鉛の作用

生物界では300種以上の酵素の補因子＊、あるいは亜鉛結合型の転写因子や、タンパク質間相互作用に必要な補因子として1,200以上のタンパク質がその機能を果たすために亜鉛を必要としている。

したがって亜鉛の生体内での働きは多岐にわたる。活性酸素を消去するスーパーオキシドディスムターゼ（SOD）や、気体の二酸化炭素を可溶性の炭酸水素イオンに変換するカーボニックアンヒドラーゼも亜鉛を補因子として必要とする。**ジンクフィンガー**＊（図7-24）型の転写因子は、亜鉛がなければDNAに結合することができず、その機能が発揮できない。またDNAポリメラーゼやRNAポリメラーゼは亜鉛を補因子としている。したがって、細胞分裂には亜鉛が必須である。また、亜鉛欠乏ではタンパク質合成が阻害されるため、遊離のアミノ酸やアミドが集積することも知られている。

3）亜鉛はリンと結合しやすい

家畜ふん堆肥にはリンが多く含まれている。とくにその形態はイノシトールにリンが6元素結合した**フィチン酸**が多い（図7-25）。このフィチン酸はとくに亜鉛と強く結合する。表7-15はその一例だが、稲わら牛ふん堆肥や、オガクズ豚ぷん堆肥連用区の土壌中全亜鉛、0.1M/L塩酸抽出の可溶性亜鉛値は化学肥料施用区より高いにもかかわらず、タマネギの亜鉛含有率は化学肥

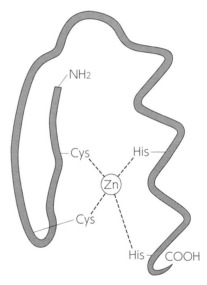

図7-24　ジンクフィンガーの一例

表7-15　家畜ふん堆肥19作連用試験圃場のタマネギと土壌の亜鉛含有率(ppm)

（堀兼明ら，2005）

	化学肥料	稲わら牛ふん堆肥			オガクズ豚ぷん堆肥		
	1	0.5	1	3	0.5	1	3
タマネギの亜鉛	41	11	13	21	17	17	34
土壌の全亜鉛	78	78	82	97	87	100	135
土壌の可溶性亜鉛	7	9	13	26	15	30	81

注：17作までダイコン、以降エダマメとタマネギの交互作。堆肥毎作施用。化学肥料はN＝18kg/10a。堆肥はT-N相当量、0.5：半量区3：3倍量区。マルチ栽培。土壌の可溶性亜鉛は0.1M塩酸抽出

料のほうが高い。亜鉛は牛ふんに大量に含まれるリンと結合し、不可給態になっている。

　最近の日本の土壌はリン酸含有率が高い。トルオーグ法で100mgを超える畑土壌も多い。過剰リン酸の作物体への生育抑制などの直接的影響は少ないが、話題7（217頁）に記載しているように、現在の日本には亜鉛不足の高齢者が多い。亜鉛は農産物にも含まれるが、米、ダイズなどの種子で

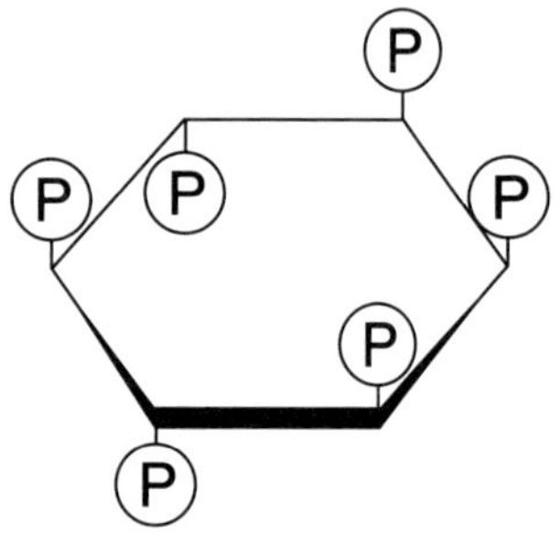

myo-イノシトールの六リン酸エステル。
種子などに多く存在する主要なリンの貯蔵形態。フィチン酸のカルシウム・マグネシウム塩をフィチンという。キレート作用が強く、亜鉛や鉄などと強く結合する

図7-25　腸からの亜鉛吸収を抑制するフィチン酸の構造

はフィチン酸も多く、人の消化器からは吸収されない。亜鉛は牛肉などに多く含まれるが、高齢になると野菜中心の食事になりやすい。その野菜は 表7-15に示すように亜鉛含有率が低くなっている。

4）農作物への亜鉛供給方法
　通常、農耕地にはすでに亜鉛は含まれている。しかも、リン含有率の高い農耕地が多い。そこで、圃場への施用よりも、亜鉛の葉面散布と種子コーティング（表7-16）あるいは育苗床への亜鉛施用がよい。東南アジアの亜鉛欠乏地帯では、田植え前の一昼夜、水稲苗を0.1％硫酸亜鉛水溶液に浸漬する方法が実用化されている。

表7-16　亜鉛（Zn）欠乏石灰質土壌におけるコムギに対する亜鉛施用方法と収量

(Yilmaz et al., 1997)

亜鉛の施用方法	4品種平均収量 (kg/10a)	収量比	備考
1.標準無施用	56	100	
2.土壌施用	204	365	2.3kgZn/10a　硫酸亜鉛使用[*1]
3.種子浸漬	170	304	30%硫酸亜鉛　1L/10kg種子[*2]
4.葉面散布	125	224	22gZn/45L/10a　硫酸亜鉛使用 分げつ期、節間伸長期の2回散布
5.土壌施用＋葉面散布	195	350	
6.種子浸漬＋葉面散布	206	368	

*1：硫酸亜鉛は一般にZnSO$_4$・7H$_2$O（Zn 0.2274%）が流通している。ZnSO$_4$（Zn 0.4050%）とはZn含有率が異なる。各種資材があるので施用量計算では注意のこと。全層施用より条施で効果がある（渡辺，2002）
*2：種子浸漬では、Slaton et al.（2001）の水稲での研究が参考になる。要点をまとめると，1Lの水に硫酸亜鉛・七水和物を200～400g溶かし、その溶液75mLを1kgの種子に浸漬吸着させると、その約半量が種子に吸着する。すなわち種子1kgあたり、7.5～15gの硫酸亜鉛コーティングである。元素量換算で、1.7～3.4gZn/1kg種子で初期生育のみならず、水稲収量にも土壌施用と同等の効果がある。なお、Zn-EDTAは吸収されるが、同量では生育障害を生じるので注意のこと
注：この試験ではZn濃度489ppmで葉面散布しているが、作物の種類、品種によっては濃度障害が出るため注意が必要

話題7 　高齢者の食欲不振、皮膚障害に亜鉛

　長野県東御市温泉療養所の倉澤隆平医師の2002（平成14）年の大発見である。食欲不振、口内炎も
ひどくなると拒食症になる。褥瘡（床ずれ）もひどく、昼夜逆転と妄想も生じるおばあさん。2002年9
月30日には、ほとんど食べず、動かず。褥瘡も悪化し意識状態も低下しての89歳。もう寿命だと寿
命宣言をした。しかし、血液検査から亜鉛欠乏だからと、試みにプロマック1.0g（Zn、34mg）/日を投
与した。10月21日：プロマック投与の3週間後、まったく寝たきりで、ほとんど動けなかった人が車
椅子に乗せられて外来にやってきた。ほとんど話せなかった人が「味が出て食べられるようになった」
「先生のおかげだ」と実にハキハキと、見違える元気さである。褥瘡もハッキリ肉芽が出てきた。12月2
日：食欲良好で褥瘡も治癒してしまった。家族も驚いたようだが、治療していた倉澤先生が一番驚い
た症例である。多くの高齢者の食欲不振、褥瘡、口内炎などの皮膚疾患、元気のなさが亜鉛欠乏のた
めと倉澤先生はわかりだした。噂を聞いた北御牧村の理事者と議会が、翌2003年度に200万円を予算
化し、1,431名の村民の血清中亜鉛濃度を調査した。村民の血清中亜鉛調査を予算化された村の皆様も
すばらしいと思う。この研究の結果、採血時間が午後と午前とでは数値が異なること、高齢になるほ
ど血清中亜鉛濃度が低下していることが判明した。

　そして、何よりも日本国内には多くの医師が考えている以上の亜鉛欠乏患者が存在すること。亜鉛
欠乏は味覚障害がよく知られているが、高齢者の食欲不振や舌痛症、褥瘡の発症、慢性下痢、元気さ
の減退など、高齢者の一般的症状が亜鉛欠乏に起因していることが現在では明らかになっている。し
かも、味覚障害は味蕾細胞が回復するまで、数か月の亜鉛製剤の服用が必要であるが、食欲不振など
への効果は劇的で、1、2日で効果が発現することが多い。

　問題はなぜ、高齢者に亜鉛欠乏患者が多いかだが、農産物に含まれている亜鉛の含有率低下も無
関係ではない。穀物にフィチン（米ぬかなどに多い）とともに含まれる亜鉛は、腸管から吸収されにく
いことが判明しているが、発芽玄米や納豆、味噌などの発酵食品はフィチンがすでに分解している。
牡蠣や肉類には多くの亜鉛が含まれている。しかし、農産物に含まれる亜鉛も無視される量ではな
い。葉面散布などで野菜の亜鉛含有率は容易に高められる。

（5）ホウ素

1）堆肥を十分施用していてもアブラナ科野菜栽培にはホウ素補給が必須

　表7-17は、三浦半島で実際に使用され
ている牛ふん堆肥の各種微量要素含有量を
測定したものである。表の左には冬ダイコ
ンと春キャベツの各種微量要素含有量が示
されている。

　まず、ホウ素に注目しよう。堆肥1t/10a
施用ではホウ素はまったく足りていない。
元来、牛ふん堆肥にはホウ素含有量が少な
い。その理由は、堆肥をつくるのに野菜残
さが使われていないこと、稲わらや木材の
引き粉であるオガクズには野菜ほど多くの
ホウ素を含んでいないためである。そもそ
も、堆肥を施用していても多くの微量要素
は不可給態である。たとえば亜鉛は牛ふん

表7-17　作物による微量要素吸収量と堆肥の含有量（三浦半島の事例）
(岡本，1997)

元素	作物による吸収量 (g/10a)			堆肥中含有量 (現物1tあたりg)		
	冬ダイコン	春キャベツ	合計	最小	最大	平均
B	32.1	36.9	68.9	2.1	16.9	9.1
Mn	13.3	19.6	32.9	105	167	13.7
Fe	100.8	100.5	201	148	5,902	2,430
Co	0.136	0.129	0.265	1.31	3.37	2.01
Ni	0.776	1.89	2.66	2.28	7.48	4.5
Cu	6.68	6.88	13.6	9.9	69.5	25.1
Zn	14.8	21.3	36	52	199	110
Mo	0.397	0.335	0.732	0.44	1.67	0.93

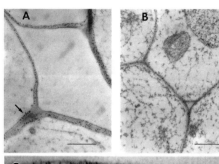

注：A、Bは、ダイコンの根、Cは伸長中のユリ花粉管。
　　黒い点がホウ素RG-II複合体を示す免疫電顕写真
(写真：間藤徹)

写真7-15　ダイコンの根細胞におけるホウ素－
　　　　　RG-Ⅱ複合体の抗体による免疫電顕
　　　　　写真

中に多量に含まれているリンと結合し不可給態になっている。また、銅は有機物との結合力が強くて、作物に吸収されない形態で存在している。マンガンは**微生物活性**が高い堆肥中では不可給態の4価マンガンとなっている。したがって堆肥を施用していても、微量元素については、別途肥料として与えるのが正しい施肥法である。

2) ホウ素は植物、とくにマメ科、アブラナ科植物に多く必要

　ホウ素が植物体の健全な生育に必要なことは、1923（大正12）年のWaringtonの維管束植物であるソラマメを使った研究によって判明していた。たとえば、ホウ素が欠乏すると、カブやダイコン、テンサイの根の心腐れや肌荒れ、セロリーの茎割れ、リンゴやトマトの縮果病、ナタネ、ブドウの不稔などが生じる。これらにホウ素を施用していると予防効果が現れやすい。植物での必須性は古くから明らかになっていたが、ホウ素の生理作用は長年不明のままであった。1996（平成8）年、京都大学の間藤徹がホウ素は**細胞壁**の構成壁**ペクチン**を架橋することを世界ではじめて証明した。その貴重なデータを写真7-15に示す。植物にしかない細胞壁にホウ素が必要で、細胞壁のない動物にはホウ素は必要がないと、当時の教科書には書かれていた。講義でもそのように学んだ記憶がある（高橋ら『作物栄養学』朝倉書店、1969）。この図書が出版されてからおよそ半世紀になるが、学問の進歩は半世紀前の常識が実は間違っていたことを明らかにしている。

3) ホウ素は人でも必須

　ホウ素の生物界での必須性は、光合成細菌であるAnabenaの**窒素固定**にホウ素が必須であることが1986（昭和61）年に認められていた。また、1999（平成11）年に酵母の

表7-18　ホウ素は、高齢者の脳を活性化する

アメリカ農務省の研究 Penland(1994)

	実験Ⅰ 13人 (50 〜 78歳)		実験Ⅱ 15人 (44 〜 69歳)		実験Ⅲ 15人 (49 〜 61歳)	
ホウ素摂取量mg/日	0.25	3.25	0.25	3.25	0.25	3.25
記号認識テスト 反応時間 秒	2.3	2.23	2.14	1.88	2.27	1.98
言語認識テスト 反応時間 秒	2.46	2.33	試験せず		試験せず	

実験Ⅰは、21日間のB低食事後、42日間0.25mgB（プラシーボ）と3mgBサプリメント処理。
実験Ⅱ、Ⅲは、14日間のB低食事後、49日間の上記処理。
注：被験者は、48 〜 82歳の閉経後の女性13名で、試験期間中の167日間は、管理された代謝ユニット生活。
低ホウ素食事は野菜、果物の摂取量をわずかにした牛肉、豚肉、米、パン、ミルクを含む通常の食事で、ホウ素摂取量：0.25mg/日、ホウ素以外の不足するミネラル、ビタミン類はサプリメントで補充。追加ホウ素はホウ酸ナトリウムで3.25mg/日での実験

増殖がホウ素欠除で劣ることやアフリカツメガエル、ゼブラフィッシュ、マスおよびマウスの正常な発育にホウ素が必要であることが示された。そして2002（平成14）年に高野順平らが世界ではじめて高等生物界でホウ素のトランスポーターをシロイヌナズナで同定した。

一方、アメリカ農務省のPenlandは、表7-18の脚注に示すように、管理された代謝ユニット生活での食事制限を厳密に行なった人体実験で、ホウ素の摂取不足は、栄養失調のときのように脳の電気的な活動が低下することや、短期的な記憶や刺激に対する反応時間が低下することを明らかにしている。ホウ素欠乏では目が開いていても、ボーとして眠っているような状態になるそうだ。そして、同じくアメリカ農務省のNielsen（1998）は、データは省くがホウ素を十分摂取していると閉経後の女性でも血液中の女性ホルモン濃度が高くなったり、尿より流亡するカルシウムやマグネシウムの量が減り、ホウ素が人の骨形成を促進し

ていることを予想できることを示した。

2015（平成27）年にPizzornoは「ホウ素ほど興味深いものはない」との表題の総説を発表している。その内容を少し紹介する。

もっとも大きな進歩は各種ガンに対する予防効果であった。治療でホウ素を投与すると、ガンの進行を遅らせたり、ガン細胞を**アポトーシス**させる、すなわちガン細胞を殺すことが多くの臨床的実験で明らかになっている。例を挙げれば、アメリカの全国健康栄養調査（2012）ではホウ素の1日摂取量が1.8mg以上の男性は、0.9mg以下の男性と比較して、前立腺ガンのリスクが52％低かった。また、マウスの実験では前立腺腫瘍のサイズを縮小させ、腫瘍組織のインスリン様増殖因子1（IGF-1）のレベルを著しく低下した（IGF-1シグナル伝達経路は、ガンの進行を促進する。その下方制御はガンリスクの低下を示している）。

糖ホウ酸エステルはホウ素運搬体として作用し、正常細胞に比較してガン細胞内のホウ酸濃度を増加させる。**ホウ酸塩**の細胞

内増加は、ホウ酸塩輸送対体を活性化するだけでなく、増殖阻害およびアポトーシスをもたらす。

また、創傷（身体の外側から、刃物などによって加えられた傷）の治癒の改善効果も認められた。深い創傷に3％ホウ酸溶液を適用すると、集中治療に要する時間が3分の2に短縮した。繊維芽細胞ホウ素は繊維芽細胞（動物の結合組織でもっとも一般的な細胞。細胞外マトリックスとコラーゲンを合成し、創傷治癒に重要な役割を果たす）の酵素、エステラーゼ、トリプシン様酵素、コラゲナーゼおよびアルカリホスファターゼの活性化を促進する。

また、細胞外マトリックスのターンオーバー（代謝回転のこと）を改善する。さらに、組織関連タンパク質のメッセンジャー RNA（mRNA）発現を調節する。BMPs（注：骨形成タンパク質）トランスフォーミング増殖因子（TGF - β）の上科に属する多機能性成長因子を活性化し、新しい軟骨と骨組織の形成を誘導することなどが明らかになっている。

なお、前記の総説には、上記の他にもホウ素には多くの効能があることが記載されている。具体的には次のとおりである。
①体内のエストロゲン（女性ホルモン）、テストステロン（男性ホルモン）、ビタミンDの作用に有益な作用を及ぼす。
②マグネシウムの吸収を高める。
③高感度C反応性タンパク質（hd - CRP）および腫瘍壊死因子 α（TNF - α）などの炎症性バイオマーカーレベルを低下させる。
④スーパーオキシドディスムターゼ（SOD）、カタラーゼ、グルタチオンペルオキシダーゼなどの抗酸化酵素のレベルを上昇させる。
⑤農薬による酸化ストレスや重金属毒性を防ぐ。
⑥S - アデノシルメチオニン（SAM - e）およびニコチンアミドアデニンジヌクレオチド（NAD+）などの重要な生体分子の形成および活性に影響を与える。
⑦従来の化学療法剤の副作用を改善するのに役立ち得る。

このように適量であれば人体にも有益なホウ素であるが、過剰に摂取すれば危険である。

なお、現在入手可能な食品の栄養データベースソフトでは、食品のホウ素含有率が実際より3〜4倍も高く評価されていた。表

表7-19　新しく化学分析をやりなおした一例

(Meachamら, 2010)

食物	mg/100g
アボカド Avocado	1.43
ピーナッツバター Peanut butter	0.59
ドライピーナッツ Peanuts,dry	0.58
プルーンジュース Prune juice	0.56
粉末チョコレート Chocolate powder	0.43
赤ワイン Redwine	0.36
グラノーラーレーズンシリアル Granola-raisincereal	0.36
ブドウジュース Grape juice	0.34
ペカン／ピーカンナッツ Pecans	0.26
レーズンブラン Raisin bran	0.26

従来のホウ素分析値は高すぎる例が多い

7-19は、新たに現在の化学分析法を用いてホウ素がもっとも豊富な10種類の食品示したものである。

4）ホウ素の過剰障害は 植物でも動物でも危険

　ホウ素の特徴は他の元素と比較して適濃度幅が植物でも動物でも非常に狭いことである。世界でもっとも安価な、殺虫剤として、シロアリやゴキブリの駆除にホウ素が使用されている。シロアリやゴキブリがホウ素を摂取すると死に至るように、植物でも動物でもホウ素の過剰障害は発生しやすい。ホウ素化合物であるホウ酸には味もにおいもない。市販のホウ酸団子はゴキブリの好きなにおいを発するように製造されているため、4〜5か月の短い使用期限が設定されている。新しいホウ酸団子であればゴキブリは死ぬが、使用期限の過ぎたホウ酸団子はゴキブリもなめないので効果がない。

　犬での実験ではホウ素を摂取しすぎると、精子の数が減ることが明らかになっている。精子は他の細胞と異なり、ガン細胞と類似していつでも活発に増殖を繰り返している。合成を活発にしているガン細胞には、エネルギーを絶えず必要とし大量の糖や核酸塩基を餌に細胞は増殖する。ホウ素は糖や核酸塩基とも結合しやすく、増殖の盛んな精子製造細胞やガン細胞は糖や核酸塩基と同時にそれらに結合したホウ素を大量に摂

取している。精子製造細胞やガン細胞にはホウ素は多く取り込まれ、ガン細胞や精子製造細胞はホウ素過剰摂取で死滅する。

　近年の男性不妊の大きな原因が精子数の低下で、ホウ素の過剰摂取が出生率の低下と関係があれば困るので、現在水道水中のホウ素含有率は1ppm未満と決められている。WHOでは、もう少し低い0.3ppmを推奨している。

　そこで、多くの国で水道のホウ素含有率の再調査が行なわれた。図7-26はフランスの例であるが、フランスでも水道水のホウ素含有率の上限は1ppmであるが、0.3ppmを超える水道水を飲用している地域がある。フランスは文明国で、当然市町村の出生率や死亡率のデータもある。すると、0.3ppm以上の水道水を飲用していた地域の出生率は逆に高く、高齢者の死亡率が低かった。すなわち、微量のホウ素は逆に人の寿命を延ばすと共に出生率を高くして、微量のホ

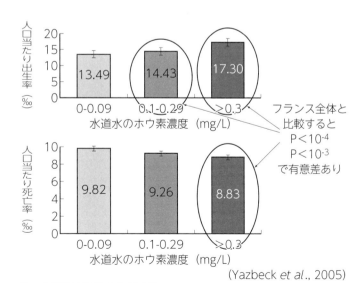

注：0/00は千分の1の意味

(Yazbeck *et al.*, 2005)

図7-26　北部フランスで0.3ppm以上の飲料水を飲む地域の 人々は、出生率が高く長寿である

ウ素は害どころか有用であった。同様のデータは中国やイランでも公表されている。

(6) モリブデン

1) モリブデンは硝酸態窒素の同化に重要な働き

モリブデンの作物での必要量はニッケルに次いで少ない。モリブデンを必須とする酵素は、現在5つ明らかになっている。最初に、もっともよく知られているモリブデンの**硝酸還元酵素 (NR)** での働きを説明する。

土壌から体内に取り込まれた硝酸態窒素は、図7-1 (183頁) に示したように、硝酸還元酵素により亜硝酸になり、亜硝酸は亜硝酸還元酵素により**アンモニウムイオン**に還元されて**グルタミン**に同化される。その最初の硝酸還元酵素にモリブデンが必須である。硝酸同化作用は葉と根で行なわれるが、作物の種類や生育ステージで異なる。野菜でも葉菜はおもに葉で、果菜は葉と根で、それも幼植物は根であるが生育がすす

むと葉がおもな還元同化部位となる。

モリブデンは+2から+6価までの原子価を取り得るが、水溶液中では主としてMoO_4^{2-}の形態で+6価で存在する。生体中では+4価、+5価もある。モリブデン酸 (MoO_4^{2-}) は硫酸イオン (SO_4^{2-}) あるいはリン酸水素イオン (HPO_4^{2-}) と同じく陰イオンで、作物体内や土壌中でのモリブデンの挙動はそれら両イオンと類似した点も多い。たとえば、葉面散布されたモリブデンは、リンと同じく導管や篩管を自由に転流することができる。

2) 必要量は少ないが過剰障害は出にくい

作物体内でのモリブデンの必要量、吸収量、収量の特徴を図7-27に示す。ホウレンソウの生育は、培養液中モリブデン濃度0.01ppmという極微量でたりている。モリブデン不足による硝酸還元酵素活性低下も、それ以下の非常に低い培養液濃度で生じるだけである。

話題8　ホウ素は高齢者の脳を活発にする

アメリカ農務省は、ホウ素が脳の働きを活発化したり骨形成に関与していることを確認する人体実験を多く実施している。一定期間ホウ素制限食事、その後ホウ酸ナトリウム摂取とプラシーボ (偽薬) 投与で脳の反応速度を観察しているが、ホウ素投与で反応時間が速くなっている。

ホウ素投与は、閉経後女性の血清中女性ホルモン濃度を高く維持するなどのデータも得ている。

1998 (平成10) 年、アフリカツメガエルで動物でもホウ素が必須であると指摘されるまで、ホウ素は植物だけに必須で動物では必須でないと各種教科書に記載されていた。肥料としてホウ素を施用するのは作物のためだけだと思っていた。これが人間でも重要な働きをしており、遺伝子的にも確認できた。肥料として施用されるホウ素は、作物を通じて人間の健康に役立っていた。「今まさに、新たな肥料の夜明け」である。

もう一点の特徴は、図7-27に示すように乾物あたり体内濃度が約0.5ppmでも正常であるが、その10倍以上（5ppm以上）のモリブデンを含有していても過剰障害が出にくいことである。

一般に乾物あたりモリブデン含有率が0.1ppm以下になると欠乏症状を示す。正常な作物は、通常0.1〜1ppmであるが100ppmまで異常症状を示さない作物も多い。たとえ

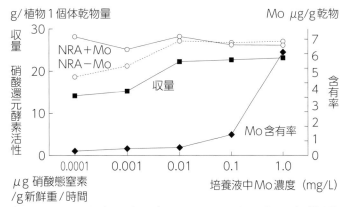

(Witt and Jungk (1977) のデータより Marschner (1995) が作図)
注：NRAは-Moは無添加、+MoはMoを添加し、2時間測定したもの

図7-27　培養液中Mo濃度とホウレンソウの乾物収量、葉中Mo含有率および葉中硝酸還元酵素活性(NRA)の関係

ば、シロクローバーやレタス、カリフラワーなどでは、体内濃度が100ppmを超えても過剰障害が出ない。一方、イネの茎葉では4〜46ppm、穂は0.56〜21ppmで過剰障害を示す。

3) モリブデン欠乏症状と対策

土壌中のモリブデンの可給性は、pHに大きく左右される。MoO_4^{2-}として陰イオンの形で存在するため、pH (H_2O) 5.5以下では土壌コロイドの陰イオン吸着力、有機物、アルミニウムや鉄と結合し、作物体には吸収されにくい不可給態となる。したがって、土壌が酸性域の地帯でモリブデン欠乏症状が現れやすい。

モリブデン欠乏対策は、土壌pHを中性にするだけでも大きな効果がある。また、わずかなモリブデン塩の散布、たとえばモリブデン酸ナトリウム・二水和物を10aあたり100g施用、あるいは0.02％液の葉面散布で効果が得られる。

モリブデン欠乏になると、作物は生育

を抑制する多様な症状を示す。ブロッコリー、カリフラワーの鞭状葉症（whip tail）、柑橘の葉の黄斑症状（yellow spotting）、ハツカダイコンの盃状葉症、斑状葉症、葉やけ、トマトではしおれ、黄化症状などがある。

4) モリブデンが必須である5つの酵素

モリブデンは、次の5つの酵素に必須である。

【硝酸還元酵素】硝酸イオン（NO_3^-）を亜硝酸イオン（NO_2^-）に還元する酵素。

【窒素固定酵素（ニトロゲナーゼ）】大気中の窒素（N_2）をアンモニア（NH_3）に還元する酵素。生成したアンモニアはすぐにアンモニウムイオン（NH_4^+）になりグルタミンに同化される。したがって、マメ科植物はモリブデン要求量も多く、収穫したマメのモリブデン含有率も高い。たとえば、ホウレンソウが可食部100g（水分92.7％）あたり8μgに対して、ダイズ（水分12.1％）では200μgある。

【亜硫酸酸化酵素】亜硫酸イオン（SO_3^{2-}）を硫酸イオン（SO_4^{2-}）に変える働きをする。大気汚染で発生する亜硫酸ガスも、植物はこの酵素の働きで無毒な硫酸塩に変換して利用することができる。

【アルデヒドデヒドロゲナーゼ（ALDH*）】
アルデヒド（アルデヒド基（-CHO）を持つ化合物の総称）をカルボン酸（カルボキシル基（R-COOH）を酸成分とする化合物）に酸化する酵素。植物ホルモンである**アブシジン酸（ABA）**の合成経路の最終段階で本酵素が作用しているため、モリブデンが不足するとABA合成能に影響を及ぼす。人ではこの酵素活性が弱いとアルコールに弱く、悪酔いや二日酔いになる。。

【キサンチンオキシダーゼ（酸化酵素）】核酸分解物のキサンチンを尿酸にする酵素。尿酸から生成されるウレイド（アラントイン酸）は、根粒中で固定窒素から生成される窒素化合物である。痛風は尿酸の蓄積によって起こる病気で、キサンチン酸化酵素の阻害剤（アロプリノールなど）が痛風の治療薬として用いられている。

＊デヒドロゲナーゼの直訳は脱水素酵素だが、脱水素は酸化でもあるのでアルデヒド酸化酵素ともいう

5) モリブデンで青い花の作出も可能

モリブデンイオンはアントシアニン色素と結合し、酸性条件下で青色を示す。それらは細胞内の液胞中に存在する。ここでは、モリブデンを利用して花色を変える渡部由香らの特許事例を紹介する（口絵v頁）。予備実験で効果の認められた花き品種を養液栽培で、開花1～2週間前にモリブデン酸アンモニウムなどモリブデン化合物を、通常使用している液肥に0.1mM以上（たとえば1mM程度）になるように加えて栽培を続ける。根からモリブデンイオンが吸収され、花弁に移行し、花弁中のアントシアニン色素と結合して青く発色する。この方法は鉢花や露地栽培でも利用可能である。すなわち、開花の1～2週間前から開花まで、モリブデン酸化合物の溶液を数回施用する。

（7）ニッケル

ニッケルが高等植物の必須元素として広く認められたのは、21世紀になってからである。尿素をアンモニアと二酸化炭素に分解する**ウレアーゼ**（図7-28）に必須であることは1975（昭和50）年に発見された。通常は尿素を窒素源にしない限り、ほとんどの高等植物ではニッケル欠乏障害が出ない（写真7-16）。ところが、1987（昭和62）年に植物体内に尿素生成系が存在すること、ニッケル含有率の低いオオムギでは発芽や胚形成が阻害されることが明らかになり、必須元素に認定された。

ニッケルの必要量は非常に少なく、乾物あたり0.1mg/kgである。しかし、農業生産上はニッケル欠乏障害にときどき遭遇するため、作物の栄養診断上は重要である。実際あった話だが、ネギの水耕栽培で葉先が白くなり枯死した。何の生理障害かと、

ウレアーゼの働き

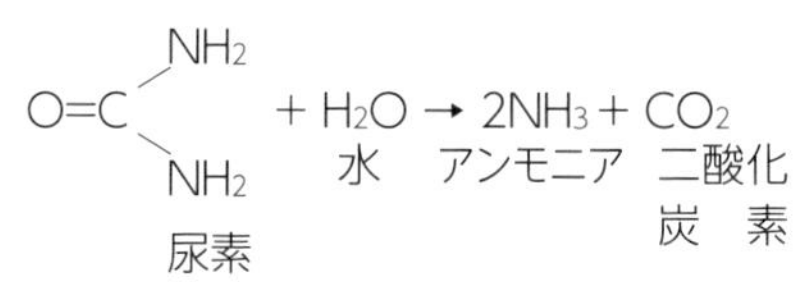

$$O=C\begin{array}{c}NH_2\\NH_2\end{array} + H_2O \rightarrow 2NH_3 + CO_2$$

尿素　　　水　アンモニア　二酸化炭素

図7-28　ニッケル(Ni)はウレアーゼに必須

（写真：池田英男）

写真7-16　トマトの尿素過剰、
　　　　　ニッケル欠乏症状

相談を受けた。迅速養分テスト法で種々元素分析をしてみると、どうも窒素がおかしい。訊ねると、窒素源を安くしたいと尿素を使用していた。古い水槽では正常で、水槽を新しくしたことで障害が発生していた。古い水槽には微量のニッケルが含まれていたようである。

(8) 塩素

1) 生体での生理作用

植物の塩素含有率は必須微量元素中最大で、マンガンや鉄よりも多く含まれている。**塩害**の言葉から、塩素は有害作用を連想されることが多いが、塩害の主はナトリウムで、塩素の過剰障害は出にくい。塩化ナトリウムで障害の出る塩素量を塩化カリウムで施用しても過剰障害はでない。

海に囲まれたわが国では、塩素欠乏障害は通常の畑では観察されない。水耕栽培で塩素を欠如させると、作物の生育量は低下し、根も発育しない。もっとも古くから知られていた塩素の必須部位は、光合成における光化学系Ⅱの水を分解し、酸素を発生する系である。マンガンとともに働いている。もちろんこの部位だけではない。光を感知して気孔が開くとき、孔辺細胞のプロトンポンプが働き、**カリウムイオン**が流入する。その際塩素イオンも流入し浸透圧が高まり、水が流入して孔辺細胞が膨張し、気孔が開く。また、気孔が閉じるとき塩素はカリウムとともに孔辺細胞から出ていく。その他、液胞内を酸性に保つⅤ型ATPアーゼ（プロトンポンプ）の活性調節に、塩素は必須の働きをしている。

塩素を施用すると繊維が多くなるといわれており、イグサ、ワタ、アサなどの繊維作物には塩素系肥料が積極的に利用されている。もっともよく知られている塩素イオンの弊害はタバコで、塩化物イオン濃度が高くなると燃焼性が低下するため、塩素系肥料はほとんど施用されていない。

2) 農家の塩利用

ミネラル不足を補うため、あるいは農産物の品質向上や無農薬栽培を目指す農家が**海水**を利用する事例が日本国内でもある。イネ栽培では、イネ刈り後の切りわらに米ぬか100kg（10aあたり、以下同じ）と、塩10〜20kgあるいは海水200〜300L施用する「土ごと発酵」の事例などである。また、田起こし前や穂肥時期に塩を10〜25kg施用すると倒伏が防止され、登熟歩合が向上することもある。そして、程度は軽いがいもち病など病害防除効果も認められる。イネだけではない。トマト、ナス、イチゴ、ネ

ギ、タマネギ、キュウリ、ハクサイ、キャベツ、ダイコン、リンゴ、キウイなど、その事例は多彩である。そのため、農家の海水や塩への関心は高い。自然への回帰と、安価であるうえに減農薬栽培が期待できるためである。

　海水は、塩（塩化ナトリウム：NaCl）をおよそ3％含む。海水原液と作物培養液（園試処方）の各元素含有率を比較した（表7-20）。海水原液は、作物培養液に比べてマグネシウム（Mg）28倍、ホウ素（B）9.2倍と濃度が高い。すなわち、海水原液を作物に施用する場合は、ナトリウムや塩素の害だけでなく、マグネシウムとホウ素の過剰障害も考慮する必要がある。海水原液の作物根への直接接触は、マグネシウムやホウ素濃度を考えただけでも危険である。し

たがって、通常は10倍希釈液が用いられている。

　海外でも塩の利用例や病害抑制試験結果もある。塩の病害抵抗性増強効果は主として塩素（Cl）による。したがって、塩（NaCl）でなくとも塩化カリウム（KCl）施用で効果のある場合が多い。カリウムのほうが作物は過剰障害の影響を受けにくく安心して使用できる。コストを考えて塩を利用している。なお、アスパラガスではフザリウム菌による病害抑制に、塩（NaCl）の10aあたり56kg施用がほかの塩化物よりも効果が高いことが明らかになっている。また、アスパラガスはナトリウムに対する耐性も強い。化学合成農薬が普及する1940年代まで、農家は雑草防除と病害防除をかねて、毎年アスパラガス圃場に岩塩を散布していたそうだ。

表7-20　海水中元素濃度と培養液濃度(mg/L)
　（海水中濃度は重松慌信, 1968、培養液濃度は園試処方）

元素	海水	培養液	元素	海水	培養液
Cl	19,000		Fe	0.01	3
Na	10,500		Zn	0.01	0.05
Mg	1,350	48	Mo	0.01	0.01
S	885	64	Cu	0.003	0.02
Ca	400	160	As	0.003	
K	380	312	U	0.003	
Br	65		Kr	0.0025	
Sr	8.0		V	0.002	
B	4.6	0.5	Mn	0.002	0.5
Si	3.0		Ni	0.002	
C	2.8		Ti	0.001	
F	1.3		Sn	0.0008	
Ar	0.6		Sb	0.0005	
N	0.5	224	Cs	0.0005	
Li	0.17		Se	0.0004	
Rb	0.12		Y	0.0003	
P	0.07	41	Ne	0.00014	
I	0.06		Cd	0.00011	
Ba	0.03		Co	0.00010	
Al	0.01				

第8章

作物のリアルタイム栄養診断

① リアルタイム診断技術の必要性

(1) 動的な作物体養分の測定

　私たちは定期的な血圧測定、尿検査などの健康診断によってその場で自身の体調を知り、医師の処方にしたがいその後の健康管理を行なうことができる。これと同じことは栽培している作物にも当てはまる。

　作物は土壌のなかから養分を吸収して、地上部に運ばれ作物体の構成物質となり生長する。したがって、作物の栄養状態を適正に維持するには、土壌から作物体内に移行する動的な養分を的確に把握し、これを施肥管理に活かすことである。

　作物の養分過剰・欠乏は葉色などの生育

状況から判断できるが、過剰症や欠乏症が現れる前の段階である過剰状態または不足状態のときは、外観から栄養状態を知ることは困難である。外部兆候として現れなくても生育が不安定になることもあり、実際の栽培の多くがこのような状況に陥っている。このため、作物体養分を適正に維持して安定生産を図っていくには、栽培期間中の動的な養分を栽培現場で簡易に測定し、その結果をその後の施肥管理に活かせるリアルタイム診断が必要である（図8-1）。

(2) 対象とする作物

　ホウレンソウ、コマツナなどの葉物類は栽培期間が短く、基肥中心に年間4〜5作続けて栽培することが多い。前作の肥料養分が残存していることから、生育期間中の診断よりも播種前のEC値などの土壌診断が大切である。

　キャベツ、ハクサイなどの葉菜類は、葉物類に比べ栽培期間が長く、基肥のほかに追肥も実施されるため、急激に養分吸収量が増加する結球開始初期を目安にしたリアルタイム診断がもとめられる。

　果菜類、切り花類は栽培期間が長く、基肥のほかに複数回の追肥を実施すること、とくに果菜類は養分吸収量も多いことから

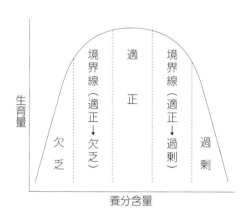

図8-1　養分の過剰・欠乏の概念図

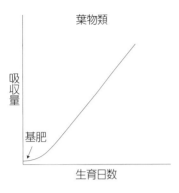 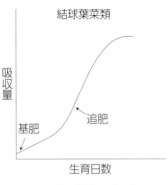 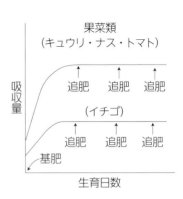

図8-2　野菜の栄養吸収パターン

吸収量以上の養分が施用される。さらに、多くが施設栽培されるため残存養分が蓄積しやすく、土壌養分、作物体養分を適正に維持していくには、追肥の要否を判断する一定の基準が必要である。このため、リアルタイム診断に対する要求度は園芸作物のなかではもっとも高く、各地域の主要な作型について**診断基準値**を明らかにし、無駄のない施肥管理を行なっていく必要がある（図8-2）。

　果樹は根域が広いため追肥を行なっても施肥反応が鈍く、その効果がすぐには現れにくい。しかし、なかにはイチジクのような野菜的な樹種もあること、また養分不足のときは速効的な効果をねらって**葉面散布**も行なわれるため、樹体栄養を判断するための診断技術は必要である。

（3）リアルタイム診断に必要な 3つの条件

　栽培現場で必要とされるのは、作物体養分を簡単に測定でき、すぐにその結果を施肥管理に活かせる診断法である。そのためには、次のような3つの条件が必要である。
①簡易に作物体養分を採取する方法

②高品質・安定生産に結びつく作物体養分の診断基準値
③農家でも簡単に安価に測定できる作物体養分の簡易測定法

　以上のことによってはじめて、栽培している作物がどのような栄養状態で生育しているのかを判断でき、土壌および作物体養分を適正な状態に維持するための施肥管理を行なうことができる。

（4）診断指標

　リアルタイム診断では即断的な結果がもとめられるため、測定の容易さ、簡便さから判断すると、作物体の水溶性の無機養分が対象となる。窒素、リン、カリウム、カルシウム、マグネシウムなどの多くの無機養分の測定が望ましいが、栽培しているその場で診断するため、これらの養分を同時に測定することは困難である。このなかで窒素は作物生育ともっとも関係が深いため優先度が高く、窒素の診断指標として硝酸イオンを測定する。その理由として以下のことをあげることができる。
①畑地での無機態窒素は施肥直後を除いて多くが硝酸態である。

②野菜などの園芸作物は好硝酸性であり、硝酸イオンの形で窒素を吸収することが多く、タンパク同化されるまで体内に硝酸イオンとして存在する。

③硝酸イオンは窒素過剰になると体内に多量に蓄積するが、窒素不足になると急激に低下し、窒素の栄養条件によって大きく変動する。

　以上のように、硝酸イオンは土壌－作物体の窒素動態の中心をなすものであり、窒素の診断指標として最適である（図8-3）。

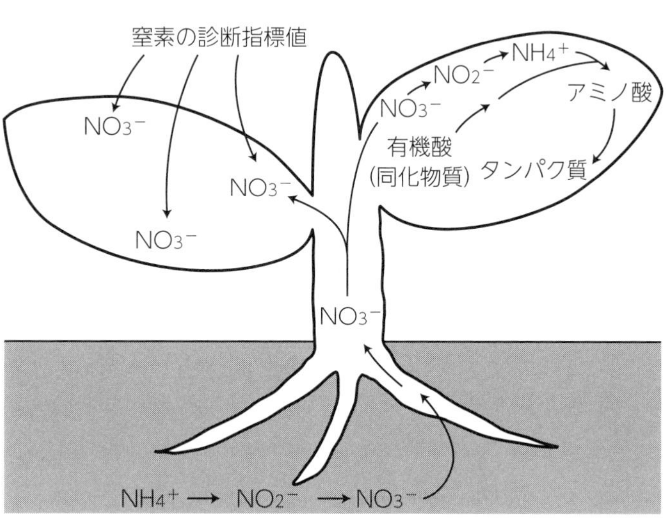

図8-3　土壌・作物体内での窒素の動き

2 リアルタイム診断技術の開発

(1) 作物体養分の採取方法

1) 作物体の測定部位・採取方法

　リアルタイム診断は即断的な結果がもとめられるため、測定部位は作物体養分を簡単に採取できる部位が望ましい。葉は葉柄と葉身から成り立ち、葉柄と葉身を比較すると**葉柄**は多汁質であり汁液を採取しやすいのに対し、**葉身**は汁液量が少なく、汁液も葉緑素によって濃緑色となり、測定に際して誤差を生じやすい。さらに、診断指標となる硝酸イオンは葉身よりも葉柄のほうが多いことから、測定部位は葉身よりも葉柄が適している。

　葉柄からの汁液は、葉柄を0.5～1cm前後に細切して、にんにく搾り器により圧搾して採取するのがもっとも簡便である（**搾汁**

写真8-1　キュウリの葉柄をはさみで切る

写真8-2　にんにく搾り器で葉柄汁液を採取

写真8-3　すり鉢で葉柄を摩砕して汁液とする

液法)。しかし、イチゴのように葉柄が硬くてにんにく搾り器で十分な汁液を採取できないときは、やや煩雑になるがすり鉢または乳鉢に一定割合の葉柄と純水、たとえば0.5cm以下に細切した葉柄1gに19mLの純水を加えて摩砕すれば、20倍の葉柄汁液となる**(摩砕法)**(写真8-1、8-2、8-3)。

2) 葉柄の採取位置

葉柄を採取するときに注意することは、葉柄の着生部位によって汁液中の養分含量が異なる点である。硝酸イオンは新葉に比べ古葉で多くなるため、正確な診断を行なうには事前に採取部位を決めておく必要がある。採取部位は前後の葉位との比較で硝酸イオン濃度の変動幅が少ない部位が望ましいこと、加えて栽培の仕立て方、果実の収穫位置なども考えて判断する。

(2) 硝酸イオンの診断基準値の決め方

施肥によって土壌養分が高くなると作物体養分も高くなり、作物の生育収量は直線的に増加する。しかし、作物体養分が一定含量以上になると生育収量は緩やかな曲線となり、最大収量に到達した後は平衡状態に、さらに含量が高くなると濃度障害のため生育収量が減少する。耐肥性の強いナス、キュウリではしばらくは収量低下は起こらないが、耐肥性の弱いイチゴではすぐに収量が低下する。このような状態になると、土壌中では養分の富化、蓄積が起こり、効率的な施肥管理に結びつかなくなる。

このため、リアルタイム診断の基準値作成にあたっては、園芸作物の生育収量が最高に到達した前後の**硝酸イオン濃度**を明ら

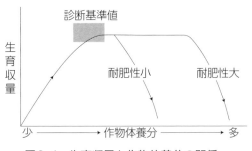

図8-4 生育収量と作物体養分の関係

かにする。基本的には窒素の基肥量、追肥量の異なった試験区を設定し、葉柄汁液の硝酸イオン濃度と生育収量の関係を調べ、現地の実態も考慮して診断基準値を決める(図8-4)。

1) 果菜類
①作物体の採取

キュウリ(摘心栽培)の葉柄汁液の硝酸イオン濃度は、上位葉に比べ古い葉である下位葉で高い。14～16節の葉柄汁液の硝酸イオン濃度は全収穫期間を通して変動幅が少ないこと、光合成の活動中心葉であり、目の高さで採取しやすく採取部位として適している。

また、キュウリでは最初に展開した本葉の基部から側枝が伸長すると、過繁茂となるため本葉を摘葉するのが一般的な管理法である。14～16節の本葉葉柄と側枝第1葉の葉柄の硝酸イオンを比較するとほぼ同濃度であるため、本葉が摘葉されたときは側枝第1葉の葉柄を用いる(図8-5)。

イチゴ、ナスでは最新の展開葉から数えた3葉目は前後の葉と比較して葉柄中の硝酸イオン濃度の差が少なく、葉面積が多く光合成の活動中心葉であるため採取部位とする(図8-6、図8-7)。トマトでは収穫

表8-1 果菜類の葉柄汁液の採取方法と測定部位

果菜類名	採取方法	測定部位
キュウリ	搾汁液法	摘心栽培：主枝14〜16節の葉の葉柄、または、これらの節から伸びた側枝第1葉の葉柄 つる下ろし栽培：展開葉全体の上位3分の1にある葉の葉柄
トマト	搾汁液法	ピンポン玉程度に肥大した果房直下葉の中央にある小葉の葉柄
ナス	搾汁液法	最新の展開葉から下3〜5葉目の葉柄
イチゴ	摩砕法	最新の展開葉から下3葉目の葉柄
ピーマン	搾汁液法	最新の展開葉から下3〜4葉目の葉柄

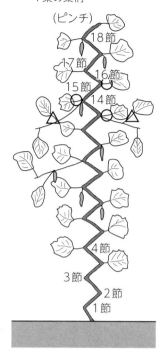

〈採取部位〉
○：主枝14〜16節の葉の葉柄
△：14〜16節から出た側枝第1葉の葉柄

図8-5 キュウリの採取部位

部位が下段から上段に移動するため、採取部位はそれに合わせたほうがわかりやすく、成熟果の2段ほど上のピンポン玉程度に肥大した果房直下の本葉の中央部の小葉の葉柄が適する。(図8-8)。

②キュウリの診断基準値

半促成キュウリ(定植：2月中旬、収穫期間：3月下旬〜6月下旬)、抑制キュウリ(定植：8月下旬、収穫期間：9月下旬〜11月下旬)について、施肥基準に準じて基肥－追肥の窒素施肥を行なった標準施肥区、標準施肥の半量の減肥区、標準施肥の1.5倍の増肥区を設け、果実収量と葉柄汁液の硝酸イオン濃度の関係を調べた。

半促成キュウリでは、減肥区が4月下旬以降に硝酸イオン濃度が極端に低くなり窒素不足のため低収量となる。一方、硝酸イオン濃度がもっとも高く経過した増肥区と中程度の標準施肥区は同収量である。このときの作土中の無機態窒素含量を調べると、標準施肥区は10mg/100g前後、減肥区は5mg/100g以下、増肥区は30mg/100g前後であり、増肥区では過剰な窒素が作土に蓄積し、これ以上窒素を施肥しても収量

が増加しない栄養状態である。半促成キュウリの硝酸イオン濃度の適正域は、標準施肥区の水準でよいと判断され、**診断基準値**として収穫初期の4月上旬では3,500〜5,000ppm、収穫中期の5月上旬では900〜1,800ppm、収穫後期の6月以降は500〜1,500ppmに設定できる(図8-9)。

抑制キュウリでは減肥区の硝酸イオン濃度は1,000〜1,500ppmと収穫全期間にわたって低く経過し、窒素不足のため低収量となる。これに対し、硝酸イオン濃度がもっとも高く経過した増肥区と中間の標準施肥区とでは明らかな収量差が見られず、増肥区では半促成キュウリと同様に作土中の無機態窒素含量が多く、窒素の過剰状態に陥

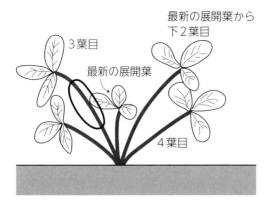

〈採取部位〉
◯ 最新の展開葉から下3葉目の葉柄

最新の展開葉から
下2葉目

3葉目

最新の展開葉

4葉目

図8-6　イチゴの採取部位

〈採取部位〉
◯ 最新の展開葉から下3〜5葉目の葉柄

図8-7　ナスの採取部位

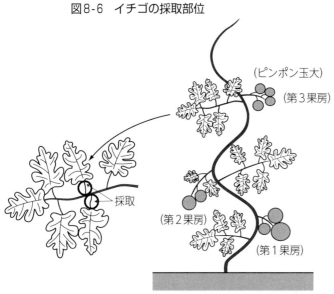

（ピンポン玉大）

（第3果房）

採取

（第2果房）

（第1果房）

図8-8　トマトの採取部位

っている。他の試験および現地の実態を考慮すると、葉柄汁液の硝酸イオン濃度は収穫全期間にわたり3,500〜5,000ppmに設定できる（図8-10）。

半促成キュウリと抑制キュウリでは診断基準値が異なったが、これには栽培時の気象条件が大きく関係する。半促成栽培では春から夏に向かう時期であり、光合成が盛んになり窒素同化が促進され体内中の硝酸イオン濃度は低くなる。これに対し抑制栽培では秋から初冬に向かう時期であり、光合成が徐々に低下し硝酸イオン濃度は高く維持されると考えられる。

③イチゴの診断基準値

イチゴ（品種：さがほのか）の基準値を明らかにするため、高設栽培で基肥−追肥の標準施肥区、標準施肥の25％増減の増肥区および減肥区、被覆肥料を用いた全量基肥区の4つの試験区を設けた。

月別および期間合計の収量は標準施肥区がもっとも多く、増肥による効果は見られない。このときの標準施肥区の硝酸イオン濃度は12月以降ほぼ1,000〜2,000ppmで推移している。減収した減肥区、全量基肥区では1,000ppmを下まわることもあり、佐賀県における「さがほのか」の1〜4月の

収穫期間の基準値は1,000〜
2,000ppmになる（図8-11）。

　以上のような方法に準じて
各地域でトマト、ナスなどの
果菜類を対象に**診断基準値**の
検討が行なわれ、表8-2にま
とめることができる。

2）花き
①作物体の採取

　シクラメンの葉柄は多汁質
であり、生育初期は葉柄が小
さいため摩砕法により汁液を
採取するが、生育中期以降は
最新の展開葉の中央部分の
葉柄を細切してにんにく搾り
器で汁液を得る（図8-12）。
キクでは葉柄部分が少ない
ため葉身を測定部位とし、葉
位置別に見ると、下位葉は窒
素施肥の反応が敏感に現れ
やすく、下位6〜10番目の
葉全体を測定部位とする（図
8-13）。細切した葉身に20倍
量の純水を加え乳鉢で摩砕し、ろ過して汁
液とする。

②シクラメンの診断基準値

　群馬県では光合成量との関係からシクラ
メンの生育ステージ別の基準値を明らかに
している。シクラメンの生育量は温度条件
に左右され、15〜20℃の生育適期で光合成
量が最大となって窒素の有機化がスムーズ
にすすむため、硝酸イオンは減少傾向とな
る。夏期の高温時、とくに夜温が25℃以上

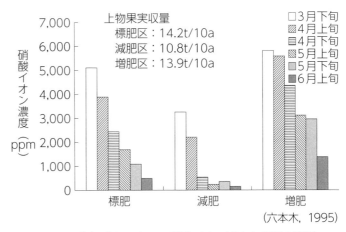

(六本木, 1995)

図8-9　半促成キュウリの硝酸イオン濃度と収量の関係

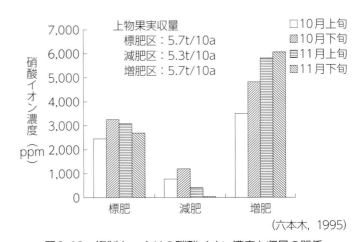

(六本木, 1995)

図8-10　抑制キュウリの硝酸イオン濃度と収量の関係

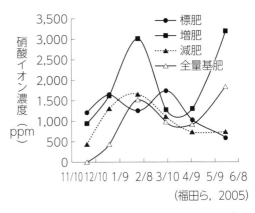

(福田ら, 2005)

図8-11　イチゴの葉柄汁液の硝酸イオン濃度
の経時的変化

表8-2 果菜類の葉柄汁液の硝酸イオン濃度の診断基準値(ppm)

果菜類名	作成道府県	収穫期間	診断基準値
〈キュウリ〉 促成	埼玉	2月下旬〜6月下旬	3月上旬：3,500〜5,000、4月上旬：3,500〜5,000 5月上旬：900〜1,800、6月上旬：500〜1,500
半促成	埼玉	3月下旬〜6月下旬	4月上旬：3,500〜5,000、5月上旬：900〜1,800 6月上旬：500〜1,500
抑制	高知	3月下旬〜5月下旬	3〜4月中旬：3,000〜5,000、4月下旬以降：1,500〜3,000
	埼玉	9月下旬〜11月下旬	収穫全期間：3,500〜5,000
	宮崎	11月上旬〜1月下旬	収穫全期間：4,500〜5,000
越冬	高知	10月中旬〜12月下旬	10〜12月：3,000〜5,000、12月上旬以降：4,000〜5,000
	埼玉	11月上旬〜2月中旬	収穫全期間（つる下ろし栽培）：3,500〜5,000
〈トマト〉 促成（6段摘心）	愛知	12月中旬〜2月上旬	収穫全期間：1,500〜3,000
半促成（6段摘心）	愛知	5月中旬〜7月上旬	収穫全期間：1,000〜2,000
促成（12段摘心）	埼玉	2月下旬〜7月上旬	1〜2月下旬：4,000〜5,000、3月上旬〜4月下旬：2,000〜3,500、5月上旬〜6月下旬：1,000〜1,500
半促成（9〜14段摘心）	千葉	3〜6月	収穫始期（3月上旬）〜摘心処理期（5月）：1,000〜2,000
夏秋（15段摘心）	愛知	7月上旬〜11月下旬	7月上旬〜9月中旬：4,000〜6,000 9月中旬以降：3,000〜4,000
夏秋（6段摘心）	宮城	6月〜10月	第1果房直下葉：5,000〜7,000、第2果房直下葉：4,000〜6,000、第3果房直下葉以降：2,000〜4,500
夏秋（6段摘心）	北海道	7月上旬〜9月下旬	栽培全期間：4,000〜7,000（注：葉柄の採取部位は全期間を通して第1果房直下葉の小葉の葉柄）
〈ナス〉 露地	埼玉	7月上旬〜10月中旬	7月上旬〜8月上旬：3,500〜5,000 8月中旬以降：2,500〜3,500
半促成	埼玉	4月上旬〜7月上旬	4月上旬〜5月下旬：4,000〜5,000 6月上旬以降：3,000〜4,000
ハウス	愛知	4〜10月	収穫全期間：4,500
半促成（水ナス）	大阪	3〜7月	収穫全期間：5,000〜6,000
〈イチゴ〉 促成	埼玉	12月下旬〜4月下旬	11月上旬：2,500〜3,500、1月上旬：1,500〜2,500 2月上旬以降：1,000〜2,000
	佐賀	12〜4月	1〜4月：1,000〜2,000
〈ピーマン〉 促成	宮崎	10月中旬〜3月上旬	収穫全期間：5,500〜7,000
夏秋	大分	5〜10月下旬	収穫初期：7,000、収穫中期以降：5,300〜6,200

になるときは生育が抑制され、体内の硝酸イオンは増加し、窒素過多に起因する病害が多発する危険性が大きくなる。このため、7月下旬から9月中旬までは硝酸イオン濃度を低く維持する必要があり、10月以降は開花期に向けて硝酸イオン濃度をやや高くする管理法である（図8-14）。

③夏秋ギクの診断基準値

佐賀県の夏秋ギクにおいて、標準施肥

表8-3　花きの採取方法と測定部位

花き名	作成県	採取方法	採取部位
夏秋ギク キク（7月出し）	佐賀 宮城	摩砕法 摩砕法	下位葉6〜10枚目葉身 下位葉の葉身
シクラメン	群馬	搾汁液法	完全展開した直後の葉の葉柄
バラ （ローテローゼ）	千葉 宮城	摩砕法 摩砕法	採花枝の下から3〜4枚目の葉柄 発蕾直前の採花枝の5枚目の葉柄

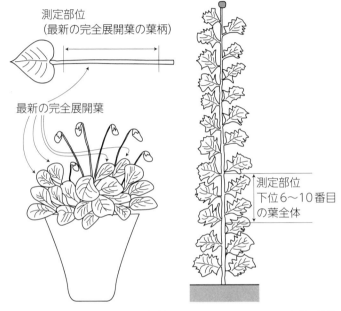

図8-12　シクラメンの採取部位　　図8-13　キクの採取部位

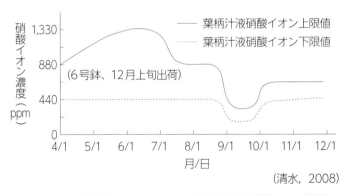

（清水, 2008）

図8-14　生育時期別のシクラメンの葉柄汁液の硝酸イオン濃度

7月上旬の消灯後の硝酸イオン濃度は標準施肥区が10,000ppm以上で経過するのに対し、65％減肥区は6,000ppm前後である。採花時の切り花品質は減肥区が標準施肥区に比べ切り花長でやや長く、切り花重では同程度であることから、減肥による切り花品質への悪影響は見られない。このため、葉身汁液の硝酸イオン濃度は65％減肥区の水準になると判断され、5月下旬の定植後、45日前後を経過した消灯前は3,000〜6,000ppm程度、消灯開始以降は6,000ppmを診断基準値の目安として管理する（図8-15）。

バラにおいても基準値の検討が行なわれており、花きの**診断基準値**は表8-4にまとめることができる。

3）果樹
①作物体の採取

果樹は樹種によって葉内の硝酸イオンに大きな違いがある。温州ミカン、ブドウ、イチジク、キウイフルーツでは葉柄に硝酸イオンが存在するが、リンゴ、ナシ、モモなどでは吸収された硝酸イオンが地上部に転流する過程で低分子の有機化合物になるため、これらの樹種では硝酸イオンを指標にした診断はできない。

区、標準施肥の45％減肥区および65％減肥区を設置し、切り花品質との関係から葉身汁液の硝酸イオン濃度を明らかにしている。

表8-4 花きの葉柄汁液の硝酸イオン濃度の診断基準値(ppm)

花き名	作成県	採花期	診断基準値
夏秋ギク	佐賀	8月中旬～9月上旬	消灯前 (～7月上旬):3,000～6,000 消灯後 (7月上旬～):6,000
キク (7月出し)	宮城	7月下旬～8月中旬	短日処理前 (～6月中旬):2,500～3,500 短日処理後 (6月中旬～):3,500～4,500
シクラメン	群馬	12月	側芽発達期 (～7月上旬):440～1,330 花芽分化期 (～8月下旬):440～880 花芽発達伸長期 (～9月下旬):220～330 　　　　　　(10月～11月上旬):440～660 開花期 (11月中旬～):440～660
バラ (ローテローゼ)	千葉 宮城	10～6月	秋～冬期:900～1,500、春期:600～900 夏期:300～600 春期:1,000、夏期:300～800、秋期:500～1,000 冬期:1,500～1,800

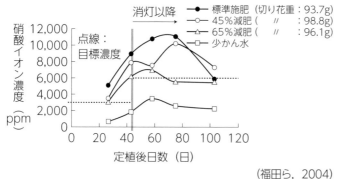

(福田ら, 2004)

図8-15 夏秋ギクでの葉身汁液の硝酸イオン濃度の推移と目標濃度

温州ミカンでは樹冠赤道部付近の当年に発生した春葉の中位葉の葉柄を用いる（図8-16）。イチジクでは、下位葉、中位葉、上位葉を比較したとき、中位葉は硝酸イオン濃度の変動幅が少ないため、中位葉の葉柄が適している（図8-17、表8-5）。

②温州ミカンの診断基準値

温州ミカンは窒素過剰になると果実品質の低下、逆に少ないと隔年結果が発生しやすく、とくに隔年結果は生産の不安定要因となる。追肥時期の7月上旬に葉柄汁液の硝酸イオン濃度により葉身の全窒素含量を推測することが可能で、樹体栄養の過不足を判断できる。

表8-5 果樹の採取方法と採取部位

果樹名	作成県	採取方法	採取部位
温州ミカン	静岡・和歌山	摩砕法	樹冠赤道部に当年発生した春葉の葉柄
イチジク	愛知	摩砕法	中位葉の葉柄
キウイフルーツ	香川	搾汁液法	成葉の葉柄

果樹の葉柄は硬くて水分含量が少なく、にんにく搾り器では汁液を採取できないため摩砕法を用いる。乳鉢または摺り鉢に細断した1～2gの葉柄を入れ、20倍量の純水を加えて摩砕し、摩砕した上澄液を葉柄汁液とする。

静岡県では窒素施肥量を基準量、基準の半量および2倍量とした試験区を設けた。葉柄汁液の硝酸イオン濃度の経時的変化を

図8-16　温州ミカンの採取部位

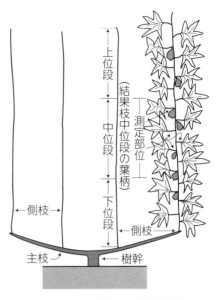

図8-17　イチジクの採取部位

みると、硝酸イオン濃度は6月から8月までは急激に増加するが、その後は減少に転じる。7〜9月では窒素施肥量による差が大きく、測定時期を限定すれば、葉柄汁液の硝酸イオン濃度により施肥量の違いを判断できる。葉身の全窒素含量と葉柄の硝酸イオン濃度の相関は高く、温州ミカンの葉身の全窒素含量の適正域（2.8〜3.2%）に対応する硝酸イオン濃度をもとめると、7月は1,100〜1,900ppm、8月は1,000〜2,400ppm、9月は600〜1,800ppmとなる（図8-18）。

　和歌山県では20倍希釈の葉柄摩砕液の硝酸イオン濃度30ppm（真の濃度：600ppm）を窒素葉面散布の要否を判断する境界値としている。7月上旬に30ppm以下になったときは窒素の葉面散布が必要であり、尿素の葉面散布（500倍液・7〜10日間隔に2〜3回）により樹体栄養を改善できる（図8-19）。

③イチジクの診断基準値

　イチジク安定生産の最大のポイントは、

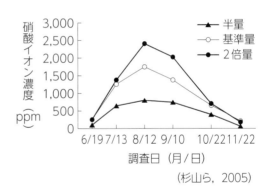

(杉山ら, 2005)

図8-18　温州ミカンの葉柄汁液の硝酸イオン濃度の経時的変化

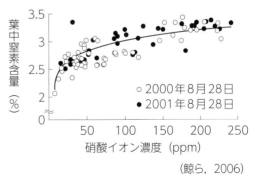

(鯨ら, 2006)

図8-19　温州ミカンの葉柄摩砕液(20倍)の硝酸イオン濃度と葉中窒素含量の関係

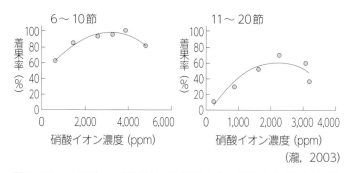

図8-20 イチジクの葉柄汁液の硝酸イオン濃度と着果率の関係
（品種：桝井ドーフィン，コンテナ栽培）

表8-6 果樹の葉柄汁液の硝酸イオン濃度の診断基準値(ppm)

果樹名	作成県	診断基準値
温州ミカン	静岡	7月：1,000〜1,900、8月：1,000〜2,400 9月：600〜1,800
	和歌山	7月上旬〜8月下旬：600以上 （600以下のときは葉面散布の必要あり）
イチジク	愛知	6〜10節展葉時：2,500〜4,000 11〜20節展葉時：2,000〜2,500 摘心時：4,000〜6,000
キウイフルーツ	香川	夏期：1,000以下、収穫期：2,000以下

どのようにして着果率の向上を図っていくかであり、不着果数が多くなれば、その割合に応じて収量減となる。

愛知県での葉柄汁液の硝酸イオン濃度と着果率の関係を見ると、1〜5節の着果率は前年からの貯蔵養分によって左右されるため、栽培時の施肥管理の影響を受けることは少ない。しかし、生育が進んで6節以降になると、窒素過剰または窒素不足によって着果率が低下する。高い着果率を維持できる条件として、6〜10節の生育時には2,500〜4,000ppm、11〜20節の生育時には2,000〜2,500ppmの硝酸イオン濃度を維持する（図8-20）。結果枝が20節に達すると摘心を行なうが、その後は4,000〜6,000ppmにして窒素の肥効を高め、果実肥大の促進を図る。

キウイフルーツにおいても基準値の検討

が行なわれており、果樹の診断基準値は表8-6にまとめることができる。

（3）リアルタイム診断のための簡易測定器具

診断結果が現場でわかれば、その後の施肥管理をより迅速に行なうことができる。このため、診断はその操作が簡単で短時間にできることが望ましく硝酸イオン測定のための測定器具が流通、販売されている。

1）メルコクァント硝酸イオン試験紙

メルコクァント硝酸イオン試験紙は、細長くて薄いプラスチック板の2か所に紙が貼り付けてあり、上は亜硝酸イオン、下は硝酸イオン用である。試験紙が入った筒の外側には0、25、50、100、250、500ppmの発色値を示す表が貼り付けてある（写真8-4）。

測定法は非常に簡単である。検液のなかに1〜2秒間試験紙を浸し、余分な水を切って1分のちに試験紙の発色程度を表と見比べて数値をもとめるもので、表の中間値を読み取ることもできる。検液の硝酸イオン濃度が100ppm以上になると正確な値が得られないため、葉柄汁液では50〜100倍に希釈して測定する。測定法としては半定量であるが、慣れれば高い測定精度を得ることができ、価格が安いことも大きな利点である。

表8-7　簡易測定器具の取扱い方法

器具名	取扱い方法	保管方法	定価（税別）
メルコクァント硝酸イオン試験紙	汁液を100ppm以下に純水または精製水で希釈後、試験紙を1〜2秒間検液に浸し、1分後にその色調から硝酸イオン濃度を読み取る。	冷蔵庫	100枚入り4,600円
RQフレックス（反射式光度計）	RQフレックスと試験紙がセットになった測定システムである。汁液を225ppm以下に純水または精製水で希釈後、試験紙を1〜2秒間浸し、1分後に試験紙の色調をRQフレックスが読み取り濃度表示される。	試験紙は冷蔵庫	RQフレックス：130,000円〔試験紙〕硝酸イオン：50枚入り6,920円 カリウムイオン：50枚入り12,800円 リンイオン：50枚入り11,700円
硝酸イオンメータ	土壌、作物体専用の2機種があり、測定前に校正液で補正後、平面センサのうえに土壌抽出液、作物体汁液をのせ、測定ボタンを押すと濃度表示される。	常温	作物体用：38,000円 硝酸イオン電極：11,000円（交換時）

注：価格は2021年1月現在

2）RQフレックス

　長さ20cm、幅8cmで重さが275gの**RQフレックス**（反射式光度計）と、硝酸イオン測定用の試験紙がセットになっている（写真8-5）。最初に試験紙に付属しているバーコードをRQフレックスに挿入して測定項目、検量線、試験紙のロット番号を記憶させ、つぎにスタートボタンを押すと反応時間の60秒が表示される。試験紙を1〜2秒間検液に浸して再度スタートボタンを押し、反応時間終了5秒前を知らせるアラーム音が鳴ったら試験紙をアダプターに差し込むと、反応時間終了後に測定値が画面に表示される。非常に高い測定精度を得ることができるが、試験紙の測定上限値が225ppmであるため、葉柄汁液では50倍前後に希釈して測定する。硝酸イオン以外にもリン、カリウム、アスコルビン酸（ビタミンC）など多くの成分測定ための試験紙もあり、用途幅は非常に広い。

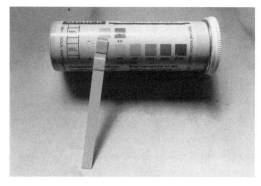

写真8-4　メルコクァント硝酸イオン試験紙

写真8-5　RQフレックス

写真8-6　硝酸イオンメータ

3）硝酸イオンメータ

硝酸イオンメータは長さ17cm、幅3cm、重さが約50gの測定器具である（写真8-6）。先端部分に硝酸イオンを感知する平面センサが組み込まれている。測定前に標準液で一点校正（硝酸イオン5,000ppm）または二点校正（硝酸イオン300ppm、5,000ppm）を行なう。にんにく搾り器で得た汁液を直接本体のセンサ部分にのせて、測定ボタンを押すと、ニコニコマークの点灯とともに測定値が表示される。硝酸イオン試験紙、RQフレックスに比べ硝酸イオンの測定レンジ幅が100〜9,900ppmと広いため、搾汁液を希釈しなくても短時間に多くの点数を測定できる。

リアルタイム栄養診断のための簡易測定器具としては以上の3種類があり、それぞれ長所と短所があるが、価格や使用頻度などを考慮して測定器具を選ぶ。葉柄汁液を希釈する場合、純水または薬局で販売している精製水を用いる。

❸ 診断基準値を指標にした施肥管理

果菜類は栽培期間が長く、養分吸収量も多いことから、液肥で10〜15日間隔に2kg/10a前後の窒素追肥を行なうことが一般的である。硝酸イオンの測定値を診断基準値に照らし合わせ、測定値が基準値より高ければ追肥を控え、基準値内ならば通常の施肥を、基準値より低ければ早めの追肥を実施することにより、適正な施肥管理に結びつけることができる。トマト、キュウリを例にして実際の施肥管理を紹介する。

（1）トマト

千葉県の半促成トマトでは、収穫始期から摘心期までの葉柄汁液の硝酸イオン濃度を1,000〜2,000ppmに維持することで目標収量を確保でき、2,000ppmを下まわったときが追肥の目安としている。

慣行追肥区（2回の追肥を実施）、栄養診断追肥区（診断により追肥の有無を判断）を設け2人の農家の半促成トマトの硝酸イオン濃度を定期的に測定した。T農家は慣行追肥区、栄養診断追肥区ともに硝酸イオン濃度が3,000ppm以上で経過し、栄養診断追肥区は無追肥とした。O農家では栄養診断追肥区が収穫中期に2,000ppm以下となったため追肥を行ない、その後は2,000ppm以上に経過したことから1回のみの追肥となった。2回の追肥を実施した慣行追肥区と栄養診断追肥区は同収量であり、T・Oの2人の農家ともに栄養診断により3〜4kg/10aの追肥窒素を省け、跡地の残存窒素も低くおさえることができた（図8-21、8-22）。

（2）キュウリ

促成キュウリの作付け前に基肥窒素32kg/10a、オガクズ牛ふん堆肥5t/10aを施用したハウスで、追肥を開始する3月下旬以降から葉柄汁液の硝酸イオン濃度を定期的に測定した。硝酸イオン濃度は診断基準値（収穫初期：3,500〜5,000ppm、中期：900〜1,800ppm、後期：500〜1,500ppm）より高く経過し、収穫終了まで基準値を下まわることはなかった。従来の施肥管理ならばかん水に合わせて液肥で4〜5回追肥を実施するが、葉柄汁液の硝酸イオン濃度

からキュウリの養分は過剰状態になっていると判断されたため、かん水のみを実施し、10kg/10aの追肥窒素を省略できた（図8-23）。

（3）普及センターの取り組み―トマト―

宮城県石巻農業改良普及センターにおけるトマトでの事例を紹介したい。既述のようにピンポン玉の大きさの果房直下葉の中央部分の小葉の葉柄を15～20枚採取し、にんにく搾り器で汁液を得て、RQフレックスまたは硝酸イオンメータで汁液の硝酸イオンを測定する。石巻普及センターではこれまで蓄積してきたデータから地域に適した独自の基準値を作成しており、主要な作型での硝酸イオン濃度は、1段果房収穫時が7,000～9,000ppm、2～4段収穫時が5,000～7,000ppm、5～6段収穫時が4,000～6,000ppm、7段以上では3,000～4,000ppmとしている。

表8-8の書式で調査結果を早急に伝え、たとえば測定値が基準値より低い場合、同じ肥料濃度で回数を増やす、または同じ回数の肥料濃度を濃くするなどの対策を行なう。生産者には診断データを蓄積しながら生育を観察し、自分のハウスに適した肥培管理を把握することが重要であると指導している。

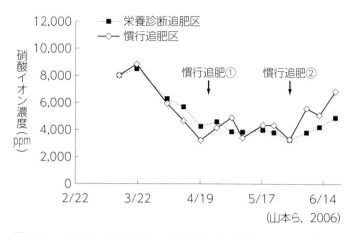

（山本ら，2006）

図8-21　T農家におけるトマト葉柄汁液中硝酸イオン濃度推移および追肥時期

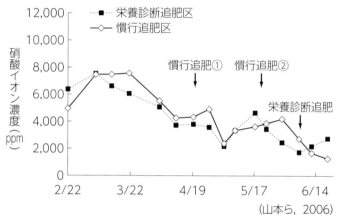

（山本ら，2006）

図8-22　O農家におけるトマト葉柄汁液中硝酸イオン濃度推移および追肥時期

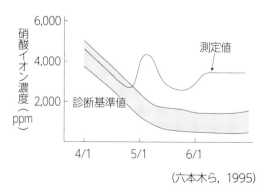

（六本木ら，1995）

図8-23　現地ハウスにおける促成キュウリの葉柄汁液の硝酸イオン濃度

表8-8　診断結果の返却様式と診断例

（石巻農業改良普及センター）

石巻 桃太郎 殿

平成○年○月○日

トマト栄養診断の調査結果について

トマトの葉柄汁栄養診断の結果が出ましたので、お知らせ致します。

葉柄汁栄養診断は、採取して頂いた葉柄部分を細断・搾汁し、RQフレックスを用いて硝酸イオン、カリウムイオン濃度を求めました。

石巻地域における硝酸イオン基準値

硝酸イオン（ppm）

	1段目 7,000〜9,000	2〜4段目 5,000〜7,000	5〜6段目 4,000〜6,000
結果		4,500(4段目)	

カリウムイオンの基準値

カリウムイオン（ppm）

3段目以降 5,000〜7,000
結果 4,100(4段目)

コメント

硝酸イオン濃度、カリウムイオン濃度ともに基準値以下です。

これまでよりも多めの追肥（同じ肥料濃度で回数を増やす、同じ回数で肥料濃度を高くする）を行いましょう。肥料の濃度を上げる場合には、徐々に上げていきましょう。

肥料はカリ成分の多いものを使用すると良いでしょう。

（判断の仕方（例））

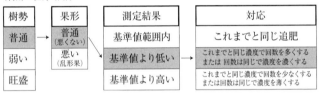

※葉汁診断を行なった時期が、追肥の直後か、追肥をしばらくしていないかによっても、値が異なります。

○樹の栄養状態をゆるやかに調整することが、樹勢と果形の安定につながります。

○急激な追肥は避け、判断例を参考にして樹の様子を見ながら対応してください。

○今後の肥培管理の参考のために樹の姿（樹勢・果形など）を見て、覚えておきましょう。

最後に、リアルタイム栄養診断の測定手順を図8-24に示す。

４ リン、カリウムを指標とした栄養診断

葉柄汁液の硝酸イオンを指標にすることで、窒素追肥の要否を判断することが可能となる。同時に、汁液中のリンやカリウムなどの無機成分の適正値を明らかにすることにより、従来の全分析に代えることができる。RQフレックスには、リンやカリウム、アスコルビン酸（ビタミンC）などを測定する試験紙もある。それらの測定には試薬による前処理が必要ではあるが、慣れれば現場でも十分対応でき

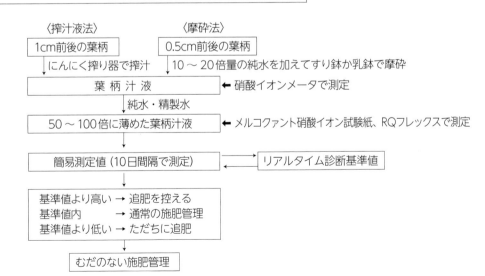

図8-24　リアルタイム栄養診断の測定手順

る。また、カリウムイオンメーターも販売されている。

(1) リンの栄養診断

1) キュウリ葉柄汁液から土壌のリン酸蓄積を指摘

埼玉県内の半促成キュウリの葉柄汁液中の硝酸、リン、カリウムイオンを測定すると、硝酸イオン以上に農家間で変動幅が大であったのが**リン濃度**である（図8-25）。

この調査における半促成栽培終了後の可給態リン酸含量と、収穫中期の葉柄汁液の

リン濃度を見ると、両者の間には有意な関係があり、汁液中のリン濃度は土壌中の可給態リン酸含量の反映と見ることができる（図8-26）。土壌診断の補完技術として作物体養分から土壌のリン酸蓄積を指摘することも必要である。

2) キュウリの診断基準値

半促成、抑制キュウリの葉柄汁液中のリン濃度の基準値をもとめるため、標準施肥区、無リン酸区、標準施肥の半量の減リン酸区をつくり、年2作合計4作について葉柄汁液中のリン濃度と果実収量の関係を調べた。

1年目の半促成、抑制栽培では、試験区によって葉柄汁液のリン濃度は3～4倍の差が見られたものの収量は同じになり、2年目の第3作にあたる半促成栽培においても1年目と同様であった。第4作の抑制栽培では、濃度がもっとも高い標準施肥区と中間の減リン酸区は収量が同じであったが、濃度が低く経過した無リン酸区では収量減となり、リン不足に陥っていると判断された（図8-27）。

標準施肥区の可給態リン酸含量は120mg/100g以上と試験開始時より高く、リン酸が富化しており、リンの養分状態としては過剰域である。これに対し、減リン酸区の可給態リン酸含量は70～

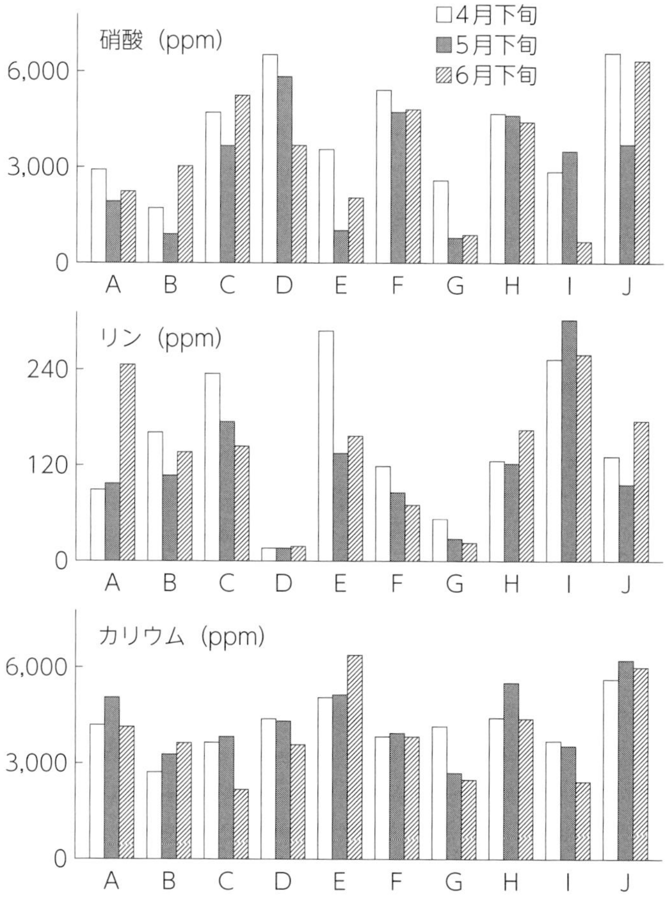

図8-25　現地ハウスにおける半促成キュウリの葉柄汁液の硝酸、リン、カリウムイオン濃度

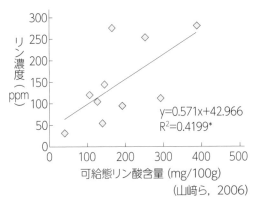

図8-26　半促成キュウリの葉柄汁液リン濃度と可給態リン酸含量の関係

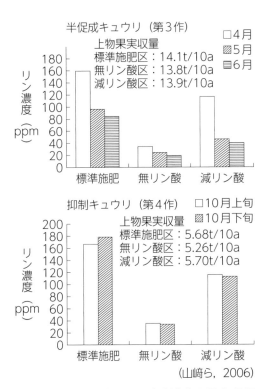

(山﨑ら，2006)

図8-27　葉柄汁液のリン(P)濃度と果実収量の関係

80mg/100gと試験開始時と変化がなく、4作ともに標準施肥区と同収量であり、減リン酸区の葉柄汁液のリンイオン濃度が適正域になる。この結果および現地の実態から判断すると、キュウリのリン濃度の基準値は、半促成栽培では4月の収穫初期80 〜

100ppm、6月の収穫後期30 〜 50ppm、抑制栽培では収穫全期間80 〜 100ppmになる。

3）主要な果菜類の診断基準値

　以上のように、硝酸イオン以外の養分においても、試験区を設定し、果実収量との関係から診断基準を設定することができる。リンイオンの**診断基準値**は、キュウリやイチゴのほか、トマト、バレイショにおいても明らかにされている（表8-9）。

(2) カリウムの栄養診断

　島根県で栽培されているブドウは「デラウェア」が中心で、約80％が加温栽培されている。この作型では果粒肥大期以降、葉の葉縁黄化や枯死、落葉などの症状が見られ、果実品質が低下する。この生理障害はカリウム欠乏症によるもので、対策としてカリ肥料の施用、葉面散布が有効だが、すでに症状が発生した樹に対しては効果が十分でなく、事前に症状発生の有無を予測し、対策を立てる必要がある。開花期に第5葉の葉柄を採取し、抽出汁液のカリウム濃度と果粒肥大期以降の発生程度の関係をみると、汁液中のカリウム濃度が2,400ppm以下では欠乏症が発生するおそれが高く、この時期のカリ肥料の施用により障害を未然に防止できる（藤本、2007、写真8-7）。ブドウ「デラウェア」では葉柄が細くて汁液を採取しづらいため、葉柄を2 〜 5mmに細切し、葉柄の4倍量の純水を加え、ときどき手で振とうして24時間経過後の上澄液のカリウム濃度を測定する。

　ブドウ、バラのカリウムの**診断基準値**を表8-10に示す。

表8-9　リンイオン濃度の診断基準値(ppm)

作物名	作成県	採取方法	採取部位	診断基準値
判促成キュウリ	埼玉	搾汁液法	表8-1に準じる	収穫初期 (4月)：80～100 収穫後期 (6月)：30～50
抑制キュウリ	埼玉	搾汁液法	表8-1に準じる	収穫全期間 (9月下旬～11月下旬)：80～100
促成イチゴ	埼玉	摩砕法	表8-1に準じる	収穫全期間 (12～5月)：200～400
促成トマト (12段摘心)	埼玉	搾汁液法	表8-1に準じる	収穫全期間 (2～7月)：40～60
ジャガイモ	北海道農研セ	搾汁液法	全葉の葉柄	着蕾期：100

表8-10　葉柄汁液のカリウムイオンの診断基準値(ppm)

作物名	作成県	採取方法	採取部位	診断基準値
ブドウ (デラウェア)	島根	抽出法	第5葉の葉柄	開花期に2,400以下のときカリの追肥
バラ (ローテローゼ)	千葉	摩砕法	採花枝の下から3～4枚目の葉柄	4,000～5,000

1,700ppm以下　1,400～2,350ppm　2,700～3,450ppm
開花期における葉柄汁液中カリウム濃度
(写真：島根県農業技術センター　藤本順子)

写真8-7　カリウムの施用効果(上段：K無施用、下段：K施用)

5 RQフレックスを用いた野菜の品質診断

　作物の栄養素にとって窒素はもっとも重要で、タンパク質、核酸などの主成分となる。野菜はおもに硝酸イオンの形で窒素を吸収し、その後アンモニアを経て同化物質と結びつきアミノ酸となりタンパク合成される。一方、野菜の体内には糖、ビタミンCなどおいしさ、貯蔵性にかかわる成分があり、ビタミンCは糖からつくられる。光合成で生産されたデンプンはアミノ酸および糖、ビタミンCの基質になるが、野菜が窒素過剰となって体内中の硝酸イオン含量が増加すると、光合成で得られた炭素の奪い合いが生じる。アミノ酸合成に使われる炭素の割合が多くなり、糖、ビタミンC含量は少なくなるのが一般的である (図8-28)。このため、窒素の過剰施肥は野菜の品質および農耕地からの窒素流出の点から好ましくなく、土壌診断を踏まえた適正施肥が大切

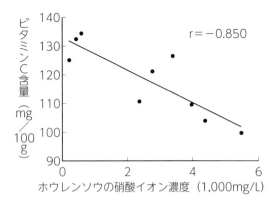

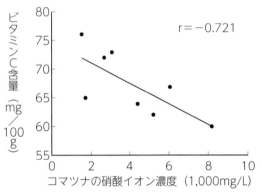

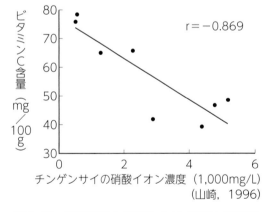

（山崎，1996）

**図8-28　葉柄汁液中の硝酸イオン濃度と還元型
　　　　ビタミンC含量**

である。

　リアルタイム診断のための簡易測定器具
のなかで紹介した**RQフレックス**は硝酸イオ
ンのほか、**アスコルビン酸（ビタミンC）**、
糖含量を測定できる専用の試験紙があり、
簡易な品質診断に適した器具である。

（1）硝酸イオン

　野菜とくに葉物類の硝酸イオンは検体に
一定量の純水を加えてミキサーで破砕混合
し、ろ液の硝酸イオン濃度を測定し、純水
の倍率を乗じてもとめることになる。しか
し、測定まで操作がやや煩雑であり、より
簡便な方法も必要である。岡崎らはホウレ
ンソウの硝酸イオン含有率と葉柄汁液の硝
酸イオン濃度には高い相関関係があり、収
穫期のホウレンソウの硝酸イオン含有率は
葉柄汁液の硝酸値に0.49を乗じることによ
り換算できることを明らかにしている（図
8-29）。このため、リアルタイム栄養診断
と同様ににんにく搾り器により葉柄汁液を
採取して、汁液中の硝酸イオン濃度を測定
し、係数を乗じて換算値をもとめたほうが
より現場での実用性ある。この方法につい
てはホウレンソウ以外の葉物類についても
検討する必要がある。

（2）ビタミンC

　野菜を細断してすり鉢に入れビタミンC
の変質を防ぐため5％のメタリン酸を野菜の
5～10倍量加え、十分に摩砕後ろ過を行な
ってろ液を採取する。その後は表8-11の手
順にしたがって測定する。ビタミンCは酸
化型と還元型があり、この方法では還元型
しか測定できないが、野菜では還元型が全
含量の80％を占めており、還元型ビタミン
Cを指標として品質評価はできると考える。

（3）糖

　糖には還元糖、非還元糖があるが、ブド
ウ糖（グルコース）、果糖（フルクトース）な

どは還元糖である。検体に
一定量の純水を加えてミキ
サーで破砕混合し、ろ液に
試験紙を浸し60秒後に還
元糖含量を測定、純水の倍
率を乗じてもとめる。茨城
県で行なわれた生ネギの還
元糖とRQフレックスによる
測定値の間には高い相関が
ある（図8-30）。

野菜に含まれる硝酸イオ
ン含量は季節的な変動は少
ないが、耐凍性のある野菜
は寒さに打ち勝つため体内
の糖、ビタミンC含量を高
め、季節的な違いが見られ
る。美味しい野菜を生産す
るには冬の寒さを利用する
のも優れた方法である。

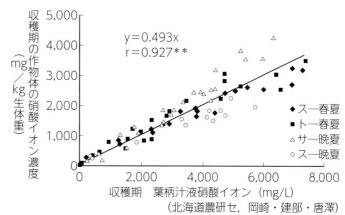

y=0.493x
r=0.927**

凡例：
ス―春夏
ト―春夏
サ―晩夏
ス―晩夏

（北海道農研セ，岡崎・建部・唐澤）

注：凡例は品種―作型で、ス―春夏：スペードワン―春夏まき、
　　ト―春夏：トニック―春夏まき、サ―晩夏：サンピア―晩夏まき、
　　ス―晩夏：スペードワン―晩夏まき

図8-29　収穫期ホウレンソウの葉柄汁液硝酸イオン濃度と新鮮重あ
たり硝酸イオン含有率の関係

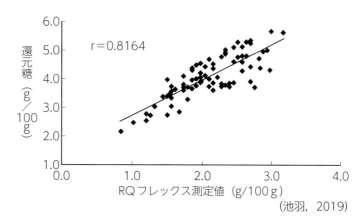

r=0.8164

（池羽，2019）

図8-30　生ネギの還元糖とRQフレックスの相関

表8-11　ビタミンC（アスコルビン酸）の簡易測定法

```
一定量の野菜を細断してすり鉢に入れる
↓
ただちに採取量の5～10倍の5%メタリン酸を加える
↓
十分に摩砕後、ろ過を行なってろ液を採取
↓
アスコルビン酸測定用の試験紙を1～2秒間検液に浸しRQフレ
ックスにより15秒後に測定
↓
<換算例> 測定値からの換算(ppm)
20gに80mLのメタリン酸では測定値に5を乗じる
20gに180mLのメタリン酸では測定値に10を乗じる
```

肥料の品質の確保等に関する法律の概要

肥料取締法は1950（昭和25）年に施行された古い法律であるが、その内容は時代にあわせ、かなり変わってきている。

2020（令和2）年には、堆肥や産業副産物由来の肥料を安心して活用できるよう、肥料の品質確保を進めるとともに、農業者のニーズに応じた新たな肥料の生産および利用の促進を目的として、法律の名前も「肥料の品質の確保等に関する法律（肥料法）」に改められ、内容の改正が行われた。

ここでは同法のなかでも肥料関係者としてとくに必要な部分を抜粋して解説する。

1. 法の目的 ［→第一条］

肥料の品質の確保等に関する法律の目的は、肥料の品質と安全を確保するとともに、公正な取引と安全な施用を確保することであり、これにより、わが国の農業における生産力の維持とさらなる増進、また、国民の健康を保護することである。

そのため、肥料を販売または譲渡する際にはこの法律に基づき、登録申請や保証票の添付などの義務がある。肥料の品質の確保等に関する法律のおもな内容は次のとおりである。

・肥料の規格および施用基準の公定
・肥料を生産または販売する際に、登録を受ける義務
・肥料を販売する際の保証票の添付
・品質保全のための検査　など

2. 肥料の定義と区分 ［→第二条］

肥料の品質の確保等に関する法律における肥料とは、土壌に化学的変化をもたらすために、土地に施されるものと、植物に栄養をあたえるために、土壌または植物に施されるもののことをいう。

土壌に変化をもたらすものには、おもに土壌の通気性や透水性などの土壌物理性を改善する土壌改良資材もあるが、ここでいう土壌に化学的変化をもたらす肥料とはアルカリ分で酸性土壌を矯正する石灰などのことである。

また、植物に栄養をあたえるものとは、窒素、リン酸、カリ、苦土、けい酸、ほう素、マンガンなど作物の生育を促すために積極的に与えなければいけないものを主成分とする肥料のことであり、一般的にいう作物の必須要素である17要素すべてを肥料成分としてみているわけではない。

また、肥料の品質の確保等に関する法律のなかでは肥料を「普通肥料」と「特殊肥料」の2つに大きく分けている。

それぞれの分類は表1のとおりである。特殊肥料とは、魚かすや米ぬかなど、昔から使用されており、農家の過去の経験と見た目で品質を識別できる肥料のことである。堆肥のように品質が多様であり、製品価値が主成分の多少のみでは評価できないので、次項で説明する公定規格などは定められていない。また、保証票の添付義務はないが、堆肥、動物の排せつ物には含有成分

表1　肥料法による肥料の分類

普通肥料	窒素質肥料 りん酸質肥料 加里質肥料 石灰質肥料 けい酸質肥料 苦土肥料 マンガン質肥料 ほう素質肥料	窒素、りん酸、加里 (カリウム)、アルカリ分 (石灰)、けい酸、苦土 (マグネシウム)、マンガン、ほう素をそれぞれ主成分とする肥料。有機質肥料 (動植物質に限られる) は含まれない
	複合肥料	三要素 (窒素、りん酸、加里) の2以上を含む肥料
	微量要素複合肥料	マンガン、ほう素の両者を含む肥料。三要素は含まない
	有機質肥料	動植物起源の肥料。窒素、または窒素に加えてりん酸、加里を少なくとも1%以上含む
	汚泥肥料等	有害成分を含有するおそれの高い下水汚泥肥料、汚泥発酵肥料などと硫黄およびその化合物
	農薬その他のものが混入される肥料	農薬、その他の異物 (土壌改良資材など) を混入することが認められた肥料の種類、混入できるものの名称。
	指定混合肥料	登録済みの普通肥料を配合する肥料、登録済みの普通肥料と届出済みの特殊肥料を混合する肥料、登録又は届出済みの肥料に土壌改良資材を混入する肥料
特殊肥料		肉眼などで識別できる粉末にしない魚かすや、自給肥料などで農林水産省告示で指定された肥料。堆肥(汚泥または魚介類の臓器を原料として生産されるものを除く。)および、動物の排せつ物も特殊肥料に分類される。

量などの表示義務がある。

　普通肥料とは特殊肥料以外のものを指す。普通肥料はその製品価値は主成分の含有量で判断されるもので、外観ではその品質は判断できないため、農家が安心して使用できるよう、公定規格が設定されており、保証票を付ける必要がある。

3.　公定規格の設定と登録を受ける義務
〔→第三条、第四条、第五条〕

　普通肥料は、見た目ではその品質がわからないため、公定規格が設定されている。公定規格があることで、「品質が一定水準以下にはならない」「銘柄ごとの品質差が少なくなる」などの利点があり、引いては販売者の間での不公平がなくなり、肥料を使用する側としても安心して肥料を使うことができる。

　肥料の種類ごとに次の事項が公定規格として定められている。

①主成分 (窒素、りん酸、加里など) の最小量または最大量
②有害成分 (ヒ素、カドミウムなど) の最大量
③その他必要性に応じた条件 (粉末度、原料、植害試験の実施など)

　必要性に応じた条件というのは、たとえば、熔成りん肥のように粒が細かくないと肥料効果が現れにくいものについては、粒度 (粒の大きさ) を定めている。その条件は肥料の種類により異なる。

　公定規格の有害成分とは植物の生長を阻害する、または人の健康を害す成分がそれにあたる。たとえば、重金属であれば表2のとおり7種類が有害成分として、その最大量を制限されている。とくにカドミウムはほかの重金属と異なり、施用された際に、作物に生育障害がおこらなくても、作物に吸収された量によっては、それを食べた人へ害をおよぼす可能性がある。コーデックス規格ではカドミウムの作物中の含有量の基準 (精米であれば0.4ppm) が定まっている。

表2　肥料中のおもな有害成分

成分名	特徴	成分を含むおもな肥料
ひ素	濃度が高いとき植物の生育を阻害 農作物の生育障害が認められる水準以下での人畜への影響については食品安全委員会で検討中	りん鉱石 汚泥 魚介類臓器
カドミウム	濃度が高いとき植物の生育を阻害 農作物の生育阻害が認められる水準以下でも人畜に被害を生じる危険性あり	りん鉱石 汚泥 魚介類臓器
ニッケル	微量では必須元素、高濃度で植物の生育を阻害 動物よりも植物に対して強い毒性 土壌中のニッケルは植物に吸収されにくい	各種鉱石 スラグ 汚泥
クロム	水溶性クロム酸塩は高濃度で植物の生育を阻害 土壌中のクロムは植物に吸収されにくい	各種鉱石、スラグ なめし皮粉 汚泥
チタン	水溶性の硫酸塩は高濃度で植物の生育を阻害 肥料中のチタンは酸化型で植物に吸収されにくい	各種鉱石 スラグ
水銀	植物の生育を阻害する成分 水田（還元状態）では吸収されにくい	汚泥 魚介類臓器
鉛	濃度が高いとき植物の生育を阻害 土壌中の鉛は植物に吸収されにくい	堆肥 汚泥

　また、肥料の原料においても公定規格が定められ、利用できる産業副産物や廃棄物があらかじめリストアップされる。肥料の原料として利用できる範囲が分かりやすく明示されることで、肥料業者や産業副産物の排出業者にとって産業副産物や廃棄物の利活用が進めやすくなる。

　なお、原料規格は、多様な原料が使用され、主成分および有害成分の規格のみでは品質の確保ができない肥料（副産肥料、混合・配合肥料等、汚泥肥料）に限定して定められ、具体的な範囲は農林水産省令で定められる。鉱物等から化学合成される化学肥料（硫安、尿素、塩化加里等）は、原料の範囲が広がる可能性がないため、原料規格は定められない。

　公定規格に基づいてつくられた肥料は、生産者または輸入者が銘柄ごとに登録を受けなければならない。肥料の種類により、

以下のように登録先が農林水産大臣と各都道府県知事にわかれる。

農林水産大臣に登録申請する肥料

・化学的方法よって生産される肥料
・化学的方法以外の方法（採掘等）によって生産される普通肥料であって、けい酸、マンガン、ほう素のいずれか1種以上を主成分として保証する肥料
・汚泥を含有している肥料

都道府県知事に登録申請する肥料

・化学的方法以外の方法（採掘等）によって生産される普通肥料であって、窒素、りん酸、加里、石灰および苦土のいずれか1種以上を主成分として保証する普通肥料（大部分の有機質肥料、石灰質肥料など）

　また、公定規格が定められていないもの

でも、規格が定められている肥料と同等の肥効が見込めるものについては、仮登録を受けることで、流通させることができる。

なお、登録済肥料同士、登録済肥料と届出済特殊肥料又は登録済肥料と農林水産大臣が指定する土壌改良資材を混合した「指定混合肥料」と特殊肥料については、生産する1週間前に農林水産大臣または各都道府県知事に届け出をするだけで流通させることができる。

4．指定混合肥料［→第四条］

2020（令和2）年の法改正以前の肥料取締法における指定配合肥料では、含有成分が安定していない堆肥などの特殊肥料と含有成分が安定している普通肥料を配合することは原則認められなかった。

改正後は、以下の肥料を「指定混合肥料」と定め、届出制での生産が可能となった。

①登録済みの普通肥料を配合する肥料（改正以前の指定配合肥料）
②登録済みの普通肥料と届出済みの特殊肥料を配合する肥料
③登録又は届出済みの肥料に土壌改良資材を混入する肥料
④①～③の肥料に造粒等の加工を行った肥料

登録・届出済みの肥料や農林水産省令で定める土壌改良資材（指定土壌改良資材）の配合であれば、原則として自由な配合が認められる。また単純に「配合」しただけの肥料に加え、配合後造粒等の加工を行った肥料も、届出制での生産が認められる。この改正により登録・届出済みの肥料を原料

として二次的に生産される肥料の手続が簡素化され、配合の自由度が高まった。

これにより農家には

・普通肥料と特殊肥料を一度に散布できる
・成分の不安定な特殊肥料を化学肥料で補った土づくり肥料が生産できる

などのメリットが生まれ、堆肥等を活用した土づくりが進むことが期待される。

ただし、化学反応が起きやすい性状のまま酸性とアルカリ性の肥料を配合する、液状肥料を配合するなど、配合による品質低下が懸念される組合せについては、農林水産省令により一定の制限を設けている。

5．事業開始届［→第十六条の二、第二十二条、第二十三条］

指定混合肥料および特殊肥料を生産または輸入するものは、事業を開始する1週間前までに以下の事項を農林水産大臣または都道府県知事に届け出をしなければならない。

①氏名、住所
②肥料の名称
③普通肥料のいずれに該当するかの別（特殊肥料の場合は肥料の種類）
④生産する事業所の名称、住所
⑤生産（輸入）した肥料の保管場所の住所

特殊肥料の届出事項には③に代えて「肥料の種類」（米ぬか、堆肥、家畜ふん尿、草木灰など）を記載する。なお、指定混合肥料の生産（輸入）業者は、農林水産大臣に登録申請をする肥料（硫黄及びその化合物

を含む）を配合して生産をする業者は農林水産大臣に、都道府県知事に登録申請をする肥料のみを配合して肥料を生産する業者と特殊肥料を生産する業者は各都道府県知事に届出をする。

また、肥料を販売する業者は、以下の事項を販売する事業場ごとに都道府県知事に届け出る必要がある。

①氏名、住所

②販売する事業所の住所

③各都道府県の区域内にある、肥料の保管場所の住所

図1　保証票の表示例（生産業者保証票）

○ （2cm以上）
指定配合肥料生産業者保証票
肥料の名称 保証成分量（%） 原料の種類 材料の種類、名称および使用量 正味重量 生産した年月 生産業者の氏名または名称および住所 生産した事業場の名称および所在地

注1：保証成分量（%）の値は、設計による保証値だけでなく、分析による成分の保証値の表示も可能となった。

注2：「特殊肥料入り指定混合肥料」および「土壌改良資材入り指定混合肥料」の生産業者保証票には、保証成分量に代えて「主成分の含有量（%）」を最下段に表示する。また、原料の種類として、配合した普通肥料と特殊肥料の種類及び配合割合を表示する。

注3：「土壌改良資材入り指定混合肥料」の生産業者保証票には、「混入したものの名称および混入の割合（%）」として、混入した土壌改良資材の名称および割合を表示する。

注4：8ポイント以上の文字及び数字を用いる。

6. 普通肥料の保証票添付と特殊肥料の品質表示の義務［→第十七条、第十八条、第十九条］

普通肥料については、先述のとおり、中身の成分など品質が見た目ではわからないため、販売する肥料はかならず図1のような保証票を添付する義務がある。

保証票に表示する事項は表3のとおり、生産業者、輸入業者、販売業者でそれぞれ若干異なる。また、特殊肥料のうち、堆肥、動物の排泄物については、保証票ではないが、そのなかに含まれているおもな成分などがわかるよう、品質表示が義務づけられている。普通肥料と特殊肥料を配合した指定混合肥料の場合は、図1の保証成分量に変わって主成分の含有量で表示し、混合した普通肥料と特殊肥料の種類及び配合割合を追加して表示する。

普通肥料と特殊肥料、土壌改良資材を混合した指定混合肥料の場合は、主成分の含有量、配合した普通肥料と特殊肥料の種類及び配合割合に加え、混入した物の名称及び混入割合として、指定土壌改良資材の名称と割合を表示する。

保証票が添付されていない肥料は譲渡（販売）することができないが、天変地異などで保証票の添付がどうしてもできなくなった場合などは、農林水産大臣または各都道府県知事の許可を受けることで譲渡（販売）することができる。

なお、肥料の種類によっては、表3の表示のほかに農林水産省が定める事項を保証票に表示しなければいけない。農林水産省が定める事項と表示しなければいけない肥料を表4に示す。

表3　各種保証票（登録肥料）及び特殊肥料の品質表示の掲載事項

生産業者保証票	輸入業者保証票
登録番号 肥料の種類 保証成分量 (%) 原料の種類 材料の種類、名称および使用量 混入したものの名称および混入の割合 (%) 正味重量 生産した年月 生産業者の氏名または名称および住所 生産した事業場の名称および所在地	登録番号 肥料の種類 保証成分量 (%) 原料の種類 材料の種類、名称および使用量 混入したものの名称および混入の割合 (%) 正味重量 輸入した年月 輸入業者の氏名または名称および住所
販売業者保証票	特殊肥料の表示義務事項
肥料の種類 肥料の名称 保証成分量 (%) 原料の種類 材料の種類、名称および使用量 混入したものの名称および混入の割合 (%) 正味重量 生産（輸入）した年月 生産業者（輸入業者）の氏名または名称および住所 生産した事業場の名称および所在地 販売業者保証票を付した年月 販売業者の氏名または名称および住所	肥料の名称 肥料の種類 届出をした都道府県 表示者の氏名又は名称及び住所 正味重量 生産した年月 原料 主要な成分の含有量等

表4　農林水産省が定める表示事項

表示事項	対象肥料
原料の種類	指定混合肥料 窒素全量を保証した普通肥料 汚泥肥料 牛のせき柱に係る大臣確認を受けた肥料
炭素窒素比	汚泥肥料など
材料の種類、名称および使用量	効果発現促進材、硝酸化成抑制材などを用いた肥料

表4にある効果発現促進材とは、鉄、銅、亜鉛、モリブデンなどのいわゆる微量要素のことである。肥料の品質の確保等に関する法律ではこれらのものは、肥料成分というよりは、窒素、リン酸、カリなどに対し相乗効果を上げる材料ということで効果発現促進材と位置づけている。

当然のことであるが、保証票の偽造、改変や、成分分析表など、保証票と紛らわしいものの添付は禁止されている。

7. 施用上の注意などの表示基準の告示 ［→第二十一条、第二十二条の二、第二十二条の三］

普通肥料及び特殊肥料についてはその品質や施用上の注意に関する事項について、農林水産大臣が全国一律の表示基準を定め、告示することができる。

また、基準に従わない者は、農林水産大臣の指示及び公表の対象となる。特に重要な表示基準として告示されたものについて基準に従わない者は、農林水産大臣の命令の対象とし、この命令にも従わない場合には、行政処分（登録取消・譲渡禁止）及び罰則（30万円以下の罰金）の対象となる。

8. 異物混入と虚偽の宣伝の禁止 ［→第二十五条、第二十六条］

当然のことながら、肥料に品質の低下するようなものを混入して販売することは禁じられている。しかし、公定規格に定め

られている農薬やそのほかのものについては、混入が認められている。

さらに、販売する原料や製法、完成した肥料について主成分の含有量や効果について嘘や紛らわしい表示をすることは禁止されている。

9. 帳簿の備付けと報告の徴収 ［→第二十七条、第二十九条］

流通している肥料に問題が生じたときには、その肥料の流通経路を追うことができるよう、生産業者、販売業者、卸売業者はそれぞれ帳簿をつけ、2年間保存することが義務づけられている。

帳簿には原料の名称、使用量又は使用割合、仕入れ元、肥料の販売時の年月日、相手先、数量、肥料の名称が必要である。

また、必要な場合には、農林水産大臣および各都道府県知事はその報告をとることができるようになっている。

10. 立入検査と回収命令 ［→第三十条、第三十条の二、第三十一条の二］

肥料の品質の保全のため、農林水産大臣または各都道府県知事は、その職員および独立行政法人農林水産消費安全技術センター（条文内では「センター」と記述）に、生産業者や販売店に立ち入り検査を命じることができる。立ち入り検査は原則無通告で行なわれ、帳簿の検査と肥料サンプルを持ち帰っての分析が行なわれる。肥料サンプルの分析については、保証票の表示と合致しているかどうか、また、有害成分が規格以下となっているかどうかなどを確認する。

検査上で有害成分の超過があった場合など、場合によっては業者に対して回収命令が出ることもある。

肥料の品質の確保等に関する法律〈抜粋〉

第一条

　この法律は、肥料の生産等に関する規制を行うことにより、肥料の品質等を確保するとともに、その公正な取引と安全な施用を確保し、もつて農業生産力の維持増進に寄与するとともに、国民の健康の保護に資することを目的とする。

第二条

　この法律において「肥料」とは、植物の栄養に供すること又は植物の栽培に資するため土壌に化学的変化をもたらすことを目的として土地に施される物及び植物の栄養に供することを目的として植物に施される物をいう。

2　この法律において「特殊肥料」とは、農林水産大臣の指定する米ぬか、堆肥その他の肥料をいい、「普通肥料」とは、特殊肥料以外の肥料をいう。

3　この法律において「保証成分量」とは、生産業者、輸入業者又は販売業者が、その生産し、輸入し、又は販売する普通肥料につき、それが含有しているものとして保証する主成分の最小量を百分比で表したものをいう。

4　この法律において「生産業者」とは、肥料の生産（配合、加工及び採取を含む。以下同じ。）を業とする者をいい、「輸入業者」とは、肥料の輸入を業とする者をいい、「販売業者」とは、肥料の販売を業とする者であつて生産業者及び輸入業者以外のものをいう。

第三条

　農林水産大臣は、普通肥料につき、その種類ごとに、次の各号に掲げる区分に応じ、それぞれ当該各号に定める事項についての規格（以下「公定規格」という。）を定める。

一　次条第一項第一号、第二号、第四号、第六号及び第七号に掲げる普通肥料（次号に掲げるものを除く。）　含有すべき主成分の最小量又は最大量、含有を許される植物にとつての有害成分の最大量その他必要な事項

二　次条第一項第一号、第二号、第四号、第六号及び第七号に掲げる普通肥料のうち、その原料の範囲を限定しなければ品質の確保が困難なものとして農林水産省令で定めるもの　含有すべき主成分の最小量又は最大量、使用される原料、含有を許される植物にとつての有害成分の最大量その他必要な事項

三　次条第一項第三号及び第五号に掲げる普通肥料　使用される原料、含有を許される植物にとつての有害成分の最大量その他必要な事項

2　農林水産大臣は、公定規格を設定し、変更し、又は廃止しようとするときは、その期日の少なくとも三十日前までに、これを公告しなければならない。

第四条

　普通肥料を業として生産しようとする者は、当該普通肥料について、その銘柄ごとに、次の区分に従い、第一号から第六号までに掲げる肥料にあつては農林水産大臣の、第七号に掲げる肥料にあつては生産する事業場の所在地を管轄する都道府県知事の登録を受けなければならない。

一　化学的方法によつて生産される普通肥料（第三号から第五号までに掲げるもの及び石灰質肥料を除く。）

二　化学的方法以外の方法によつて生産される普通肥料であつて、窒素、りん酸、加里、石灰及び苦土以外の成分を主成分として保証するもの（第四号に掲げるものを除く。）

三　汚泥を原料として生産される普通肥料その他のその原料の特性からみて銘柄ごとの主成分が著しく異なる普通肥料であつて、植物にとつての有害成分を含有するおそれが高いものとして農林水産省令で定めるもの（第五号に掲げるものを除く。）

四　含有している成分である物質が植物に残留する性質（以下「残留性」という。）からみて、施用方法によつては、人畜に被害を生ずるおそれがある農産物が生産されるものとして政令で定める普通肥料（以下「特定普通肥料」といい、次号に掲げるものを除く。）

五　特定普通肥料であつて、第三号の農林水産省令で定める普通肥料に該当するもの

六　前各号に掲げる普通肥料の一種以上が原料として配合される普通肥料（前三号に掲げるものを除く。）

七　前各号に掲げる普通肥料以外の普通肥料（石灰質肥料を含む。）

2　前項の規定は、次に掲げる肥料については、適用しない。

一　普通肥料で公定規格が定められていないもの

二　専ら登録を受けた普通肥料（前項第三号から第五号までに掲げるものを除く。）が原料として配合される普通肥料（配合に伴い農林水産大臣が定める方法により加工されるものを含む。）であつて、配合又は加工に伴い化学的変化により品質が低下するおそれがないものとして農林水産省令で定めるもの

三　専ら登録を受けた普通肥料（前項第四号及び第五号に掲げるものを除く。）及び登録を受けた普通肥料（同項第三号に掲げるものに限る。）若しくは特殊肥料（第二十二条第一項の規定による届出がされたものに限る。次号において同じ。）又はその双方が原料として配合される普通肥料（配合に伴い農林水産大臣が定める方法により加工されるものを含む。）であつて、配合又は加工に伴い化学的変化により品質が低下するおそれがないものとして農林水産省令で定めるもの

四　登録を受けた普通肥料（前項第四号及び第五号に掲げるものを除く。）若しくは特殊肥料又はその双方に、地力増進法（昭和五十九年法律第三十四号）第十一条第一項に規定する土壌改良資材（肥料であるものを除く。）のうち農林水産省令で定めるもの（以下「指定土壌改良資材」という。）が混入される普通肥料（混入に伴い農林水産大臣が定める方法により加工されるものを含む。）であつて、混入又は加工に伴い化学的変化により品質が低下するおそれがないものとして農林水産省令で定めるもの

3　都道府県の区域を超えない区域を地区とする農業協同組合その他政令で定める者（第十六条の二第二項において「農業協同組合等」という。）は、公定規格が定められている第一項第六号に掲げる普通肥料（同項第三号から第五号までに掲げる普通肥料の一種以上が原料として配合されるものを除く。）を業として生産しようとする場合には、同項の規定にかかわらず、当該肥料を生産する事業場の所在地を管轄する都道府県知事の登録を受けなければならない。

4　普通肥料を業として輸入しようとする者は、当該普通肥料について、その銘柄ごとに、農林水産大臣の登録を受けなければならない。ただし、第二項各号に掲げる普通肥料及び第三十三条の二第一項の規定による登録を受けた普通肥料については、この限りでない。

第五条

普通肥料で公定規格が定められていないもの（前条第二項第二号から第四号までに掲げる普通肥料（以下「指定混合肥料」という。）及び第三十三条の二第一項の規定による仮登録を受けた普通肥料を除く。）を業として生産し、又は輸入しようとする者は、当該普通肥料について、その銘柄ごとに、農林水産大臣の仮登録を受けなければならない。

第十六条の二

指定混合肥料の生産業者又はその輸入業者は、その事業を開始する一週間前までに、輸入業者及び第四条第一項第一号から第三号までに掲げる普通肥料の一種以上が原料として配合される指定混合肥料の生産業者にあつては農林水産大臣に、その他の生産業者にあつてはその生産する事業場の所在地を管轄する都道府県知事に、次に掲げる事項を届け出なければならない。

一　氏名及び住所（法人にあつてはその名称、代表者の氏名及び主たる事務所の所在地）

二　肥料の名称

三　第四条第二項第二号から第四号までに掲げる普通肥料のいずれに該当するかの別

四　生産業者にあつては生産する事業場の名称及び所在地

五　保管する施設の所在地

2　農業協同組合等が第四条第一項第一号又は第二号に掲げる普通肥料の一種以上が原料として配合される指定混合肥料（同項第三号に掲げる普通肥料が原料として配合されるものを除く。）の生産業者である場合には、前項の規定にかかわらず、当該肥料を生産する事業場の所在地を管轄する都道府県知事に、同項各号に掲げる事項を届け出なければならない。

3　指定混合肥料の生産業者又はその輸入業者は、第一項の届出事項に変更を生じたときは、その日から二週間以内に、その旨を農林水産大臣又は都道府県知事に届け出なければならない。その事業を廃止したときも、同様とする。

第十七条

生産業者又は輸入業者は、普通肥料を生産し、又は輸入したときは、農林水産省令の定めるところにより、遅滞なく、当該肥料の容器又は包装の外部（容器及び包装を用い

ないものにあつては各荷口又は各個。以下同じ。）に次の事項を記載した生産業者保証票又は輸入業者保証票を付さなければならない。当該肥料が自己の所有又は管理に属している間に、当該保証票が滅失し、又はその記載が不明となつたときも、また同様とする。ただし、輸入業者が第三十三条の二第一項の規定による登録又は仮登録を受けた普通肥料を輸入したときは、この限りでない。

一　生産業者保証票又は輸入業者保証票という文字

二　肥料の種類及び名称（仮登録の場合又は指定混合肥料の場合には肥料の名称）

三　保証成分量（第四条第一項第三号及び第五号並びに同条第二項第三号及び第四号に掲げる普通肥料にあつては、その種類ごとに農林水産大臣が定める主成分の含有量）

四　生産業者又は輸入業者の氏名又は名称及び住所

五　生産し、又は輸入した年月

六　生産業者にあつては生産した事業場の名称及び所在地

七　正味重量

八　指定混合肥料以外の肥料にあつては、登録番号又は仮登録番号

九　特定普通肥料にあつては、登録又は仮登録に係る適用植物の範囲及び施用方法

十　第二十五条ただし書の規定により異物を混入した場合（同条第一号に掲げる場合に限る。）にあつては、その混入した物の名称及び混入の割合

十一　仮登録を受けた肥料又は指定混合肥料にあつてはその旨の表示

十二　第四条第二項第三号に掲げる普通肥料にあつては、その配合した普通肥料（同条第一項第三号に掲げるものに限る。）又は特殊肥料の種類及び配合の割合

十三　第四条第二項第四号に掲げる普通肥料にあつては、その配合した普通肥料（同条第一項第三号に掲げるものに限る。）又は特殊肥料の種類及び配合の割合並びにその混入した指定土壌改良資材の種類及び混入の割合

十四　その他農林水産省令で定める事項

2　第三十三条の二第一項の規定による登録又は仮登録を受けた普通肥料の輸入業者は、当該肥料の容器若しくは包装を開き、若しくは変更したとき、又は容器若しくは包装

のない当該肥料を容器に入れ、若しくは包装したときは、農林水産省令の定めるところにより、遅滞なく、当該肥料の容器又は包装の外部に次の事項を記載した輸入業者保証票を付さなければならない。生産業者保証票が付されていないか、又はその記載が不明となつた当該肥料を輸入したとき、及び輸入した当該肥料が自己の所有又は管理に属している間に、生産業者保証票が滅失し、又はその記載が不明となつたときも、同様とする。

一　輸入業者保証票という文字

二　輸入業者の氏名又は名称及び住所

三　輸入した年月

四　前項第二号、第三号、第七号から第十号まで及び第十四号に掲げる事項

五　生産した者の氏名又は名称及び住所

六　生産した年月

七　生産した事業場の名称及び所在地

八　第三十三条の二第一項の規定による登録又は仮登録を受けた普通肥料である旨の表示

3　前項第五号から第七号までの事項その他農林水産省令で定める事項は、同項の輸入業者が知らないときは、同項の輸入業者保証票に記載しなくてもよい。

第十八条

販売業者は、普通肥料の容器若しくは包装を開き、若しくは変更したとき、又は容器若しくは包装のない普通肥料を容器に入れ、若しくは包装したときは、農林水産省令の定めるところにより、遅滞なく、当該肥料の容器又は包装の外部に次の事項を記載した販売業者保証票を付さなければならない。生産業者保証票、輸入業者保証票及び販売業者保証票（以下「保証票」という。）が付されていないか、又はその記載が不明となつた普通肥料の引渡しを受けたとき、及び引渡しを受けた普通肥料が自己の所有又は管理に属している間に、その保証票が滅失し、又はその保証票の記載が不明となつたときも、また同様とする。

一　販売業者保証票という文字

二　販売業者の氏名又は名称及び住所

三　前条第一項第二号、第三号、第五号から第七号まで及び第九号から第十四号までに掲げる事項

四　販売業者保証票を付した年月

五　生産業者又は輸入業者（第三十三条の二第一項の規定による登録又は仮登録を受けた普通肥料にあつてはその生産した者）の氏名又は名称及び住所

六　第三十三条の二第一項の規定による登録又は仮登録を受けた普通肥料にあつてはその旨の表示

2　前条第一項第五号及び第六号並びに前項第五号の事項その他農林水産省令で定める事項は、販売業者が知らないときは、前項の販売業者保証票に記載しなくてもよい。

第十九条

　生産業者、輸入業者又は販売業者は、普通肥料（指定混合肥料を除く。）については、登録又は仮登録を受けており、かつ、保証票が付されているもの、指定混合肥料については、保証票が付されているものでなければ、これを譲り渡してはならない。

2　天災地変により肥料が登録証又は仮登録証に記載された規格に適合しなくなつた場合及び農林水産省令で定めるやむを得ない事由が発生した場合において、命令の定めるところにより、農林水産大臣又は都道府県知事の許可を受けたときは、生産業者、輸入業者又は販売業者は、前項の規定にかかわらず、普通肥料を譲り渡すことができる。

3　農林水産大臣は、第十三条の三第一項（第三十三条の二第六項において準用する場合を含む。）の規定により変更の登録若しくは仮登録をし、又は登録若しくは仮登録を取り消した場合その他の場合において、特定普通肥料を施用することにより、人畜に被害を生ずるおそれがある農産物が生産されることとなる事態の発生を防止するため必要があるときは、農林水産省令をもつて、生産業者、輸入業者又は販売業者に対し、当該特定普通肥料につき、保証票の記載を変更しなければその譲渡若しくは引渡しをしてはならないことその他の譲渡若しくは引渡しの制限をし、又はその譲渡若しくは引渡しを禁止することができる。

第二十一条

　農林水産大臣は、普通肥料について、その消費者が施用上若しくは保管上の注意を要すると認めるとき、又はその消費者が購入に際し品質若しくは効果を明確に識別することが著しく困難であり、かつ、施用上その品質若しくは効果を明確に識別することが特に必要であると認めるとき

は、次に掲げる事項を内容とする表示の基準を定め、これを告示するものとする。

一　施用上若しくは保管上の注意事項として表示すべき事項又は原料の使用割合その他その品質若しくは効果を明確にするために表示すべき事項

二　表示の方法その他前号に掲げる事項の表示に際して生産業者、輸入業者又は販売業者が遵守すべき事項

2　都道府県知事は、その登録した普通肥料又はその届出に係る指定混合肥料について、前項の表示の基準を定めるべき旨を農林水産大臣に申し出ることができる。

第二十二条

　特殊肥料の生産業者又はその輸入業者は、その事業を開始する一週間前までに、その生産する事業場の所在地又は輸入の場所を管轄する都道府県知事に、次に掲げる事項を届け出なければならない。

一　氏名及び住所（法人にあつてはその名称、代表者の氏名及び主たる事務所の所在地）

二　肥料の種類及び名称

三　生産業者にあつては生産する事業場の名称及び所在地

四　保管する施設の所在地

2　特殊肥料の生産業者又はその輸入業者は、前項の届出事項に変更を生じたときは、その日から二週間以内に、その旨を当該都道府県知事に届け出なければならない。その事業を廃止したときも、また同様とする。

第二十二条の二

　農林水産大臣は、特殊肥料のうち、その消費者が施用上若しくは保管上の注意を要するため、又はその消費者が購入に際し品質を識別することが著しく困難であり、かつ、施用上その品質を識別することが特に必要であるため、その表示の適正化を図る必要があるものとして政令で定める種類のものについて、次に掲げる事項を内容とする表示の基準を定め、これを告示するものとする。

一　施用上若しくは保管上の注意事項として表示すべき事項又は主成分の含有量、原料その他品質に関し表示すべき事項

二　表示の方法その他前号に掲げる事項の表示に際して生産業者、輸入業者又は販売業者が遵守すべき事項

2 都道府県知事は、特殊肥料の種類を示して、前項の表示の基準を定めるべき旨を農林水産大臣に申し出ることができる。

第二十三条

生産業者、輸入業者又は販売業者は、販売業務を行う事業場ごとに、当該事業場において販売業務を開始した後二週間以内に、次に掲げる事項をその所在地を管轄する都道府県知事に届け出なければならない。
一 氏名及び住所（法人にあつてはその名称、代表者の氏名及び主たる事務所の所在地）
二 販売業務を行う事業場の所在地
三 当該都道府県の区域内にある保管する施設の所在地

第二十五条

生産業者、輸入業者又は販売業者は、その生産し、輸入し、又は販売する肥料に、その品質が低下するような異物を混入してはならない。ただし、次に掲げる場合は、この限りでない。
一 政令で定める種類の普通肥料の生産業者が当該普通肥料につき公定規格で定める農薬その他の物を公定規格で定めるところにより混入する場合
二 第四条第二項第四号に掲げる普通肥料の生産業者が当該普通肥料を生産するに当たつて指定土壌改良資材を混入する場合

第二十六条

生産業者、輸入業者又は販売業者は、その生産し、輸入し、又は販売する肥料の主成分若しくはその含有量、効果、原料又は生産の方法に関して虚偽の宣伝をしてはならない。
2 生産業者、輸入業者又は販売業者は、その生産し、輸入し、又は販売する肥料について、その主成分若しくはその含有量、効果、原料又は生産の方法に関して誤解を生ずるおそれのある名称を用いてはならない。

第二十七条

肥料の生産業者又は輸入業者は、その生産又は輸入の業務を行う事業場ごとに帳簿を備え、肥料を生産し、又は輸

入したときは、農林水産省令で定めるところにより、その名称、数量及び原料その他の農林水産省令で定める事項を記載しなければならない。
2 肥料の生産業者、輸入業者又は販売業者は、その生産、輸入又は販売の業務を行う事業場ごとに帳簿を備え、肥料を購入し、輸入し、又は生産業者、輸入業者若しくは販売業者に販売したときは、農林水産省令で定めるところにより、その名称、数量、年月日及び相手方の氏名又は名称を記載しなければならない。
3 前二項の帳簿は、二年間保存しなければならない。

第二十九条

農林水産大臣又は都道府県知事は、この法律の施行に必要な限度において、生産業者若しくは輸入業者、肥料の運送業者、運送取扱業者若しくは倉庫業者又は肥料を施用する者からその業務又は肥料の施用に関し報告を徴することができる。
2 農林水産大臣は、第十九条第三項、第二十二条の三、第三十一条第四項又は第三十一条の二の規定の施行に必要な限度において、販売業者からその業務に関し報告を徴することができる。
3 都道府県知事は、この法律の施行に必要な限度において、販売業者からその業務に関し報告を徴することができる。
4 都道府県知事は、第一項又は前項の規定による報告を徴した場合において、生産業者、輸入業者若しくは販売業者が表示事項を表示せず、若しくは遵守事項を遵守していないこと、又は第十九条第一項若しくは第三項若しくは第三十一条第四項の規定に違反して肥料を譲渡し、若しくは引き渡していることが判明したときは、その旨を農林水産大臣に報告しなければならない。

第三十条

農林水産大臣又は都道府県知事は、この法律の施行に必要な限度において、その職員に、生産業者若しくは輸入業者、肥料の運送業者、運送取扱業者若しくは倉庫業者又は肥料を施用する者の事業場、倉庫、車両、ほ場その他肥料の生産、輸入、販売、輸送若しくは保管の業務又は肥料の施用に関係がある場所に立ち入り、肥料、その原料若しく

は業務若しくは肥料の施用の状況に関する帳簿書類その他必要な物件を検査させ、関係者に質問させ、又は肥料若しくはその原料を、検査のため必要な最小量に限り、無償で収去させることができる。

2　農林水産大臣は、第十九条第三項、第二十二条の三、第三十一条第四項又は第三十一条の二の規定の施行に必要な限度において、その職員に、販売業者の事業場、倉庫その他肥料の販売の業務に関係がある場所に立ち入り、肥料若しくは業務に関する帳簿書類（その作成、備付け又は保存に代えて電磁的記録（電子的方式、磁気的方式その他人の知覚によつては認識することができない方式で作られる記録であつて、電子計算機による情報処理の用に供されるものをいう。）の作成、備付け又は保存がされている場合における当該電磁的記録を含む。次項、第三十三条の三第一項及び第二項並びに第三十三条の五第一項第六号において同じ。）を検査させ、又は関係者に質問させることができる。

3　都道府県知事は、この法律の施行に必要な限度において、その職員に、販売業者の事業場、倉庫その他肥料の販売の業務に関係がある場所に立ち入り、肥料若しくは業務に関する帳簿書類を検査させ、関係者に質問させ、又は肥料を、検査のため必要な最小量に限り、無償で収去させることができる。

4　都道府県知事は、第一項又は前項の規定による立入検査又は質問を行つた場合において、生産業者、輸入業者若しくは販売業者が表示事項を表示せず、若しくは遵守事項を遵守していないこと、又は第十九条第一項若しくは第三項若しくは第三十一条第四項の規定に違反して肥料を譲渡し、若しくは引き渡していることが判明したときは、その旨を農林水産大臣に報告しなければならない。

5　第一項から第三項までの規定による立入検査、質問及び収去の権限は、犯罪捜査のために認められたものと解してはならない。

6　第一項から第三項までの場合には、その職務を行う農林水産省又は都道府県の職員は、その身分を示す証明書を携帯し、関係人の請求があつたときは、これを提示しなければならない。

7　農林水産大臣又は都道府県知事は、第一項又は第三項の規定により肥料又はその原料を収去させたときは、当該肥料又はその原料の検査の結果の概要を新聞その他の方法により公表する。

<hr />
第三十条の二

農林水産大臣は、前条第一項又は第二項の場合において必要があると認めるときは、センターに、同条第一項に規定する者又は販売業者の事業場、倉庫、車両、ほ場その他肥料の生産、輸入、販売、輸送若しくは保管の業務又は肥料の施用に関係がある場所に立ち入り、肥料、その原料若しくは業務若しくは肥料の施用の状況に関する帳簿書類その他必要な物件を検査させ、関係者に質問させ、又は肥料若しくはその原料を、検査のため必要な最小量に限り、無償で収去させることができる。

2　農林水産大臣は、前項の規定によりセンターに立入検査、質問又は収去（以下「立入検査等」という。）を行わせる場合には、センターに対し、当該立入検査等の期日、場所その他必要な事項を示してこれを実施すべきことを指示するものとする。

3　センターは、前項の指示に従つて第一項の立入検査等を行つたときは、農林水産省令の定めるところにより、その結果を農林水産大臣に報告しなければならない。

4　前条第五項及び第六項の規定は第一項の規定による立入検査等について、同条第七項の規定は第一項の規定による収去について、それぞれ準用する。

261

資料1　地力増進基本指針

　土壌診断で、栽培地の土壌の状態が分かった後は、その結果をもとに作物の生育に適した土壌にすることが必要である。「作物の生育に適した土壌」の目安となるのが国の「地力増進基本指針」である。水田、畑、樹園地のそれぞれに改善目標が定められている。

水田における基本的な改善目標

土壌の性質		土壌の種類	
		灰色低地土、グライ土、黄色土、褐色低地土、灰色台地土、グライ台地土、褐色森林土	多湿黒ボク土、泥炭土、黒泥土、黒ボクグライ土、黒ボク土
作土の厚さ		15cm以上	
すき床層のち密度		山中式硬度で14mm以上24mm以下	
主要根群域の最大ち密度		山中式硬度で24mm以下	
たん水透水性		目減水深で20mm以上30mm以下	
pH		6.0以上6.5以下（石灰質土壌では6.0以上8.0以下）	
陽イオン交換容量（CEC）		乾土100gあたり12meq（ミリグラム当量）以上（ただし、中粗粒質の土壌では8meq以上）	乾土100gあたり15meq以上
塩基状態	塩基飽和度	カルシウム（石灰）、マグネシウム（苦土）およびカリウム（加里）イオンがCECの70〜90％を飽和すること	同左イオンがCECの60〜90％を飽和すること
	塩基組成	カルシウム、マグネシウムおよびカリウム含有量の当量比が（65〜75）:（20〜25）:（2〜10）であること	
有効態リン酸含有量		乾土100gあたりP$_2$O$_5$として10mg以上	
有効態ケイ酸含有量		乾土100gあたりSiO$_2$として15mg以上	
可給態窒素含有量		乾土100gあたりNとして8mg以上20mg以下	
土壌有機物含有量		乾土100gあたり2g以上	－
遊離酸化鉄含有量		乾土100gあたり0.8g以上	

注1：主要根群域は、地表下30cmまでの土層とする
注2：目減水深は、水稲の生育段階などによって10mm以上20mm以下で管理することが必要な時期がある
注3：陽イオン交換容量は、塩基置換容量と同義であり、本表の数字はpH7における測定値である
注4：有効態リン酸は、トルオーグ法による分析値である
注5：有効態ケイ酸は、pH4.0の酢酸－酢酸ナトリウム緩衝液により浸出されるケイ酸量である
注6：可給態窒素は、土壌を風乾後30℃の温度下、たん水密閉状態で4週間培養した場合の無機態窒素の生成量である
注7：土壌有機物含有量は、土壌中の炭素含有量に係数1.724を乗じて算出した推定値である

普通畑における基本的な改善目標

土壌の性質		土壌の種類		
		褐色森林土、褐色低地土、黄色土、灰色低地土、灰色台地土、泥炭土、暗赤色土、赤色土、グライ土	黒ボク土、多湿黒ボク土	岩屑土、砂丘未熟土
作土の厚さ		25cm以上		
主要根群域の最大ち密度		山中式硬度で22mm以下		
主要根群域の粗孔隙量		粗孔隙の容量で10%以上		
主要根群域の易有効水分保持能		20mm/40cm以上		
pH		6.0以上6.5以下（石灰質土壌では6.0以上8.0以下）		
陽イオン交換容量（CEC）		乾土100gあたり12meq以上（ただし中粗粒質の土壌では8meq以上）	乾土100gあたり15meq以上	乾土100gあたり10meq以上
塩基状態	塩基飽和度	カルシウム、マグネシウムおよびカリウムイオンがCECの70～90%を飽和すること	同左イオンがCECの60～90%を飽和すること	同左イオンがCECの70～90%を飽和すること
	塩基組成	カルシウム、マグネシウムおよびカリウム含有量の当量比が(65～75)：(20～25)：(2～10)であること		
有効態リン酸含有量		乾土100gあたりP_2O_5として10mg以上75mg以下	乾土100gあたりP_2O_5として10mg以上100mg以下	乾土100gあたりP_2O_5として10mg以上75mg以下
可給態窒素含有量		乾土100gあたりNとして5mg以上		
土壌有機物含有量		乾土100gあたり3g以上	－	乾土100gあたり2g以上
電気伝導度		0.3mS/cm以下		0.1mS/cm以下

注1：水田の表の注3、4、および7を参照すること
注2：作土の厚さは、根菜類では30cm以上、とくにゴボウなどでは60cm以上を確保する必要がある
注3：主要根群域は、地表下40cmまでの土層とする
注4：粗孔隙は、降水などが自重で透水することができる粗大な孔隙である
注5：易有効水分保持能は、主要根群域の土壌が保持する易有効水分量(pF1.8～2.7の水分量)を主要根群域の厚さ40cmあたりの高さで表したものである
注6：pHおよび有効態リン酸含有量は、作物または品種の別により好適範囲が異なるので、土壌診断などにより適正な範囲となるよう留意する
注7：可給態窒素は、土壌を風乾後30℃の温度下、畑状態で4週間培養した場合の無機態窒素の生成量である

樹園地における基本的な改善目標

土壌の性質		土壌の種類		
		褐色森林土、黄色土、褐色低地土、赤色土、灰色低地土、暗赤色土	黒ボク土、多湿黒ボク土	岩屑土、砂丘未熟土
主要根群域の厚さ		40cm以上		
根域の厚さ		60cm以上		
最大ち密度		山中式硬度で22mm以下		
粗孔隙量		粗孔隙の容量で10%以上		
易有効水分保持能		30mm/60cm以上		
pH		5.5以上6.5以下（茶園では4.0以上5.5以下）		
陽イオン交換容量（CEC）		乾土100gあたり12meq以上（ただし中粗粒質の土壌では8meq以上）	乾土100gあたり15meq以上	乾土100gあたり10meq以上
塩基状態	塩基飽和度	カルシウム、マグネシウムおよびカリウムイオンがCECの50〜80%（茶園では25〜50%）を飽和すること		
	塩基組成	カルシウム、マグネシウムおよびカリウム含有量の当量比が（65〜75）：（20〜25）：（2〜10）であること		
有効態リン酸含有量		乾土100gあたりP$_2$O$_5$として10mg以上30mg以下		
土壌有機物含有量		乾土100gあたり2g以上	−	乾土100gあたり1g以上

注1：主要根群域とは、細根の70〜80%以上が分布する範囲であり、主として土壌の化学的性質に関する項目（pH、CEC、塩基状態、有効態リン酸含有量および土壌有機物含有量）を改善する対象である

注2：根域とは、根の90%以上が分布する範囲であり、主として土壌の物理的性質に関する項目（最大ち密度、粗孔隙量および易有効水分保持能）を改善する対象である

注3：易有効水分保持能は、根域の土壌が保持する易有効水分量（pF1.8〜2.7の水分量）を根域の厚さ60cmあたりの高さで表したものである

注4：水田の注3、4、7および普通畑の注4および6を参照すること

資料2　元素濃度（me、mM、ppm）換算表

園芸試験場標準培養液 ⬜ を参考に me、mM、ppm などの換算係数を示す。

多量元素

元素名	原子記号	原子量	me	me→mM	me←mM	mM	mM→ppm	mM←ppm	ppm	→酸化物		同左ppm
窒素	N	14.01	16	÷1	×1	16	×14	÷14	224	×4.427	NO_3	992
リン	P	30.97	4	÷3	×3	1.333	×31	÷31	41	×2.291	P_2O_5	94
カリウム	K	39.10	8	÷1	×1	8	×39	÷39	312	×1.205	K_2O	376
カルシウム	Ca	40.08	8	÷2	×2	4	×40	÷40	160	×1.399	CaO	224
マグネシウム	Mg	24.31	4	÷2	×2	2	×24	÷24	48	×1.658	MgO	80
イオウ	S	32.07	4	÷2	×2	2	×32	÷32	64	×2.996	SO_4	192

注1：イオウは、硫酸マグネシウムとしてマグネシウムに伴って入る分を示した
注2：この濃度を1単位として、0.5～1.25の幅で、作物の種類、生育時期、季節などにより適宜希釈あるいは濃度を高めて使用されている
注3：原子量は、国際純正・応用化学連合の原子量委員会で承認された資料に基づいて、有効数字4桁で示した
注4：me=meq/L、mM=mmol/L、ppm=mg/L

微量元素

元素名	原子記号	原子量	ppm	ppm→μM	ppm←μM	μM		mM→	ppm	ppm→	μM
鉄	Fe	55.85	3	÷0.056	×0.056	54		1mM	56	1	18
ホウ素	B	10.81	0.5	÷0.011	×0.011	45		1mM	11	1	93
マンガン	Mn	54.94	0.5	÷0.055	×0.055	9.1		1mM	55	1	18
亜鉛	Zn	65.39	0.05	÷0.065	×0.065	0.77		1mM	65	1	15
銅	Cu	63.55	0.02	÷0.064	×0.064	0.31		1mM	64	1	16
モリブデン	Mo	95.94	0.01	÷0.096	×0.096	0.1		1mM	96	1	10

分子量計算などに必須な元素

元素名	原子記号	原子量
炭素	C	12.01
水素	H	1.008
酸素	O	16.00

（補足）元素濃度と肥料における酸化物濃度との換算

元素	ppm	→酸化物	元素←	酸化物	同左ppm
B	0.5	×3.220	÷3.220	B_2O_3	1.61
Mn	0.5	×1.291	÷1.291	MnO	0.65
S	64	×2.497	÷2.497	SO_3	160

その他元素

元素名	原子記号	原子量	mM	mM→ppm	mM←ppm	ppm	→酸化物		同左ppm
塩素	Cl	35.45	1mM	×35	÷35	35			
ニッケル	Ni	58.69	1mM	×59	÷59	59			
ケイ素	Si	28.09	1mM	×28	÷28	28	×2.139	SiO_2	60
アルミニウム	Al	26.98	1mM	×27	÷27	27			
ナトリウム	Na	22.99	1mM	×23	÷23	23			

注1：上の3つの表およびこの表の塩素、ニッケルまでが作物の必須元素で17種類ある
注2：ケイ素はイネに、アルミニウムはお茶に、ナトリウムはビートなどの生育に有用な元素のため記載した
注3：有用元素としてはそのほか、コバルト、セレン、ヨウ素、バナジウムが知られている

さくいん

た

── 執筆者（順不同）────────────────────────────

後藤　逸男 (ごとう　いつお) →第1章／第4章

東京農業大学名誉教授、「全国土の会」会長（農家のための土と肥料の研究会）、東京農大発（株）全国土の会代表取締役、農学博士。

土壌学及び肥料学を専門分野とする。土壌病害の総合防除対策、土壌改良資材の研究開発。農業生産現場に密着した実践的土壌学を目指す。

『環境保全型農業事典』（丸善、共著）、『土壌学概論』（朝倉書店、共著）、『施肥管理と病害発生』（博友社、共著）他著書多数。

渡辺　和彦 (わたなべ　かずひこ) →第2章／第7章

元兵庫県立農林水産技術総合センター部長、元東京農業大学客員教授、元兵庫県立農業大学校嘱託、吉備国際大学非常勤講師、（一社）食と農の健康研究所所長、農学博士。

植物栄養生理、微量要素の第一人者。食と農（ミネラルと人の健康）に造詣深く、啓発に務める。

『原色　野菜の要素欠乏・過剰症』（農文協）、『ミネラルの働きと人間の健康』（農文協）、「人を健康にする施肥」（農文協、総合監修）、『肥料の夜明け』（化学工業日報社）他、海外を含む著書多数。

小川　吉雄 (おがわ　よしお) →第3章／第5章

元茨城県農業総合センター園芸研究所所長、元東京農業大学客員教授、元鯉淵学園農業栄養専門学校教授、農学博士。

土壌・肥料学、米麦・畑作物栽培等を専門分野とする。窒素循環の再生技術を研究、農業と環境問題を研究。

『土壌肥料用語事典』（農文協、共著）、『地下水の硝酸汚染と農法転換』（農文協）、『トコトンやさしい土壌の本』（日刊工業新聞社、共著）他著書多数。

六本木　和夫 (ろっぽんぎ　かずお) →第6章／第8章

元埼玉県農林総合研究センター園芸研究所果樹担当部長、元女子栄養大学非常勤講師、日本石灰窒素工業会技術顧問、農学博士。

稲作、野菜、果樹の土壌改良および施肥管理技術の研究に従事。農業自営。現場で役立つ施肥管理技術を実践。

『野菜・花卉の養液土耕』（農文協、共著）、『リアルタイム診断と施肥管理』（農文協）他著書多数。

── 写真協力（順不同）────────────────────────────

浅川冨美雪／池田英男／池田幸弘／磯島正晴／大塩哲視／織田久男／北村紀二／黒田康文／佐々木孝行／杉本琢真／千葉緑／永井耕介／中野有加／馬建鋒／松本英明／森田敏／渡部由香／井関農機（株）／エムシーファーティコム（株）／奥村商事（株）／カンポテックス・リミテッド／（株）サタケ／サンアグロ（株）／ジェイカムアグリ（株）／シーメンスヘルスケア・ダイアグノスティクス（株）／多木化学（株）／電気化学工業（株）／ナイカイ商事（株）／（株）中村商会／日本甜菜製糖（株）／（国）農研機構／富士平工業（株）／（株）藤原製作所／（株）堀場製作所／三井物産（株）／三井物産アグロビジネス（株）／三菱商事（株）／三菱商事アグリサービス（株）／村樫石灰工業（株）／神奈川県農業技術センター／島根県農業技術センター／長崎県農林技術開発センター／Hiroko/L.E.Datnoff／R.R.Bélanger／Copyright Clearance Center／Elsevier B.V.／PIXTA/yamoto kaoru／

271

環境・資源・健康を考えた

改訂新版　土と施肥の新知識

2021年3月5日　第1刷発行

著　　　者	後藤逸男　渡辺和彦　小川吉雄　六本木和夫	
企画・発行	一般社団法人　全国肥料商連合会	
	〒113-0033　東京都文京区本郷3-3-1　お茶の水K・Sビル	
	TEL：03（3817）8880　FAX：03（3817）8882	
	URL：http://www.zenpi.jp	
発　　　売	一般社団法人　農山漁村文化協会	
	〒107-8668　東京都港区赤坂7-6-1	
	TEL：03（3585）1142（営業）　FAX：03（3585）3668	
	振替00120-3-144478	
	URL：http://www.ruralnet.or.jp	

ISBN978-4-540-20230-8　　　　　　　　　製作　（株）農文協プロダクション
〈検印廃止〉　　　　　　　　　　　　　　印刷　モリモト印刷（株）
©全国肥料商連合会2021　Printed in Japan　　　定価はカバーに表示
乱丁・落丁本はお取り替えいたします。